贵州省旅游气候研究与应用

主　编：向红琼　谷晓平　郑小波
副主编：于　飞　杜正静　于俊伟　龚雪芹

内 容 简 介

本书系统论述了贵州省旅游气候资源的研究、开发和利用，详细阐述了贵州省的气候背景及形成机理、旅游资源特点、旅游气候资源评价体系、旅游气候资源区划技术、旅游气候资源品牌论证与应用、气候变化对旅游气候资源的影响、旅游气象预报服务、旅游品牌打造的效益等。通过对气候资源品牌的研究与论证，以及社会各界的推广和宣传，"中国避暑之都·贵阳"、"中国凉都·六盘水"等旅游气候品牌在国内外已具有一定的知名度。本书可为旅游管理部门、气象部门、高等院校、科研部门、旅游企业等的研究、业务和管理人员更好地研究、开发和利用旅游气候资源提供参考。

图书在版编目(CIP)数据

贵州省旅游气候研究与应用/向红琼，谷晓平，郑小波主编．北京：气象出版社，2014.4

ISBN 978-7-5029-5776-6

Ⅰ.①贵… Ⅱ.①向… ②谷… ③郑… Ⅲ.①旅游-气候资源-研究-贵州省 Ⅳ.①P468.273

中国版本图书馆 CIP 数据核字(2014)第 042774 号

出版发行：气象出版社

地　　址：北京市海淀区中关村南大街 46 号　　**邮政编码**：100081

总 编 室：010-68407112　　**发 行 部**：010-68409198

网　　址：http://www.cmp.cma.gov.cn　　**E-mail**：qxcbs@cma.gov.cn

责任编辑：崔晓军　齐　翟　　**终　　审**：黄润恒

封面设计：易普锐创意　　**责任技编**：吴庭芳

印　　刷：中国电影出版社印刷厂

开　　本：710 mm×1000 mm　1/16　　**印　　张**：12.5

字　　数：260 千字

版　　次：2014 年 4 月第 1 版　　**印　　次**：2014 年 4 月第 1 次印刷

定　　价：68.00 元

前　　言

返璞归真、回归自然是现代人的向往。凡是来过贵州的国内外游人无不为这里美丽的山水、多彩的民族风情和宜人的气候所吸引，惊叹贵州为一块“藏在深闺”的喀斯特瑰宝。旅游资源是一个较广泛的概念，一般说来，凡具有美感，在一定条件下可供人观赏、游览或举行文化活动，得到审美体验者，都可称为旅游资源。旅游气候资源作为旅游资源的一种，指的是在当前经济、技术水平下可能为旅游事业所应用的气候资源。旅游离不开气候条件，因此气候是旅游业发展中不可缺少的宝贵资源。贵州优越的中低纬度喀斯特高原地理和亚热带季风气候条件可谓集天地之灵为一体，特别是避暑气候资源可以说是中国独一无二的。但由于历史上“天无三日晴”等误传和偏见，使这天赐的资源长期以来没有得以利用和开发，长期不为人知。过去一段时期，与西南各省（市）相比，贵州的旅游业发展规模和速度不如云南和四川。中国改革开放以来，贵州的经济虽然得到极大发展，但与东部发达地区相比还存在较大差距。贵州因开发晚反而显示出后发优势，使贵州保留了较为完整、无须人工修饰的本色秀美山川，无须涂脂抹粉的多彩的本色民族风情。而这种独有、稀有的自然和人文资源，最符合现代人追求返璞归真的理念和需求。这些独特的自然生态和人文生态环境的潜在价值也逐渐被中国所认识，让世界所感知。如何利用贵州的这些后发优势，奋力赶超，以实现全面建成小康社会，是我们每一个科学技术工作者的责任。

地球是人类共同拥有的家园，良好的生态环境是人类生存和发展的基础。面对全球不断出现的环境污染、植被破坏、土地退化、水资源短缺、气候变暖、生物多样性丧失等问题，“原生态”（即指生物在未经开发的一定自然环境下生存和发展的状态）受到人们极大的关注和追捧。贵州最宝贵的就是相对原生态的人居环境。概括起来就是：青山绿水、碧水蓝天、雨量充沛、植被茂密、山水辉映、峡谷深幽、空气清新、气候宜人、生物多样性，以及民风淳朴、多姿多彩等等。贵州的这些原生态特点在崇尚返璞归真、回归自然的今天正是我们发展原生态旅游、文化产业的比较优势所在。

贵州原生态旅游经济的发展潜力巨大，特别是可称作“避暑天堂”的优势正待发掘，这些都需要各方面的科技支撑来加以打造。我们以贵州半个多世纪以来的气象观测数据为基础，科学地分析、研究了贵州的旅游气候资源比较优势和特点，提出了中国避暑旅游气候评价指标体系——贵阳指数，并以此评价、衡量某个区域的气候条件是否适宜避暑；还基于贵州省的气候背景制定完成了中国第一部地方性的旅游气象舒适度标准；客观细致地分析了贵州高原复杂地形下气候资源要素时空分布，并对春、夏、秋、冬四季的气象舒适度进行精细化区划，完成了贵州省 1 km×1 km 高分辨率旅游气候资源精细化区划。通过将贵州避暑城市气候条件与同纬度地区、全国著名避暑旅游城市、国际著名避暑城市等进行比较，明确提出贵州在中国旅游业中独一无二的气候生态优势是：温度、湿度、风速极佳组合，紫外线辐射低，纬度和海拔适宜，生态环境宜居、宜游，避暑气候资源十分丰富。针对贵州旅游气候资源优势，提出发展贵州避暑旅游的建议：打造国际级避暑旅游中心，突出避暑气候旅游特色，发展专题旅游，加强旅游天气预测和气象服务等。

通过编著者们的共同努力，将研究成果转化，依托贵州省气象局开发创建了比较系统的旅游气象预报服务系统，它能根据贵州特点提供一系列与旅游有关的旅游气象预报和服务，并通过互联网、电视以及短信发布平台等构建旅游气象服务支撑系统，全方位、多渠道地为贵州发展旅游经济和旅游者提供及时的旅游气象服务，将旅游气象科研成果转化到“兴黔富民、为民服务”的实际工作中。本书的科学研究成果突出了贵州的气候和生态优势，符合贵州省“生态文明建设”的发展方针和政策。实现了贵州省委、省政府提出的“加快以旅游业为龙头的第三产业发展”的奋斗目标。贵州避暑旅游作为一种新的生态理念，已成为贵州品牌，提升了贵州的知名度，吸引国内外游客来贵州旅游，促进了全省经济文化的发展，扩大了就业，有利于保护生态环境，有利于加快推进社会可持续发展。

后发是一种发展状态，但也是一种优势。后发赶超是当今贵州的时代所赋、大局所在、民心所向。经过多年改革发展，贵州发展大旅游业所需的区位、资源和劳动力等比较优势日益彰显。现在的贵州已处在经济起飞阶段，已经迈上了加速发展、加快转型的高位平台。贵州旅游业的发展将继续坚持科学发展观，走奋力后发赶超，加快发展速度，实现环境友好、生态和谐的发展之路。希望本书的出版能为各部门和各行业进一步推动贵州旅游经济发展，促进特色旅游和原生态旅游发展起到有益的参考。

本书在编写过程中得到贵州省气象部门的金建德高工、吴战平高工、刘杰高工、朱德贵高工、许丹高工、罗宇翔高工、任开智高工、许弋高工、汪圣洪高工、杨利群高工、雷云高工、吉廷艳高工、文继芬高工、李宵工程师、王方芳工程师、宋丹工程师、苏静文工程师、周治黔工程师等，南京信息工程大学的邱新法教授、成都信息工程学院的袁淑杰教授等，在读研究生孟维亮、张帅、刘博等同志的大力支持和帮助，在此表示衷心的感谢。由于编著者水平有限，书中不当之处在所难免，恳请读者见谅并不吝赐教，以便我们进一步改进和完善。

编著者

2014 年 1 月 6 日

目　录

第1章　绪　论

旅游业与社会经济发展息息相关，在国民经济和社会发展中具有重要地位，对推动国家可持续发展有着重要作用。相比其他多数行业，旅游业投入和消耗的资源较少，环境代价相对较小，有“无烟工业”之美誉，是天然的可持续发展优势产业之一。2008年我国人均GDP已接近3 000美元，按照国际旅游业发展规律，我国将进入大众旅游消费快速发展阶段，经济社会发展将进入旅游消费需求快速增长的新阶段。当前我国居民年均出游仅1次/人，与美国、日本等发达国家的居民年均出游7～9次/人相比，我国的旅游消费潜力巨大。据联合国统计，我国已经逐步取代诸如法国、西班牙等传统旅游大国，成为世界旅游业最大的新兴市场。

气候资源是贵州的七大优势资源之一。独特的气候条件造就了贵州独一无二的自然、人文生态环境及丰富的旅游资源，贵州必将成为我国最具吸引力的旅游目的地之一，旅游业也将成为贵州重要的经济支柱产业之一。贵州地处云贵高原东部，地势西高东低，海拔最高2 900 m，最低约200 m，大部分地区在1 000 m左右。境内山岭连绵，峰谷相间，地形复杂。属亚热带季风高原型气候，温暖湿润，雨热同季，冬无严寒，夏无酷暑，素有“天然大空调”之美誉。“一山有四季，十里不同天”的“小气候”更是贵州典型的气候特征。有人将贵州比喻为“世界的公园”，应是当之无愧。近20年来，贵州省部分旅游资源已经得到一定程度的开发，基本形成了观光旅游、度假旅游、乡村旅游、红色旅游、生态旅游和专项旅游相结合的多元化产品体系，奠定了旅游产业发展的坚实基础，但仍然需要深入研究，使之具有更深层次的开发利用价值。

1.1　旅游气候的定义

气候是影响一个地区旅游业发展的先决条件之一。旅游景区的自然风光、最佳旅游季节的选择等，都与气候密切相关。气候不仅具有特殊的景观功能，还可以增加旅游的特色。温和爽朗的天气，和煦明媚的阳光，与奇峰、洞穴、海滩、森林一样对游客有极大的吸引力，是宝贵的旅游资源。被称为“旅游王国”的西班牙，就被形象地描述为“向世界出售阳光、海水、沙滩”。

“旅游气候”(tourism climate)最早由芝加哥大学教授Hibbs于1966年提出，他认为旅游气候是在不同时间和空间，会产生有利或不利影响，能为旅游开发利用，能被评估的旅游资源。卢云亭(1988)教授认为“气候旅游资源”包括妨碍旅游活动、破坏自然美景的气候条件,提出风景气候和风景气象的概念,并指出风景气候和风景气象专指那种可以造景、育景,并有观赏功能的大气物理过程。甘枝茂等(2007)指出“凡能够吸引旅游者产生旅游动机,并可能被用来开展旅游活动的各种自然、人文客体或其他因素,都可称为旅游资源”。缪启龙(1999)提出“旅游气候资源”的概念,他认为“所谓旅游气候资源是指具有满足人们正常的生理需求和特殊的心理需求功能的气象景观和气候条件,是任何一个旅游环境必不可少的重要构成因素,是一种特殊的旅游资源”。旅游气候资源包括气象景观、气候和天气资源。

气候是旅游环境的重要组成部分,对旅游者出游的“决策行为”和“空间行为”起着举足轻重的作用。气候的地域分布差异导致旅游气候资源具有明显的地域分布特征,形成各具特色的旅游资源。根据功能的不同,旅游气候资源可分为:(1)观赏景观,包括:物候景观,如金海雪山、百里杜鹃;森林季相变化,如雷公山;冰雪景观,如冰雪、雨凇;云雾景观等。(2)保健医疗,如森林浴、阳光浴、避暑、避寒等。(3)体育运动,如漂流、滑雪等。(4)科学考察等。旅游气候资源的开发,不仅包括游览观赏等较低层次的项目,还应进行深层次、多层次的开发,开拓旅游活动的深度和广度。

1.2 气候对旅游的影响

气候是影响旅游业发展的关键因素之一。地理位置、地形、景观、动植物、天气和气候等构成了一个旅游地的自然旅游资源。Hibbs(1966)认为旅游气候随时空变换,既是旅游的支撑环境,又是旅游吸引游客极富价值的旅游资源。1999年,在国际生物气象学会(ISB)悉尼大会上,为促进旅游气候学的研究,成立了世界生态气候学协会气候、旅游与游憩委员会(ISBCCTR)。2001年ISBCCTR首次在希腊召开第一次正式会议,标志着旅游气候作为“影响旅游者选地的重要因素”,已经受到世界各国的普遍关注。

气象和气候条件,是风景区开发的重要背景因素之一。气候现象与其他自然人文景观相配合可形成观赏价值颇高的风景。如,寒冷季节或高寒气候区才能见到的气候景观——冰雪;寒冷有雾的天气条件下,雾滴在物体表面直接凝结而形成的乳白色附着物——雾凇;在山地条件下,云可以形成独特的风景——云海;阳光在大气中折射而产生的光学现象——海市蜃楼、佛光、武当叠影等,已形成独特而引人入胜的风景。

气候对旅游的贡献不仅体现在造景上,也体现在在宜人的气候条件下,人们无须借助任何消寒或避暑装备与设施,就能保证一切生理过程正常进行。宜人气候一般有4种:避暑型气候(山地高原、海滨型、高纬度型)、避寒型气候(多在热带、亚热带的海洋性气候区)、阳光充足型气候、四季如春型气候。气候宜人,是旅游胜地的先天条件之一。

天气和气候不仅影响旅游开发商和经营者的决策行为，而且影响旅游者的活动。旅游者选择到某地旅游，可能遇到太冷、太热、阴雨等天气，造成诸如交通费用增加、中暑、伤寒等不便，或不期而遇的天气状况会限制游客正常旅游活动的进行，造成旅游地收入减少。宜人的气候难免伴随着灾害的发生，几乎所有的旅游热点城市和景区都有过自然灾害发生的历史。据吴章文(2001)考察研究，湖南桃源洞国家森林公园的旅游气象障碍主要是冰冻，其次是暴雨和洪涝；阳明山国家森林公园的旅游气象障碍主要是大雨和暴雨、冰冻和雪压、积雪和浓雾。气象灾害作为旅游活动的障碍，主要表现在6方面：影响景观的季相变化、影响旅游流的时间和空间分布、影响旅游区的布局、影响游客的观赏效果和舒适度、影响风景区的功能及影响旅游项目的性质和内容。

1.3　旅游气候指标

旅游活动具有异地性、闲暇性和享受性，这种“享受”应该包括旅游区在旅游季节有舒适的气候。气候不仅影响旅游活动的环境和游客的活动，而且影响游客的体感舒适度。许多学者对此进行了研究，主要提出了舒适指数(comfort index)、风效指数(wind effect index)、温湿指数(THI)以及不舒适指数等。Terjung(1966)根据多数人的感受，把温度与湿度的不同组合分为几类，采用月平均最高气温和月平均最小相对湿度(表示白昼)以及月平均最低气温和月平均最大相对湿度(表示夜间)4个指标，在舒适指数列线图上查得昼、夜的舒适指数。风效指数是将温度与风速的不同组合分为12类，通过月平均的最高气温(表示白昼)、最低气温(表示夜间)及风速3项指标，从风效指数列线图上查出风效指数的昼、夜值。气温过高或过低都会直接影响人们的思维活动和生理机能。实验表明，同一气温下，因相对湿度不同，人体的感觉不同，为此，提出用温度、湿度结合来计算温湿指数，从而来衡量气候的舒适度。

另外，还有有效温度指数、风寒指数(也称寒冷指数)、最舒适气候指标、海滨夏季气候指标、夏季气候简明指标、夏季和冬季气候指标等，以及更加复杂的、以人体与环境的热量交换为基础的旅游气候指标。Mieczkowski(1985)设计了一个基础广泛的气候指标用于评估世界旅游气候圈。钱妙芬等(1996)提出了“气候宜人度”数学模型，描述了气压、日照、降水、雾日、风速、气温、相对湿度和大气污染物浓度对气候宜人程度的综合影响，使气候宜人度在时间、空间上更具可比性。

1.4　旅游气候资源评价

气候是否舒适宜人，影响着旅游者的行为和心理体验，决定着旅游活动质量和效益高低。国内外不少学者对旅游气候资源评价与开发进行了研究，取得了较多研究成果。保继刚等(1999)采用 Terjung(1966)提出的气候生理评价指标对庐山的旅游气候进行了舒适度综合评价；梁平(2000)等进行了黔东南旅游气候适宜性评价；范正业(1998)等对中国海滨旅游地气候进行了适宜性评价；毛端谦等(2002)进行了三爪仑国家森林公园旅游气候评价；徐向华等(2002)分析与评价了赤水景区旅游气候资源；邸瑞琦等(2002)进行了内蒙古地区旅游气候资源评价与分区；廖善刚(1998)做了福建省旅游气候源分析；左平等(1992)进行了湖南山地的旅游气候资源及其开发研究；张宽权(2002)采用模糊数学方法探讨了舒适度指标，评价了四川省成都市舒适度。陆鼎煌等(1984)研究了北京绿地景观地带的小气候；陆鼎煌与吴章文等(1985)合作研究"张家界国家森林公园效益"时，进行了张家界国家森林公园部分景观地段的森林小气候观测；吴章文(2001)等在进行湖南桃源洞、阳明山，广州流溪河，江西三爪仑，广西姑婆山、大瑶山，四川青城山等森林公园的研究时，对这些森林公园的光照、热量、水分、风向、风速等气候资源进行了分析评价，对森林小气候、旅游舒适度及舒适旅游期进行了短期定位观测和分析评价。姚娟等(2008)对乌鲁木齐地区代表性气象站点的气候生理指数、不利旅游的气象因子等影响旅游活动适宜性的指标进行分析评价，根据旅游气候生理指标及地理特征等因素，将旅游景区点分为平原河谷型、中低山地型、中高山地型这 3 种类型。

综上所述，在短短几十年的研究与实践中，关于气候对旅游的影响、旅游气候指标、旅游气候资源评价等方面已经做了较多的工作，研究方法从最初单纯的定性描述，已经发展到定量分析及定性研究与定量分析相结合，进而发展到建立数学模型。

第 2 章　贵州气候背景及形成机理

2.1　贵州地形地貌特征

2.1.1　地理位置

贵州位于中国西南部，介于 103°36′～109°32′E 和 24°38′～29°14′N 之间，地处云贵高原东侧、青藏高原东南坡，是我国地势第二级阶梯东部边缘的一部分。云贵高原东段是一个横亘于四川盆地和广西丘陵之间的强烈岩溶化高原山区。自西向东、自中部向南和向北三面倾斜，南部边缘离海洋最近距离 400 km。全省总面积为 176 167 km^2，约占全国国土总面积的 1.8%。贵州省地形图见图 2.1。

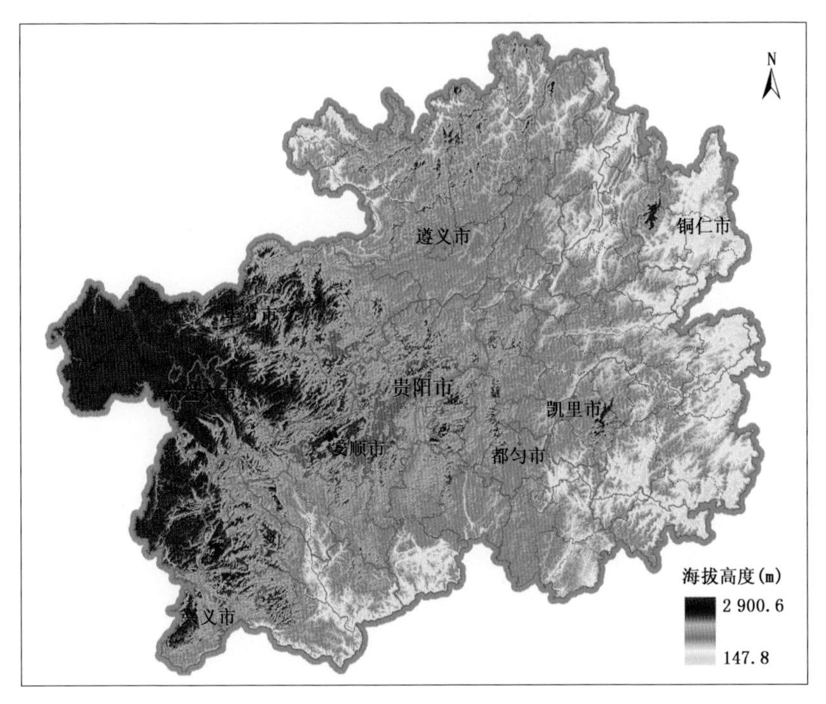

图 2.1　贵州省地形图

2.1.2　地形地貌

贵州是一个山区省份，山地和丘陵占全省总面积的97%，平均海拔 1 100 m，西部海拔大多在 2 400～1 200 m，中部 1 200～800 m，东部 800～400 m 以下，构成三级小阶梯面。由于河流侵蚀、切割、地面崎岖，有“地无三里平”之说。

按地貌类型组合的差别，全省可划分为 5 个地貌区。

黔东区：江口—三都一线以东地区，大部分地区海拔在 800 m 以下，相对高度多在 300 m 以下，以低山丘陵为主。

黔北区：都匀—贵阳—安顺一线以北广大地区，海拔 800～1 200 m，相对高度 300～700 m。

黔南区：三都—镇宁—盘县一线以南地区，地势由北向南倾斜，海拔由 1 300 m 降到 500 m 以下，相对高度在 300～500 m，区内岩溶发育，峰丛峰林广布，多有洼地溶蚀盆地，多落水洞和暗流，地面干燥，地下水虽丰富但埋藏深。

黔西北区：毕节—六枝—盘县一线的以西地区，海拔多在 1 700～2 400 m，相对高度 300～700 m，地质构造简单，地面平缓，是贵州高原面较完整的区域。

赤水区：赤水和习水两河下游的小范围地区，地势由东南向西北倾斜，海拔在 1 000 m 以下，丘陵起伏，相对高度在 100 m 左右，以中山、低山、侵蚀台地为主，峡谷及河流阶地亦较广泛。

贵州境内主要山脉有 4 条。西北部为乌蒙山的北段，呈南北轴走向，海拔多在 2 000～2 400 m，是乌江、赤水河、牛栏河、南盘江和北盘江的发源地，赫章和水城交界处的韭菜坪海拔 2 900 m，是贵州省内海拔最高的地方。苗岭东西向横亘于贵州中部，是长江和珠江两大水系的分水岭，苗岭西端与乌蒙山相连，西段海拔 1 500 m 左右，中段海拔 1 300 m 左右，东段海拔 1 000 m 左右，东端在湘桂黔交界处与南岭山脉相连。东段最高峰雷公山海拔 2 178 m，中段都匀与贵定交界处的斗篷山海拔 1 961 m。北部大娄山呈东北—西南走向，海拔多在 1 000～1 500 m，不少山峰海拔超过 1 500 m，最高处为桐梓县箐坝大山，海拔 2 028 m。东北部为武夷山的南段，亦呈东北—西南走向，是长江两大支流乌江和沅江的分水岭，梵净山区最高峰凤凰山海拔 2 572 m。

贵州境内的河流分别向东、向南、向北三面流去。除河流源头和上游的一部分河谷较开阔、河床比较小、河岸台地多外，河谷多狭窄深切、迂回曲折，河床坡度大，水流湍急。乌江是贵州最大的河流，在贵州境内干流长 874.2 km，流域面积 6.7 万 km^2，占全省总面积的 38.0%。清水江是沅江的上游，发源于贵定的云雾山，流域面积 1.8 万 km^2，占全省总面积的 10.2%。㵲阳河在贵州流域面积 0.65 万 km^2，占全省总面积的 3.7%。锦江和松桃河在贵州流域面积共 0.57 万 km^2，占全省总面积的 3.2%。

赤水河发源于云南镇雄县境内，在贵州境内流域面积 1.2 万 km^2，占全省总面积的 6.8%。南盘江为珠江上游，发源于云南沾益县马雄山，在贵州境内流域面积 0.8 万 km^2，占全省总面积的 4.5%。北盘江也发源于云南沾益县马雄山，在贵州境内流域面积 2.1 万 km^2，占全省总面积的 11.9%。南、北盘江汇合后称为红水河，红水河在贵州省流域面积 1.6 万 km^2，占全省总面积的 9.1%。都柳江为柳江上游，发源于独山县境内的里纳，在贵州境内的流域面积为 1.6 万 km^2，占全省总面积的 9.1%。

2.2 影响贵州的主要天气气候系统

多年研究结果表明，贵州省主要受小季风、西南季风、东南季风和冬季风等多种季风的影响，贵州旅游气候的特殊性是由海-陆-气耦合的气候系统，即 ENSO 循环，影响贵州的季风、地形以及与它们相互影响所产生的一系列天气系统造成的(图 2.2)。ENSO 循环影响贵州的降水，副热带高压位置和强弱影响贵州的冷暖、降水量的多寡，极涡、东亚大槽的强度表征冬季风的强弱，滇黔准静止锋是造成贵州紫外线辐射低、夏季气候凉爽以及降水量充沛的重要天气系统，西南热低压是贵州春季西部地区日照丰富的主要原因。高原大地形、境内山脉影响水汽输送、暖湿气团抬升等，进而影响贵州降水。此外，贵州特殊的喀斯特地形地貌对气候要素的变化也产生重要影响。

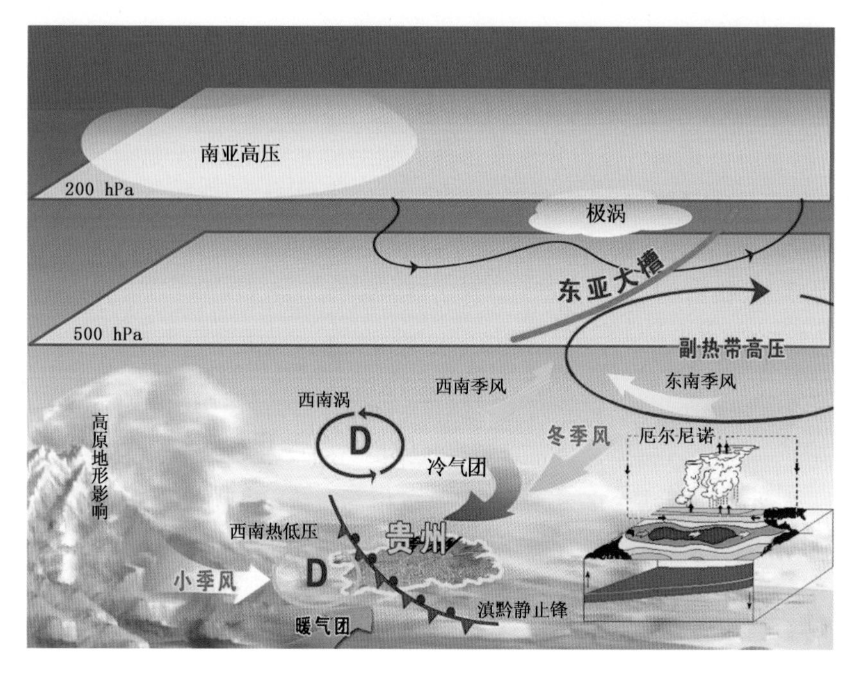

图 2.2　影响贵州天气的主要气候系统

2.2.1 ENSO 循环对贵州气候的影响

厄尔尼诺(El Nino)是指位于赤道东太平洋南美沿岸海水温度激烈上升的现象，是太平洋赤道带大范围内海洋和大气相互作用后失去平衡而产生的一种气候现象，是沃克(Walker)环流圈东移造成的。拉尼娜(La Nina)事件正好与厄尔尼诺相反，是指赤道中、东太平洋海表温度大范围持续异常偏冷的现象，有人也称之为“反厄尔尼诺”。

1928 年英国数学家、印度气象局长吉尔伯特·沃克(Gilbert Walker)发现，东南太平洋和印度洋到西太平洋两个地区的气压之间存在着一种跷跷板式的关系，即太平洋东、西两侧海平面气压存在反相关关系，并将这一关系称为南方涛动(Southern Oscillation)。科学家选取塔希提站代表东南太平洋，选取达尔文站代表印度洋与西太平洋，将两个测站的海平面气压差值进行处理后得到一个衡量南方涛动强弱的指数，称为南方涛动指数(Southern Oscillation Index)。

1969 年皮叶克尼斯(Bjerknes)提出了赤道太平洋东部海面温度变化同大气环流之间存在着遥相关的理论，并首次提出了厄尔尼诺-南方涛动(El Nino-Southern Oscillation，ENSO)的概念，指出南方涛动与厄尔尼诺这两个看似孤立的现象存在密切的联系：当表示赤道中、东太平洋海温的曲线上升为异常正距平即厄尔尼诺现象发生时，南方涛动指数下降为异常的负指数，热带太平洋大气、海洋状况表现为异常暖位相特征，因此厄尔尼诺事件也被称为 ENSO 暖事件；反之发生拉尼娜事件时，热带太平洋大气、海洋状况表现为异常冷位相特征，因此也称拉尼娜事件为 ENSO 冷事件。

ENSO 循环对贵州气候存在显著影响。相关研究表明，发生厄尔尼诺事件的年份贵州夏季多雨的概率较大，特别是夏季以后发生的厄尔尼诺事件对应贵州夏季多雨的关系最好，这是因为赤道东太平洋海温异常增暖对应初夏西太平洋副热带高压持续偏强、位置偏南，贵州省夏季降水偏多；拉尼娜事件与贵州夏季降水却没有很好的相关性。

表 2.1 是 1991—1997 年西太平洋副热带高压和贵州省气候异常特征。在赤道东太平洋海温异常增暖期，初夏西太平洋副热带高压持续偏强(仅 1997 年偏弱)，脊线位置偏南，西伸脊点偏东。贵州夏季降水量偏多，夏旱较轻。

1991 年初夏，由于东亚夏季风反常，越过华南提前在华中爆发，造成华南前汛期降雨异常偏少，出现干旱，贵州省 5 月降雨量偏少 5 成。6 月全省降雨量正常。盛夏随着厄尔尼诺的发展，及东亚中高纬度环流多阻塞形势，西风带锋区和西太平洋副热带高压持续偏强，初夏位置偏北、盛夏偏南，7 月 500 hPa 东亚地区出现典型的“＋ －＋”遥相关距平分布，我国雨带长期停留在江淮流域，出现大涝。贵州省降雨呈东北—西南走向分布并逐渐增多，乌江上游的三岔河、六冲河、猫跳河及北盘江等流域出现洪涝灾害，乌江渡水库瞬间最大入库洪峰流量为 26 000 m^3/s。1991 年西太平洋副热带高压脊线位置变化最突出的特点是初夏位置偏北、盛夏偏南，是 1991 年夏季我国淮河流域到长江中下游地区和贵州省乌江上游流域长时间持续多雨，并造成严重洪涝灾害的一个很重要原因。同时也说明，西太平洋副热带高压脊线位置变化与厄尔尼诺异常发展关系密切(图 2.3)。

表 2.1　1991—1997 年西太平洋副热带高压和贵州省气候异常特征

年	月	副热带高压						雨带类型	R_{6-8}等级	夏旱等级
		强度指数		脊线位置(°N)		西伸脊点位置(°N)				
		平均	距平值	平均	距平值	平均	距平值			
1991	5	51	+29	17	−1	105	−9	Ⅱ	6	1
	6	57	+18	22	+2	115	−5			
	7	72	+36	26	+1	115	−7			
	8	32	0	23	−5	145	+21			
1992	5	21	−1	13	−5	90	−24	Ⅰ	3	3
	6	50	+11	19	−1	120	0			
	7	69	+33	24	−1	115	−7			
	8	69	+37	32	+4	135	+11			
1993	5	66	+44	15	−3	90	−24	Ⅲ	6	0
	6	69	+30	17	−3	<90	−30			
	7	68	+32	22	−3	115	−7			
	8	69	+37	28	0	110	−14			
1994	5	73	+51	16	−2	<90	−24	Ⅰ	3	2
	6	83	+44	19	−1	115	−5			
	7	73	+37	30	+5	120	−2			
	8	91	+59	32	+4	110	−24			
1995	5	63	+41	15	−3	<90	−24	Ⅰ	5	1
	6	99	+60	17	−3	90	−30			
	7	83	+47	27	+2	105	−17			
	8	112	+80	29	+1	110	−14			
1997	5	10	−8	15	−3	130	+18	Ⅲ	4	1
	6	23	+5	20	0	135	+11			
	7	38	+10	24	−1	115	−7			
	8	31	−1	29	+1	130	+18			

1992 年初夏厄尔尼诺现象进入衰退期，西太平洋副热带高压异常偏南，6 月以前一直稳定在 15°N 以南，我国雨带徘徊于华南到江南一带，长江流域出现空梅。7 月中旬后西太平洋副热带高压才稳定在 25°N 以北，雨带摆动于黄河流域及其以北地区。由于盛夏 8 月西太平洋副热带高压明显北抬，以山东半岛为中心到长江中下游和贵州省出现 8 月伏旱并持续到 9 月中旬。

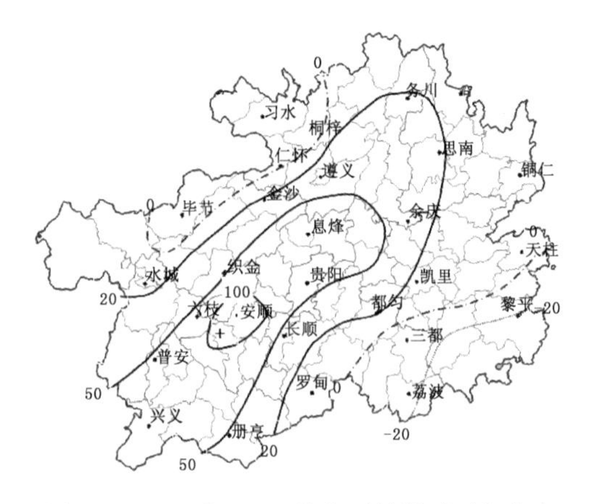

图 2.3 1991 年 6—8 月降雨量距平(%)分布

1993 年由于西北太平洋海温持续偏低,春、夏经向环流发展有阻塞形势,东亚 7 月份出现"+ - +"的遥相关距平分布,西太平洋副热带高压持续加强,位置偏南,我国雨带长期停留在江南一带,造成以长江为界的南涝北旱分布。贵州省东部地区的都柳江、清水江、㵲阳河等出现洪涝灾害(图 2.4)。

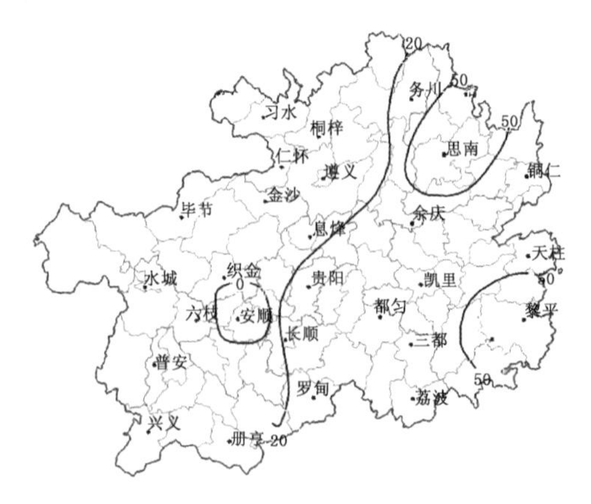

图 2.4 1993 年 6—8 月降雨量距平(%)分布

1994 年,南方涛动指数虽然从 1990 年 10 月以来持续出现负值,热带太平洋上的厄尔尼诺现象从 1991 年以来持续达 4 年多,但 1994 年 1—4 月出现短时消失,并出现反厄尔尼诺征兆,8—12 月对流活动再次恢复到厄尔尼诺现象时的典型分布,同时在亚欧上空中高纬度地区盛行纬向环流,乌拉尔山地区和鄂霍次克海地区没有出现阻塞高压,由于中高纬和热带地区同时出现明显异常,7—8 月西太平洋副热带高压稳定在偏北位置,江淮流域和贵州省出现伏旱,夏季降雨量偏少 2 成。

2.2.2　季风

季风是指大范围盛行的、风向随季节有显著变化的风系。贵州由于地理位置和地形地貌的特殊性，其季风特征与东亚季风等存在一定的差异，表现为多种季风并存，贵州出现的季风分为小季风、西南季风、东南季风和冬季风等几种类型，不同类型的季风对贵州气候的影响不同。

小季风：小季风是我国大部分地区冬季风盛行时期贵州出现的一股南来的暖流。主要是由于西藏高原东南部和云贵高原天气晴朗时，日照较强，温度急升，气压剧降，加强了贵州以东冷高压后部的回流而产生的。小季风影响所达高度在海拔 4 000 m 以下，气旋性涡度的平流输送和水汽量增大现象一般反映在 700 hPa 以下。在小季风盛行时期，影响贵州的天气系统主要是西南热低压，由于该系统是干暖系统，贵州经常天气晴朗，贵州西部和南部地区日照丰富。

西南季风：西南季风的建立与亚洲上空的环流型有密切关系，可分为“开始”和“盛行时期”两个阶段。当西藏高原东部到孟加拉湾出现低槽，西太平洋高压脊线北进到 20°N 左右时，西南季风开始影响贵州；当西风南支消失，西太平洋高压脊线继续北移到 25°N 附近时，孟加拉湾到印度出现季风低压，西南季风开始在贵州盛行。西南季风影响高度一般可达海拔 7 000 m 左右。由于西南季风影响时期气旋性涡度的平流输送比小季风影响时期显著向上扩展，水汽增多的层次也扩展到了更高层，有利于对流云和雷阵雨的发生发展，因此，西南季风开始影响后，贵州大部分地区降水明显增多，当西南季风盛行时贵州各地的暴雨频繁，是一年中降水量最集中的时期。

东南季风：东南季风是我国夏季风发展到极盛阶段出现在贵州上空的偏东气流。东南季风影响所达高度一般在海拔 2 500～9 000 m，下部往往是西南季风中断后残留下来的一层浅薄的偏南气流。东南季风盛行时期，贵州东部地区晴朗、干燥、少雨。西南季风和东南季风的形成主要与副热带高压的位置及强度有关。

冬季风：冬季风是低层的大陆指向海洋的冷气流，冬季风的建立与亚洲环流型改变有关。冬季风盛行时，北半球极涡偏南，东亚大槽稳定少动，贵州地区经常有静止锋活动，出现持续低温阴雨天气。由于代表冬季风的冷气团较暖气团偏重，因此冬季风影响所达高度，一般不超过 3 000 m。

小季风开始活动日期平均为 2 月 22 日；西南季风开始活动日期平均为 4 月 18 日，盛行开始日期平均为 6 月 16 日；东南季风开始活动日期平均为 7 月 19 日；夏季风破坏冬季风开始日期平均为 9 月 20 日，冬季风盛行开始日期平均为 11 月 20 日。

贵州亚热带湿润季风气候具有特殊的地域性，小季风使贵州西部春季阳光充沛、温暖舒适；西南季风和东南季风给贵州带来充沛的降水；冬季风影响时经常伴随滇黔准静止锋这一高原大地形的产物，使得贵州的冬季阴雨绵绵。

2.2.3 南亚高压

南亚高压是夏季出现在青藏高原及邻近地区上空的对流层上部的大型高压系统，又称青藏高压或亚洲季风高压。它是北半球夏季 100 hPa 层上最强大、最稳定的控制性环流系统，对我国夏季大范围旱涝分布以及亚洲天气都有重大影响。

南亚高压是一种行星尺度的环流系统，不仅对南亚和东亚大范围地区的天气气候有重要影响，对贵州天气也有直接影响。南亚高压是太平洋海温冷暖变化后影响贵州盛夏伏旱、多雨的重要媒介。特别是前期 11 月—翌年 3 月西风漂流区和赤道冷水区海水温度为 45 ℃与盛夏南亚高压东伸指数存在一种遥相关的关系，即前期 11 月—翌年 3 月西风漂流区海水温度低(高)；若赤道冷水区海水温度高(低)，则盛夏南亚高压东伸指数偏东(偏西)，贵州盛夏伏旱(多雨)。若赤道太平洋海表温度大范围异常增暖现象发生在夏秋季，则次年盛夏南亚高压脊线偏南；反之，则偏北，贵州省盛夏伏旱。

为分析研究南亚高压活动与贵州省夏旱的关系，引进少雨时段的概念，即规定每年 6—8 月，凡连续 5 d 或超过 5 d 无降水，或有降水但每一个连续 5 d 内，总降雨量不超过 10 mm 的，作为夏季少雨时段的标准。

根据南亚高压脊线位置和贵州少雨时段的分析表明，南亚高压脊线在 6 月初—7 月底期间向北移动，7 月 30 日到达最北位置 36.5°N，然后向南移动，8 月底退至 31.0°N。移动过程中，相对地说，脊线有几次跳跃时段和稳定时段。贵州少雨时段出现频率相对较高的 4 个候，正好对应于南亚高压脊线稳定处于 32°～34°N 的时段。贵州夏旱期的出现及轻重程度，与南亚高压脊线所处纬度及稳定性关系密切。

南亚高压脊线位置与贵州夏旱开始期也有一定关系。100 hPa 南亚高压脊线在 6 月份有两次北跳，降水相应有两次激增；脊线移到 28°N 附近时约有半个月的稳定期，恰好对应贵州的多雨期。7 月初，脊线又一次北跳到 30°N 以北时，贵州雨量急剧减少。

2.2.4 副热带高压

西太平洋副热带高压是制约大气环流的重要因素之一，是控制热带、副热带地区的持久的大型天气系统之一。它与西太平洋和东亚地区的天气变化有极其密切的关系。副热带高压是一个稳定少动的暖性深厚系统，高压脊中一般较为干燥。因此，在高压中心控制区为下沉气流，多晴朗少云的天气，又因气压梯度比较小，风力微弱，天气则更炎热。副热带高压的强弱、位置对贵州冬季冷暖、夏季避暑旅游有重要影响。

冬季，由于海洋气压比大陆低，贵州受冬季风影响，此时副热带高压较弱，一般仅在 10°N 附近的太平洋地区出现一狭长的高压带，中心较弱，最大仅为 5 860 gpm，对贵州影响较小，贵州气温低，易出现雨雪天气。当副热带高压偏强，西伸明显时，贵州气温升高。

在夏季，副热带高压脊线及其北界分别北抬到25°N和35°N附近，其西伸脊点到达115 °E附近，此时贵州处于副热带高压的西侧或西北侧。副热带高压北侧与西风带副热带锋区相邻，多气旋和锋面活动，上升运动强，多阴雨天气；其西侧贵州等地往往受低压或槽影响，又因西侧的偏南气流带来充沛的水汽输送，在与高原上东移系统的共同作用下，不仅为贵州夏季带来充沛的降水，还使贵州夏季气候凉爽、舒适。

图2.5是贵州冷、暖冬年副热带高压的变化。在冷冬年副热带高压弱，面积小，对应西太平洋上大范围负距平区，副热带高压西伸脊点位置比常年偏东；暖冬年相反，副热带高压偏强，面积较常年增大，对应低纬度大范围正距平区，副热带高压西伸脊点位置也比常年偏西，有利于副热带高压西南侧的暖空气向北输送，造成贵州冬季气候较常年偏暖。

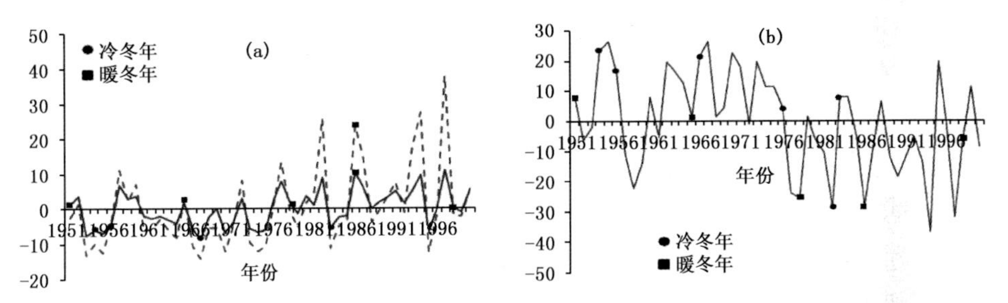

图2.5　冷、暖冬年副热带高压面积指数(a实线)、强度指数(a虚线)及西伸脊点(b)距平

贵州避暑旅游气候较明显的特征之一是：除贵州东部铜仁市、遵义市部分地区、黔东南州等低海拔地区温度较高外，其余大部分地区夏季凉爽舒适。这是因为夏季副热带高压西伸过程中，588线的西伸脊点控制东部地区，湿度较低，气压梯度比较小，风力微弱；中西部受副热带高压外围偏南气流影响，湿度较高，风力较大，降水丰富，因此夏季气候适宜避暑。

2.2.5　极涡

极涡又称极地涡旋或极地低压，一般是指位于对流层中、上层且中心在极区的大尺度气旋性环流系统，是一个冷性系统，也称绕极涡。

冬季在东亚地区有一个极涡中心，当极涡中心偏南时，致使我国环流经向度加深，有利于高纬度的冷空气不断地向中、低纬度扩散，东亚大槽加深或持续稳定，是形成贵州省冬季气温偏低的一个主要环流形势，也是造成贵州省冬季持续偏冷的主要成因。

亚洲区极涡面积出现正距平，即极涡中心偏亚洲现象严重时，贵州出现严重凝冻天气的概率较高。1964—2000年出现的16次重级凝冻过程中，有12次亚洲区极涡面积大于冬季平均值，距平值均在169万 km² 以上，1968年1月的重级凝冻过程中，当时极涡距平值高达565万 km²。当极涡面积减小，东半球呈现出“北低南高”的环流形势时，亚洲地区在盛行的偏西气流之下，多短波槽脊移动，不利于强冷空气活动。东亚沿岸50°N以南正距平区占优势，中低纬度暖空气活跃，东亚大槽平浅，强度偏弱、偏东，造成贵州省冬季气温持续偏暖。

2.2.6 东亚大槽

东亚大槽是亚洲大陆东岸(140 °E)附近，对流层中上部常定的西风大槽，系海陆分布及青藏高原大地形对大气运动产生动力和热力影响的综合结果。冬季，东亚大槽稳定而强盛，是影响亚洲及西北太平洋地区天气的主要系统。当东亚大槽位置接近常年或有1个月以上偏西时，易引导冷空气南下影响贵州，使贵州冬季气温较低；反之，当东亚大槽位置持续1个月以上偏东且强度明显偏弱时，贵州冬季气温则偏高。

2.2.7 西南涡

西南涡一般是指形成于四川西部地区，700(或850) hPa上的具有气旋性环流的闭合小低压，直径一般在300～400 km，是活动最频繁、影响我国降水最大的低空低涡天气系统。

2.2.8 滇黔准静止锋

一般情况下，冷空气从北方南下时不能穿越高原大地形，而从孟加拉湾北上的西南暖湿气流也几乎被阻挡，这样，两股势力就盘旋在黔西、滇东北一带呈准静止状态，两股势力的交界面一般称之为滇黔准静止锋(图2.6)。静止锋随着南(西南暖湿气流)、北(冷空气)两股势力的增强而北跳或南移，造成锋后地区受冷空气影响，阴雨绵绵，而锋前区域受西南气流影响，天气晴好。滇黔准静止锋加强并向西南移出其平均位置时，常会引起西南部分地区降温、降水，如冬季引起寒潮、长时间的凝冻天气过程，春、夏季则会触发强降水天气。

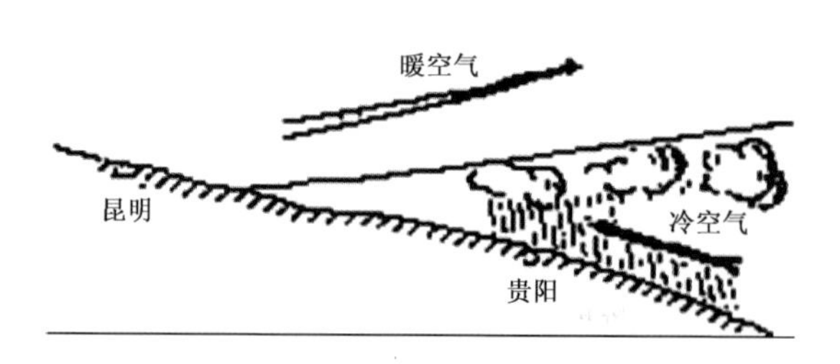

图2.6 滇黔准静止锋形成示意图

冬季滇黔准静止锋持续时间长，其发展决定于锋面前后气团的属性，如强弱、路径、干湿状况等，其一旦形成将很难锋消。静止锋处于不同位置时天气差异较大，一般分为 4 种子类型(图 2.7)：

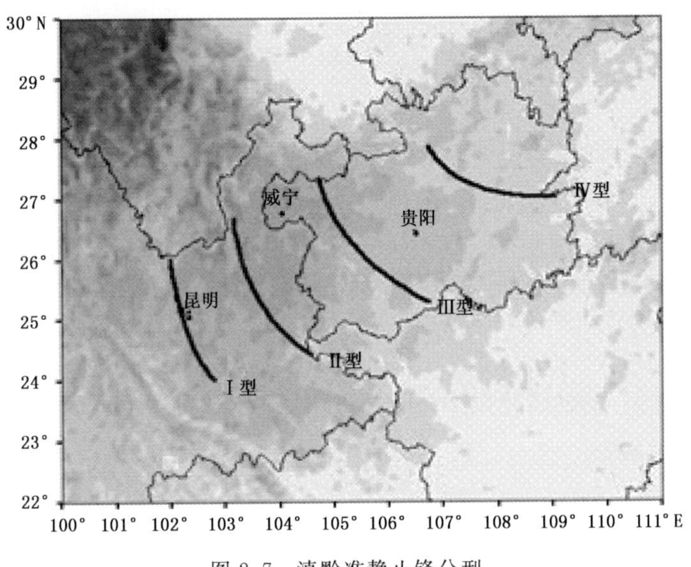

图 2.7　滇黔准静止锋分型

Ⅰ型静止锋：冷气团从正北路径南下，锋面呈准南北向，锋区狭窄，位于昆明附近。该型静止锋产生的天气与传统意义上的静止锋天气略有不同，锋区附近的滇东北地区为阴雨天气，而锋后贵州大部分地区受冷高压控制，天气晴好。

Ⅱ型静止锋：冷气团从偏东路径南下，锋区位于贵州的威宁与昆明之间，锋面呈准南北向，锋前天气晴好，锋后地区多为阴雨绵绵天气，气温较低。

Ⅲ型静止锋：锋区位于威宁至贵阳之间，锋面的南北经向度减弱，呈西北—东南向，静止锋呈现夜进昼退的日变化，夜间冷空气势力较西南气流强，则静止锋锋区向南推进；白天西南气流加强，则静止锋向北退缩。锋前以多云天气为主，锋后阴天有小雨。

Ⅳ型静止锋：锋区位于贵州东北部，锋后冷气团变性，锋面的南北经向度进一步减弱，有时甚至呈准东西向，锋面较弱有时甚至不明显，锋后多为阴天。

Ⅰ型静止锋，无论是锋前或锋后，总云量和低云量的平均值均在 6 成左右，锋后总云量和低云量略低于锋前，其他三种类型静止锋出现时，锋后的总云量和低云量均高于锋前，滇黔准静止锋的存在是贵州紫外线辐射低的主要原因之一。

处于静止锋锋后的风速均低于锋前，是贵州旅游气候“风和”的一大优势。

锋后平均相对湿度(89%～91%)明显高于锋前(83%～86%)，温度则相反，锋前高于锋后，平均温差 2.0 ℃左右，这是因为锋前受暖气团影响，锋后为冷气团控制。

滇黔准静止锋相对温和，锋前天气晴好，锋后阴雨绵绵。一旦在高空槽配合、冷空气补充等有利形势下，静止锋也能诱发强对流天气或暴雨天气过程，例如，2001 年 6 月 9 日，贵州南部、广西北部地区就出现了一次较强的暴雨天气过程，共有 26 站出现暴雨，其中日雨量最大值高达 146.0 mm。

2.2.9　西南热低压

西南热低压是影响我国西南地区天气的主要系统之一，天气学上称为无锋面气旋。热低压是一种浅薄天气系统，与边界层和下垫面的强迫过程密切相关。春季，西南地区常受西南热低压天气系统控制，这是一种较典型的高影响天气系统：热低压天气系统控制时，一般为多云天气，并伴随高温，是贵州省西南部地区日照丰富的主要原因；一旦冷空气从北方南下影响该区域，热低压迅速填塞，给贵州带来充沛降水。

我国西南地区春季热低压系统促使贵州西部地区日照充沛、气温高，是贵州小季风形成的主要天气系统，也是威宁被誉为贵州“阳光城”的主要成因。

2.2.10　高原大地形

(1)青藏高原

青藏高原大地形(图 2.8)对整个东亚气候影响巨大，表现在动力、热力以及对副热带高压、东亚大槽影响等很多方面。

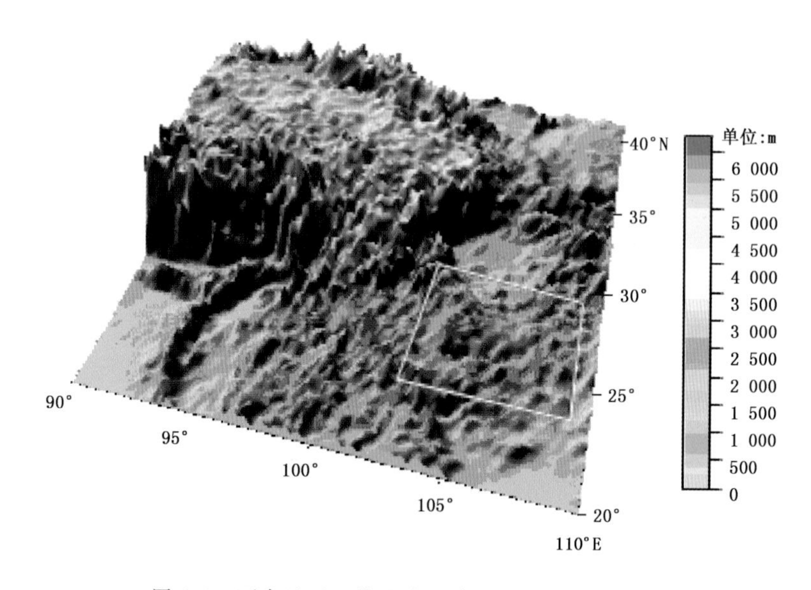

图 2.8　西南地区三维地形地貌图(白框为贵州范围)

图 2.9 为多年平均水汽通量散度和风场合成图。由图 2.9 可见，西风气流遇到地势较高的青藏高原后，在高原两侧分为南、北两支，北支呈反气旋式弯曲，南支呈气旋式弯曲，高原东侧四川盆地是一个弱风速区，即高原大地形的绕流作用，也是滇黔

准静止锋形成的主要原因。

青藏高原大地形对水汽输送有阻挡作用，各月水汽均在高原南侧辐合。1 和 4 月贵州以偏西气流为主；7 和 10 月南风分量增强，以西南气流为主。1 月水汽辐合中心位于 100°E 附近，4，7 和 10 月水汽辐合中心略偏西，位于 95°E 附近。仅 7 月副热带高压西伸加强，水汽辐合不明显。冬、春季水汽主要源于中纬度偏西风输送，夏季（7 月）主要源于孟加拉湾和南海地区，秋季主要源于西太平洋地区。高原地形影响显著，高原主体上空水汽输送弱，贵州处于其南侧水汽辐合输送带中。特殊的地理位置和地形条件为形成贵州亚热带湿润季风气候的水汽输送创造了有利条件。

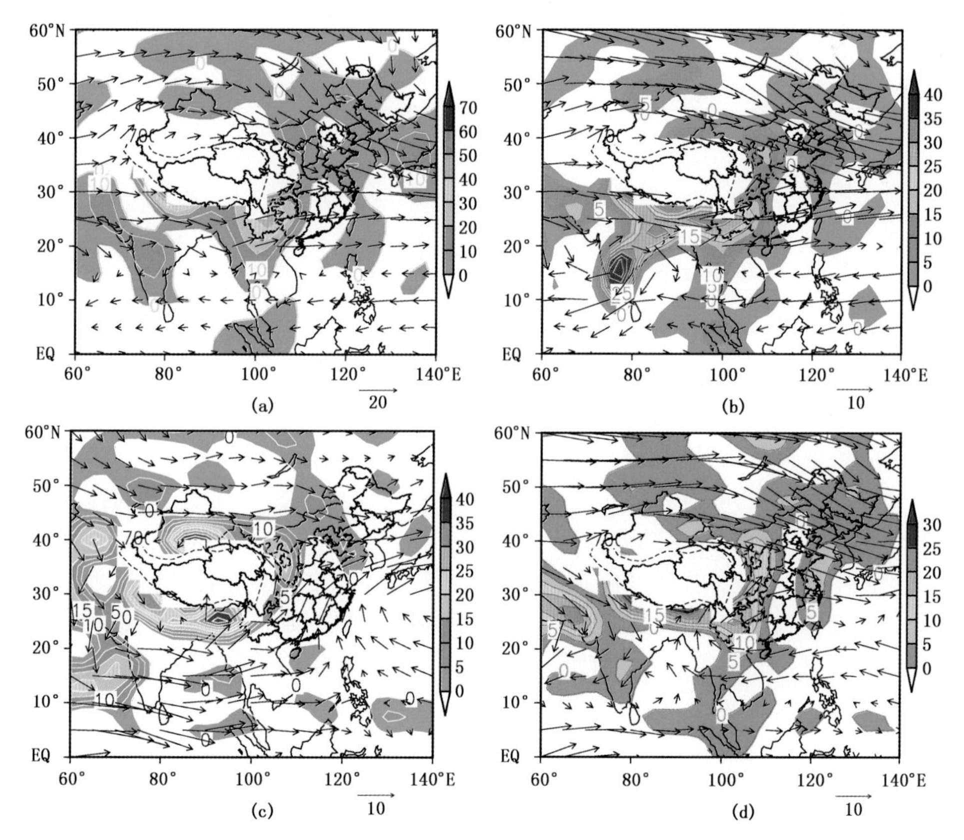

图 2.9 1981—2010 年 1，4，7 和 10 月平均水汽通量散度

[$\times10^{-4}$ g/(hPa · cm^2 · s)]及风场（虚线空白区域表示高于 3 000 m 的地形）

(2)境内大山脉的影响

贵州境内武陵山、大娄山、苗岭和乌蒙山，对气候的影响主要表现在两个方面：一是对冷空气的屏障和阻滞作用，山脉两侧受冷空气影响程度不同导致气温差异明显；

二是迎风坡对夏季暖湿气流的抬升作用，使得迎风坡多雨，气候较湿润，背风坡有焚风现象，气候较干燥。

1)大山脉对冷空气的屏障作用

冷空气多从沅江流域自东向西影响贵州，四大山脉对冷空气有屏障作用。苗岭以北，武陵山和大娄山以南的东西狭长地带是贵州省冬季极端最低气温出现－10.0 ℃以下地区。如武陵山东麓的江口县城，海拔比西麓的思南县塘头镇低 50 m，两地相距只有 50 km，冬半年各月的平均气温，江口县城较塘头镇低 1.0 ℃以上，尤以 4 月最明显，偏低值达 1.7 ℃；极端最低气温江口县城为－10.1 ℃，塘头镇为－5.2 ℃。乌蒙山对冷空气的阻滞作用更明显，由于该山脉对来自北方冷空气的阻挡，使滇黔准静止锋的地面锋线常停滞在乌蒙山区。苗岭对冷空气也有阻滞作用，使苗岭以南河谷地带受冷空气的影响程度大为减轻，再加上焚风效应，越冬条件变得特别好。

2)地形性降水

受地形影响，西南部织金—六枝—晴隆一带是贵州省范围最大的多雨区；其次是东南部的独山—麻江—雷山一带；再次是武陵山东南坡。大娄山东南坡和赤水河下游是两个次多雨区。在多雨区和次多雨区之间构成“＋”字形的两个少雨带。雨带的分布不仅是受到迎风坡对暖湿气团的抬升作用，还与地形重力波、涡旋效应、地形切变线等关系密切。

大山脉对暖湿气流的抬升作用导致降水增多。夏季，因为迎风坡对气流的强迫抬升作用，上述几大山脉附近迎风坡雨水明显较背风坡多，背风坡气流下沉有焚风效应，少雨而干燥。贵州西南部、东南部多雨区均位于夏季风的迎风坡上，暖湿对流性不稳定气团在前进途中，遇到较高山地阻挡被迫上升，产生较强的上升运动，绝热冷却，达到凝结高度，便发生凝结降水，造成贵州夏季降水丰富。除单纯气团的地形降水外，锋面遇山被阻，移行停滞，也发生比平原地区更多的降水。山脉的背风坡，如武陵山西北侧乌江河谷，雨水少，其中印江、思南、石阡一带是贵州省夏季干燥指数最高、干旱最严重的地区。

地形重力波促使大的降水产生。首先表现为背风波，贵州西部多高山，从西移过的气流越过高原后产生背风波，即气流越过山脉后在背风坡产生浮力振荡形成重力波。随着系统东移，受小地形影响，背风坡后出现涡旋，常伴有旋转云，下游形成振幅很大的波，在一定温湿条件下，产生大的降水。

涡旋效应加强了降水。东南气流移过来时，贵州西南部产生地形抬升，山体前缘由于受不同地形影响，气流有的顺时针旋转，有的逆时针旋转，称之为涡旋效应。其中比较著名的是对贵州降水影响明显的西南涡。当偏东南暖湿气流移到高原前缘时，受西北部高耸群山特殊地形影响做逆时针旋转，西南部一带中心气压值降低，产生辐合上升气流，降水量增大。

地形切变线对降水有增幅作用。贵州省地面流线图上常有一条东北—西南向的切变线从西北向东南方向移动，切变线的两侧是偏北风和西南风，是贵州地形对流场影响的产物。这种切变线存在时，如果有中尺度扰动叠加在切变线上，容易出现暴雨。

3)焚风效应

气流沿着背风坡下沉时，下沉空气以干绝热递减率(1.0 ℃/100 m)增温，因此，相对高度较大的山脉，背风坡山麓空气变得高温而干燥。这种现象在武陵山、大娄山南部、西南深切河谷地带均存在。西北部边缘的乌蒙山区也存在焚风现象。

(3)喀斯特地貌对贵州旅游气候的影响

贵州喀斯特地貌的基本特征可归纳为：分布连续、面积广大的质纯、层厚的石灰岩和白云岩，其总厚达 6 200～8 500 m，占沉积盖层的 70%以上，而且出露面积占全省总面积的 73%，从而给喀斯特发育奠定了最雄厚的物质基础；燕山运动构成了贵州喀斯特地貌空间分布基本骨架；高原—峡谷地域结构；热带、亚热带喀斯特上升发育的结构系统和演化系列；强烈发育的热带、亚热带地表、地下二元结构，地貌类型齐全；锥状喀斯特典型发育的高原山地。贵州典型的喀斯特高原山地形成丰富的环境类型和环境结构，对气象要素影响显著。

1)对日照的影响

山地海拔高度、坡度、坡向对日照的影响，主要反映在坡地上日出日落时刻、日照时间和辐射强度上。高山之巅，日出较平坦地方早，白昼比平坦地方长；坡向不同，对日照影响更大；季节和坡度不同，影响程度也不一样。

2)对太阳辐射的影响

山地坡向、坡度对该地日照时间有直接影响，进而影响直接辐射、散射辐射及总辐射。冬半年，中等坡度的南坡，直接辐射量明显比平地多；无论坡度如何，北坡上太阳辐射量总是比平坦地上少，坡度越大，减少越多；东坡和西坡的太阳辐射量随坡度增大而减少。夏半年，南坡太阳辐射量随坡度增大而减少，北坡减少速度比南坡小；东、西坡的情况与冬半年相同。

喀斯特地貌对散射辐射也有影响。从图 2.10 可以看出：土面、石缝散射辐射曲线与太阳辐射变化曲线相似；石面和石沟辐射变化极不规则，石面出现两个峰值，分别是 9—10 时和 15—16 时之间，石沟则呈现一单峰曲线，峰值出现在上午 9—10 时，在正午前后这段时间，散射辐射变化不明显，13 时以后又迅速下降。

3)对风的影响

山地对风的影响主要体现在：孤立山冈上的风、河谷和峡谷中的风以及山谷风。孤立山冈上的风在山冈背后风速急剧减小，并产生涡旋，在山顶和山冈两侧风速加

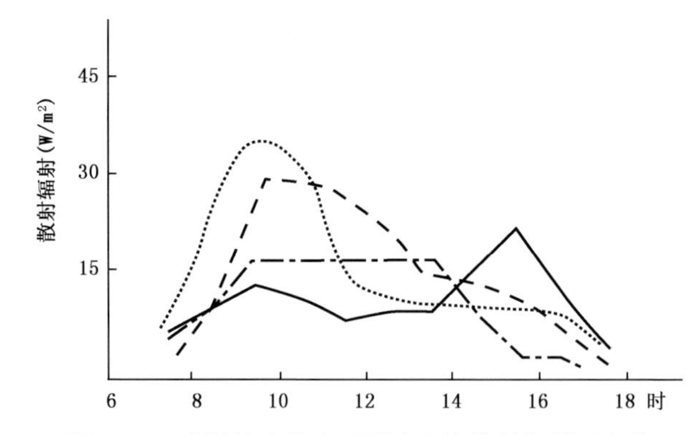

图 2.10 喀斯特森林中不同小生境散射辐射日变化

（ ……… 为石缝，— — — 为土面，——— 为石面，—·— 为石沟；引自张邦琨，1995）

大。河谷和峡谷中的风与风向关系很大。山谷风(图 2.11)是白天从谷地吹向山坡、夜间从山坡吹向谷地，以一日为周期的周期性风系。白天，因为山坡上的空气比同高度的自由大气增温强烈，空气从谷地沿坡向上爬升，形成谷风；夜间由于山坡辐射冷却，冷空气沿坡下滑，从山坡流入谷地，形成山风。

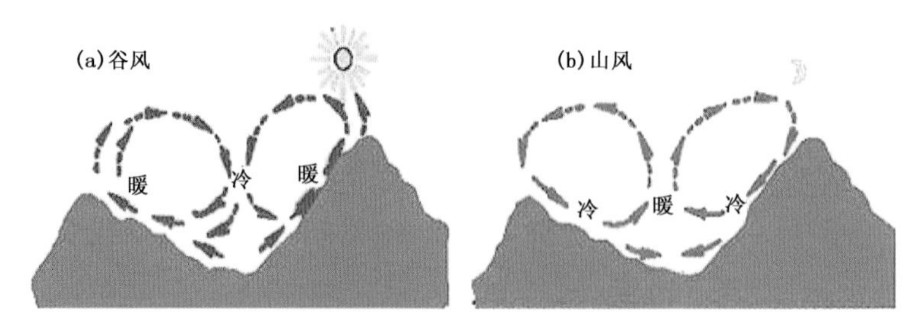

图 2.11 山谷风形成示意图

4)对气温的影响

各坡向太阳辐射量不同，土壤温度和气温也受到坡向的影响。晴天，东向和东南向的坡面上升温早而迅速，西南坡、西坡和北坡则升温较缓慢，最高温度出现时间也随之推迟。降温时则由东坡、东南坡、南坡、西南坡、西坡而逐渐推迟。各坡向的平均气温以南坡和南偏西坡为高，北坡为低。喀斯特森林各小生境气温也有差异(图 2.12)。石面、石缝升温和降温最为剧烈，土面与石沟升温和降温比较缓和。

5)对湿度的影响

南坡辐射量大，气温高，因而蒸发量大，比较干燥；北坡则相反，比较湿润；坡顶由于径流只支出，而无输入，始终是山体最干燥的部分。一般而言，北坡相对湿度较大，谷底夜间湿度大，午后小，因此多雾、露、霜；南坡晴天空气湿度比较低。喀斯特地貌下(图 2.13),石缝相对湿度最大,达 89%;石面最小,为 84%;土面和石沟均为 88%。各种小生境的相对湿度日变化比较平稳,起伏不大。

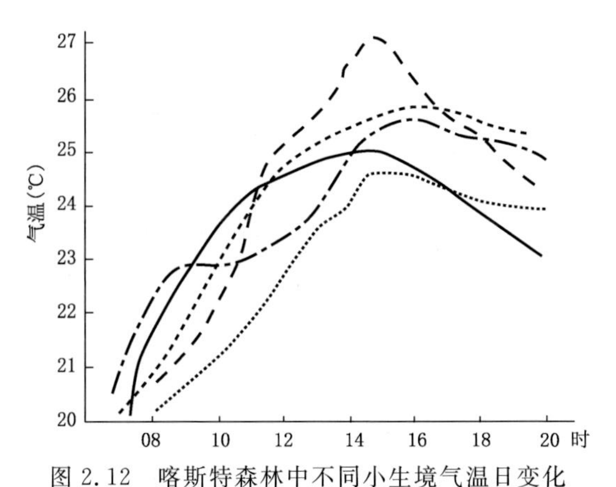

图 2.12　喀斯特森林中不同小生境气温日变化

(·········· 为石缝, — — — 为土面, ——— 为石面, —·—·— 为石沟;引自张邦琨,1995)

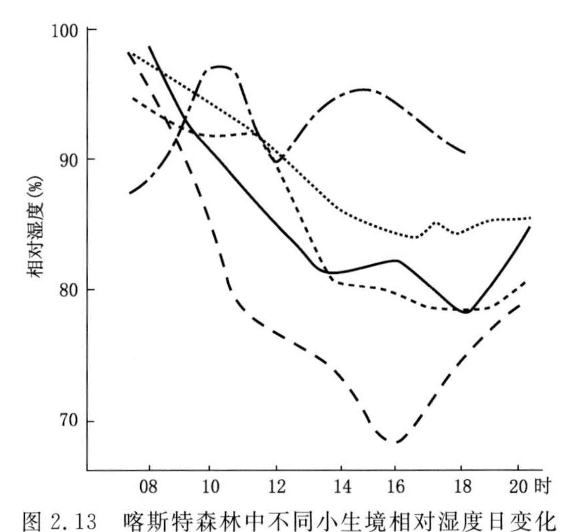

图 2.13　喀斯特森林中不同小生境相对湿度日变化

(·········· 为石缝, — — — 为土面, ——— 为石面, —·—·— 为石沟;引自张邦琨,1995)

2.3　贵州气候特征

2.3.1　贵州的气候特点

贵州气候存在明显的季风性、高原性和多样性特征。

季风性:冬、夏季风均能到达贵州境内,具有明显的季风气候特点。冬季盛行偏北风,风从内陆吹来,气候较寒冷干燥;夏季盛行偏南风,风从海洋上吹来,气候温暖多雨。

高原性:贵州属低纬度高原,纬度较低,太阳高度角较大,因而冬无严寒。夏季,当天气转阴雨时,阳光不能到达地面,气温随海拔高度升高而递减的特点明显地表现出来,显得凉爽如秋,形成了"四时无寒暑,一雨便成冬"的气候特点。由于海拔较高,加之降水日较多,各季气温总比同纬度低海拔的其他地区低,夏季尤为突出。

多样性:贵州全省山岭重叠,丘陵起伏,山谷纵横,地形十分复杂,短距离内高差很大,造成气温和降水等气候要素分布不均,形成复杂多样的"立体气候"特点。

2.3.2　贵州气候主要表现

(1)冬无严寒,夏无酷暑,四季分明

地面冷空气自北向南入侵,北面有秦巴山系阻挡而经两湖盆地自东北方向抵达贵州时,势力已大大减弱。冬季最冷的1月平均气温大部分地区在3.0～8.0 ℃,较同纬度的湘、赣两省高,未出现过连续5天的平均气温低于－5.0 ℃的严寒天气。夏季最热的7月平均气温,除边缘河谷地区达28.0 ℃外,大部分在22.0～26.0 ℃之间。盛夏当我国东部酷热难耐之时,贵州高原却是凉爽宜人,微风习习,实为旅游避暑的好去处。按照国内常用的四季划分标准(以平均气温低于10.0 ℃为冬季,高于22.0 ℃为夏季,其间为春、秋季),贵州除南部的罗甸、望谟冬季较短,不到1个月,西部的威宁、水城一带基本没有夏季外,全省大部分地区四季分明。

(2)雨水充沛,光、热、水基本同期

贵州由于受季风影响,冷暖气流交汇频繁,年降水量在1 100～1 300 mm,季节分配不均,80%的雨水集中在5—10月。4月上旬到5月上旬,雨季自东向西陆续开始,6和7月降雨量达到全年最高峰,此时正值全年高温、多光照时期。光、热、水资源同期,属丰收型农业气候类型。

(3)多阴雨,少日照

多阴雨、少日照是贵州气候资源的最大特色。贵州绝大部分地区日降雨量≥0.1 mm的日数多达160～200 d,这正是所谓"天无三日晴"的由来。常年在9月中、下旬,会出现持续5～10 d以上的绵雨天气,不少年份甚至持续20 d以上。秋季以后,除西部地区外,全省云雾阻挡了太阳的直接照射,阴霾天气日渐增多。隆冬季节日照更是特少,只有30～40 h,几乎整月不见直射光的年份并不鲜见。

(4)气候的地域性和垂直性差异均显著

由于受地形条件影响,贵州各地气候条件差异很大,"立体气候"明显。"一山有四季,十里不同天"就是贵州气候地域性和垂直性差异均显著的鲜明写照。如省会贵阳与南部的罗甸,相距约100 km,海拔相差630 m,年平均气温相差4.3 ℃,冬季1月平均气温，贵阳为 5.0 ℃，而罗甸高达 10.0 ℃，贵阳气候温和，四季分明，而罗甸则秋、春相连，长夏无冬，终年温暖。相对高度很大的山区，气候的垂直差异更是显著。如苗岭主峰雷公山海拔 2 178 m，与西坡山脚下的雷山县城直线距离仅 13 km，海拔高度却相差 1 338 m，县城的年平均气温为 15.4 ℃，而在海拔 1 000～1 500 m 的山腰，年平均气温则降低到 12.0～14.0 ℃，到山顶就只有 9.0 ℃了。

2.3.3　太阳辐射

(1)太阳辐射空间分布

贵州省年平均太阳总辐射为 3 400～4 700 MJ/m²，空间分布为西部多、东部少。威宁 4 698 MJ/m²，为全省之冠。北部大娄山地区为 3 500 MJ/m²，与川南构成太阳辐射的低值中心。务川为另一低值中心，仅 3 257 MJ/m²，其余地区介于 3 600～4 000 MJ/m² 之间。贵州省太阳辐射偏少，一般地区太阳辐射量只有西藏南部地区的 40%，比长江中下游一带少 20%～40%。太阳辐射偏少，在冬半年更明显；夏半年，太阳总辐射与同纬度的华中、华北地区接近。

贵州省散射辐射量超过直接辐射量。散射辐射占总辐射的 56%～68%。总辐射量少的北部地区，散射辐射占较高比例；总辐射量多的西部地区，散射辐射所占的比例相对较低。

(2)太阳辐射年变化

贵州省太阳总辐射夏季多，冬季少。1 月，太阳总辐射为 130～300 MJ/m²，西部多，北部少。4 月，为 310～500 MJ/m²，西部多，东部少。7 月，各地差异小，为 460～540 MJ/m²。10 月，为 220～350 MJ/m²，南部多，北部少。各季中，散射辐射多于直接辐射，总辐射少的季节，散射辐射占总辐射的百分比相对较高。

2.3.4　气温

(1)气温空间分布特征

贵州省气温差异，可以分解为垂直、经向和纬向三个方面。水平距离小时，垂直差异是主要的；水平距离增大时，水平方向的差异也随之加大。

1)垂直变化

气温随海拔升高而降低。气温垂直递减率(指下垫面状况相近条件下，消去水平差异后气温随海拔高度的变化，与某一特定山体某一坡面上的气温垂直递减率不同)夏季略大于冬季，平均值约为 0.53 ℃/100m。

2)经向变化

气温经向梯度大，年变化也大。年平均气温经向梯度为 0.7 ℃/100m，冬季为 1.1 ℃/100m，夏季为 0.6 ℃/100m。盛夏的 7 和 8 月，副热带高压脊线位于 30°N 附近，高温带也随之移到贵州省以北，气温的经向梯度呈现负值，此时贵州同海拔地区北面气温高于南面。

3)纬向梯度

因高原和秦岭的屏障作用，对流层低层冷空气南下时多经南阳隘道南进，由两湖盆地与沅江流域自东向西影响贵州。从冷空气影响的强度及持续时间来看，东部均较西部重，产生了较大的纬向(东西向)气温梯度。冷空气年变化大，气温的纬向梯度年变化也大，与经向(南北向)气温梯度年变化相近。气温的纬向梯度冬、春季大，其中 4 月最大。

经向气温梯度和纬向气温梯度的合成，形成了贵州东北—西南向的气温梯度。除 7 和 8 月外，贵州西南部气温高，东北部气温低，冬季差异最大。盛夏仅表现为经向梯度，梯度方向由北向南。水平面上气温梯度的这种年变化，使得贵州省气温年较差以东北部最大，由东北向西南逐渐减小。

(2)年平均气温分布

贵州省年平均气温介于 8.0～20.0 ℃之间。南部红水河河谷地带为 20.0 ℃，是年平均气温最高地区。都柳江、赤水河、南盘江和北盘江河谷地带为 18.0 ℃。乌江、㵲阳河、锦江、松桃河、芙蓉江河谷地带介于 16.0～16.5 ℃之间。西北部地势高的地区介于 10.0～12.0 ℃之间，海拔 2 500 m 以上地区在 8.0 ℃以下，其余地区为 13.0～16.0 ℃。各地月平均气温 7 月最高，1 月最低。

1 月，南部红水河河谷地带平均气温在 10.0 ℃以上，南、北盘江河谷地带在 8.0 ℃左右。都柳江和赤水河河谷地带为 7.0～8.0 ℃。东北部乌江河谷地带在 6.0 ℃左右，清水江、㵲阳河、锦江、松桃河等河谷地带约为 5.0 ℃。地势相对较高的地区，1 月平均气温较低，如万山、开阳、大方、威宁等地为 1.5～2.0 ℃，武陵山、大娄山、苗岭、乌蒙山等地势高的地方在 1.0 ℃以下，其余广大地区介于 2.0～4.0 ℃之间。7 月，平均气温最高在东北部乌江、锦江和北部赤水河河谷地带，可达 28.0 ℃，与长江流域三大火炉很接近。东部、东南部和南部其他河谷地带为 27.0 ℃。海拔 1 800 m 以上地区在 20.0 ℃以下，威宁为 17.7 ℃，其余地区多在 22.0～25.0 ℃之间。4 和 10 月平均气温与年平均气温接近，在分布上与年平均气温的分布也相似。

(3)年极端气温

1)年极端最高气温

低热河谷地带年极端最高气温为 40.0 ℃左右，分布在贵州东北的乌江、锦江、㵲阳河和北部的赤水河河谷，清水江、都柳江、红水河、南盘江和北盘江河谷地带略低。1953 年 8 月 18 日，铜仁气温高达 42.5 ℃，是贵州省最高纪录。西北部广大地势高的地区，年极端最高气温多在 32.0 ℃左右，其余广大地区年极端最高气温介于 34.0～36.0 ℃之间。

2)年极端最低气温

年极端最低气温低于−10.0 ℃，出现在苗岭以北，武陵山和大娄山以南，自东部边缘到西部边缘的狭长地带内。1977年2月9日，威宁达到−15.3 ℃，为贵州省最低纪录。三穗、松桃、万山、玉屏、天柱、江口、台江、开阳、普定、织金、黔西、毕节和赫章等地，年极端最低气温都曾经低至−10.0～−13.0 ℃。这一地带其他地区年极端最低气温介于−8.0～−10.0 ℃之间。

除上述狭长地带以外的南、北部分地区，年极端最低气温在−8.0 ℃以上。最高在红水河、南盘江、北盘江和赤水河河谷地带。册亨和赤水两地年极端最低气温分别为−1.4和−1.9 ℃。其余地区则多介于−4.0～−8.0 ℃之间。

年极端最低气温均出现在冬季的12月—翌年2月，大多数地区在1月或2月，个别地方在12月。

(4)气温的年变化和日变化

贵州各地春季长于秋季，春季升温较缓慢，秋季降温较急剧。西部地区雨季开始较晚，春季升温较早而迅速。升温最快的日期，西部在3月上旬，中部在3月下旬，东部在4月初。秋季降温最快的日期，东部在10月上旬，中部在10月中旬，西部在10月末。

以4和10月平均气温分别代表春、秋季平均气温，西半部春温高于秋温，东半部秋温高于春温。西南边缘地区春温较秋温高2.0 ℃左右，东北部梵净山以东地区秋温较春温高1.0 ℃左右。气温年较差为16.0～20.0 ℃，东北部大，西南部小。

一日中，最高气温出现在14—15时(北京时)，最低气温出现在日出前后。年平均气温日较差，西南和东南部为9.0 ℃，北部为7.0 ℃，其余广大地区为8.0 ℃。西部和中部地区气温日较差以春季最大，夏季最小；其余地区日较差以夏季最大，冬季最小。

2.3.5　降水

(1)降水量的空间分布

贵州省年降水量为850.0～1 600.0 mm，有三个多雨区和两个少雨带。西南部多雨区范围最大，年降水量在1 300.0 mm以上。织金、六枝、普安一带在1 400.0 mm以上。降水最多的晴隆达1 588.2 mm，居贵州省之冠。第二个多雨区位于东南部，年降水量在1 300.0 mm以上，多雨中心在独山、麻江、雷山一带。丹寨最多，为1 505.8 mm，仅次于晴隆，居贵州省第二。第三个多雨区位于武陵山东南坡，达1 400.0 mm以上。大娄山东南坡和赤水河下游是两个次多雨区，年降水量在1 200.0 mm以上。

1)月降水量

贵州东半部5月或6月降水量最多；西半部6月最多，7月次之。

1月，降水量介于10.0～50.0 mm之间，东部边缘地区为30.0～50.0 mm，赤水、麻江、兴义等地超过 30.0 mm；西北部边缘地区为 10.0 mm，赫章仅 7.4 mm；其余广大地区在 20.0 mm 左右。

4 月，降水量为 40.0～170.0 mm，东部多、西部少，东部在 120.0 mm 以上，中部在 110.0 mm 左右，西部、南部和北部介于 40.0～110.0 mm 之间。

7 月，降水量介于 110.0～290.0 mm，西南大部分地区在 200.0 mm 以上，丹寨、都匀、雷山和凯里一带为 200.0～260.0 mm；东北部的武陵山区西麓和㵲阳河流域为 120.0 mm 左右，是贵州省盛夏降水量最少的地带；其余地区介于 130.0～200.0 mm 之间。

10 月，降水量为 55.0～145.0 mm，西南部的普安、六枝、关岭一带在 120.0 mm 以上，降水最多的晴隆为 144.3 mm；东南部的都匀、平塘一带在 120.0 mm 以上；东北部的大娄山和武陵山东南坡为 120.0 mm；西北部边缘地区为 60.0 mm 左右；南部至东部边缘地区为 80.0 mm；其余地区介于 90.0～100.0 mm 之间。

2)各时期降水量

贵州省冬半年(11 月—翌年 4 月)降水量为 100.0～340.0 mm，仅占全年降水量的 11%～35%，东部多、西北部少；夏半年(5—10 月)降水量为 300.0～750.0 mm，占全年降水量的 65%～80%。分布趋势上，夏半年降水量与年降水量一致。夏半年降水量占年降水量的百分比，东部小、西部大。

春季(3—5 月)降水量占全年降水量的 17%～35%，东部高于西部。夏季(6—8 月)降水量占年降水量的 35%～55%，西部高于东部。秋季(9—11 月)降水量占全年降水量的 17%～25%，北部高于南部。冬季(12 月—翌年 2 月)降水量占全年降水量的 4%～12%，东部高于西部。

(2)降雨日数

贵州省年平均降雨日数(日降水量≥0.1 mm)为 150～220 d，是国内雨日最多的地区之一，较同纬度的东部地区多 20 d 左右。每个雨日的平均降水量较同纬度的东部地区少，雨时较东部地区多。

南部红水河、东南部都柳江东段及梵净山西侧雨日较少，年平均雨日为 150～160 d。西北部和中部部分地区在 190 d 以上，水城—大方—习水和水城—织金—开阳一带在 200 d 以上，最多的大方高达 220.5 d，其余地区年平均雨日为 180 d 左右。

1 月，南部边缘河谷地区降雨日数为 8 d 左右，东北部乌江河谷地带和西北边缘地带为 10 d 左右，西部大部地区在 18 d 以上，最多的大方达 20 d，其余地区为 12～14 d。4 月，除西部和南部小范围地区在 15 d 以下外，其余地区在 16～19 d。7 月，西部雨日多，东部雨日少，东北部和北部为 12～14 d，西南部和南部为 20 d 左右，其余地区为 14～18 d。10 月，东南部多在 14 d 以下，西北部多为 16～19 d。

一年中，日降水量≥5.0 mm 的降雨日数为 50～70 d，日降水量≥10.0 mm 的降雨日数为 27～45 d,≥25.0 mm 的降雨日数为 6～18 d。

(3)雨季

入春以后,滑动 5 d 总降水量达到或超过当地多年平均降水量的 1/36 时,该 5 d 中第一个雨量达到 0.1 mm 以上的日子为这一年雨季的开始期。每年从 10 月 1 日起,最后一个滑动 5 d 总降水量达到或超过当地多年平均降水量的 1/36 时,该 5 d 中最后一个雨量达到 0.1 mm 以上的日子为这一年当地雨季的终止期。

1)雨季平均开始期和终止期

贵州雨季平均开始期东部早,自东向西逐渐推迟。东部雨季平均在 3 月末到 4 月上旬开始,中东部在 4 月中旬,中西部在 4 月下旬,西部在 5 月上旬。雨季开始早的个别年份为 3 月初,最晚的年份 5 月中下旬到来。早、晚的差异,东部大于西部。

贵州各地平均雨季终止期以西部威宁的 10 月 5 日为最早,东部镇远的 11 月 2 日为最晚,其余地区一般都在 10 月中下旬,恰好和雨季开始期相反,有自西向东推迟的趋势。

2)雨季降水量

贵州省雨季降水量为 750～1 350 mm,分布趋势接近年平均降水量。除大方雨季降水量占全年降水量的百分比不到 80%(77%)外,其他地区为 80%～88%。

(4)夜雨

一日中 20 时—次日 08 时的降水量作为夜间降水量,贵州省夜雨量占年降水量的 50%以上,兴仁—六枝—惠水和赤水—金沙—遵义—湄潭一带夜雨量较多,占 65%以上。六枝—安顺一带最高,为 70%。东南部和东部边缘地区为 55%,是夜雨量最少地区;西部边缘地区为 60%;其余地区占 60%～65%。

各季中,夜雨量以春季最多,冬季次之,夏季最少。

1 月,东南部至西北部一带夜雨量较多,占年降水量的 75%,其余地区为 65%。4 月,安顺—罗甸和桐梓—湄潭一带较多,高达 95%;中部地区为 85%;西部为 60%～70%;东部和北部边缘地区为 70%～80%。7 月,六枝—安顺—惠水一带最高,为 60%以上;东部很少,仅 40%左右;其余广大地区在 50%上下。10 月,东南部占 50%,六枝—安顺—罗甸一带为 70%～75%,其余地区在 65%左右。

2.3.6　贵州气候带划分

根据热量指标和水分指标,把贵州省划分为 4 个气候带:南亚热带、中亚热带、北亚热带及暖温带(图 2.14)。

(1)南亚热带

包括罗甸、望谟、册亨、红水河流域及其支流南盘江与北盘江海拔 300～500 m 河谷地带。≥10 ℃活动积温 6 200.0～6 400.0 ℃·d,最冷月平均气温 9.8～10.1 ℃,年平均气温 19.0～19.6 ℃,年极端最低气温为−3.9～−1.5 ℃。

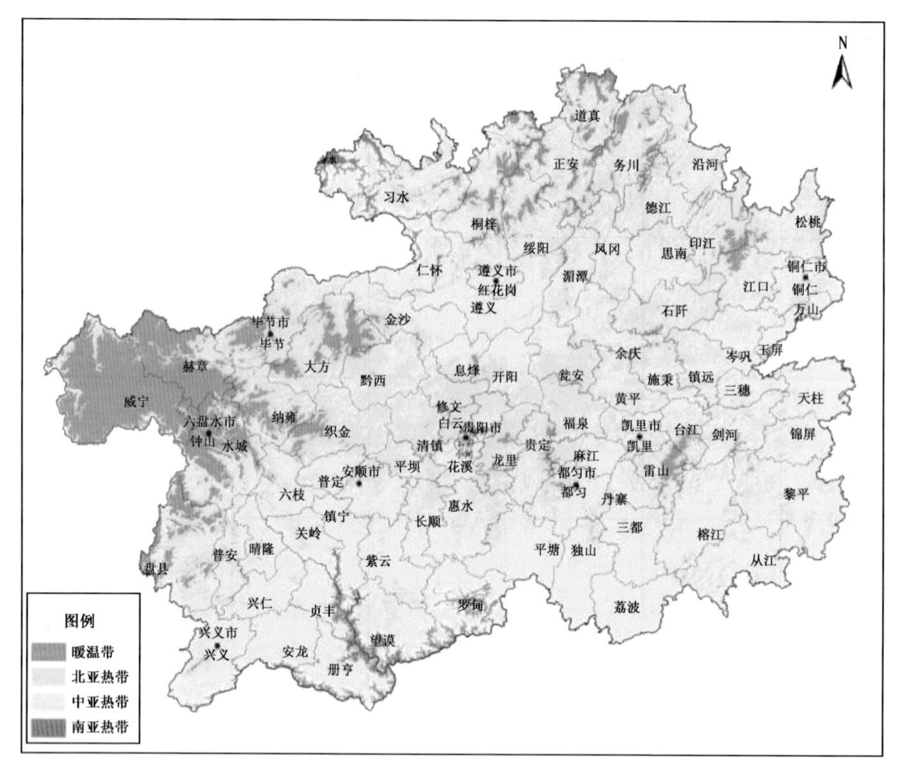

图 2.14　贵州省气候带分布图

(2)中亚热带

分布在东部、北部海拔 400～800 m 及中部、西部海拔 500～1 200 m 地区，包括遵义市、铜仁市、黔东南州各县，贵阳市，以及安顺市、黔西南州、黔南州中北部各县。年平均气温 15.0～18.0 ℃，≥10 ℃活动积温 4 500.0～5 800.0 ℃ · d，最冷月平均气温 4.0～6.0 ℃，年极端最低气温北部为－1.9～－6.0 ℃，西南部为－3.0～－8.0 ℃，东部为－5.0～－13.0 ℃。

(3)北亚热带

包括毕节市、安顺市、六盘水市等地区。东部海拔 800～1 200 m，西部升至1 500～1 800 m。年平均气温 12.0～14.0 ℃，≥10 ℃活动积温 3 400.0～ 4 500.0 ℃ · d，最冷月平均气温 2.0～4.0 ℃，年极端最低气温－8.0～－10.0 ℃。

(4)暖温带

分布在水城、赫章以西及威宁等海拔在 1 800～2 000 m 之间的高原山地。年平均气温 10.0 ℃左右，最热月平均气温低于 20.0 ℃。

2.4　影响贵州的气象灾害

2.4.1　寒潮

贵州省地处青藏高原东南斜坡面上，海拔较高，纬度较低。冬半年经常受极地南下强冷空气侵袭，出现寒潮天气。受寒潮影响出现剧烈降温，秋末、春初往往造成早、晚霜冻；春季往往造成“倒春寒”；冬季常使地面气温降到 0 ℃或 0 ℃以下，产生降雪和凝冻(雨凇)。

(1)地区分布

贵州省各地统计结果显示，多年平均因冷空气入侵引起大幅度降温达寒潮标准的次数以 26°～27°N 之间最多，在 3 次以上，有 4 个中心：丹寨—独山—麻山、威宁、晴隆、黎平，其中，丹寨—独山—麻山和威宁两个中心最多，达 5 次以上。27°N 以北和26°N以南，降温达寒潮标准的次数较少，年平均在 3 次以下，其中北部边缘最少，年平均不到 1 次。

(2)时间分布

寒潮(强冷空气)频率的月分布：全省平均因冷空气引起大幅度降温达到寒潮标准的次数最多是 3 月，占全年的 27%；4 月次之，占 24%；2 月又次之，占 20%；5 和 10 月较少，分别占全年的 2%和 5%。不同地区各有差异，遵义市集中在 3—4 月，占全年的 77%；黔南自治州主要出现在 1—4 月，占全年的 75%。大部分地区 12 月降温幅度达到寒潮标准的频率比 11 月份小。因为春、秋季节是大气环流调整时期，冷、暖空气更替频繁，气温变幅较大，隆冬季节冷空气占优势地位，天气形势稳定，气温变幅较小，降温幅度达到寒潮的次数反而减少。贵州省达寒潮标准的次数年变化较大，大多数年份年平均次数为 2～4 次/站，东部地区变幅大于西部。

(3)起止日期

一般来说，因冷空气入侵降温幅度达寒潮标准初日最早出现在 10 月中、下旬，终日最晚出现在 5 月上旬，初、终日间隔 170 d 左右；西北部高寒地区，初日最早出现在 9 月上旬，终日最晚出现在 6 月上旬，初、终日间隔 270 d 左右，是初、终日间隔日数最长的地区；北部和南部低热地区初日最早出现在 11 月下旬，终日最晚出现在 4 月上旬，初、终日间隔 150 d 左右，是初、终日间隔日数最短的地区。

2.4.2　冰雹

(1)地区分布

统计贵州省各站 1961—2003 年共 43 年的累计年降雹总日数，贵州各地冰雹日数分布呈西多东少和中部多南北少的特点，全省中部以西累计降雹日数多于 45 d(即多年平均雹日大于 1 d)，其中大多数测站明显超过 60 d，全省以晴隆、水城、普安、盘县一带冰雹出现较多，降雹日数达到 106 d 以上(即多年平均雹日在 2.5 d 以上)，最多雹日中心出现在晴隆，累计降雹日数多达 126 d，即多年平均达 2.9 d。另外，安顺为次多中心，降雹累计日数也有 107 d，多年平均雹日 2.5 d。中部贵阳市为第 3 个多雹中心，降雹日数为 84 d(多年平均雹日接近 2.0 d)。全省东半部降雹日数较少，绝大多数测站少于 30 d，即多年平均雹日不足 0.6 d。

(2)时间分布

根据 1961—2003 年冰雹观测资料发现，贵州省各地全年各月均可降雹，但主要集中在 3—5 月，其中 4 月份降雹日数最多，占全年降雹总日数的 28.9%；5 月份次之，占全年降雹总日数的 21.2%；3 月份再次之，占 17.2%。其余各月除 2 月占 12.7%以外，降雹日数均很少，又以 9 和 12 月是全年降雹最少的月份，平均降雹日数仅为 0.5～1.0 d。从各地州市的统计结果看，铜仁、遵义、黔东南 3 个市州的分月降雹日数以 2—3 月最多，其余 6 个市州则以 4—5 月最多。

(3)起止时间

统计表明，贵州各地冰雹天气主要发生在下午和上半夜，70%以上的降雹过程都集中在 15 时以后。但全省东部和西部降雹天气的日变化略有差异，东部各地冰雹多发生于上半夜即 20 时—23 时 59 分，而西部各地多集中于 13 时至 20 时。如位于东部的镇远和湄潭两站，上半夜降雹占 50%以上，而下午降雹不足 40%；位于西部的毕节和盘县两站，15—20 时降雹超过 60%，而上半夜降雹不足 20%。省内各地一日内降雹最少的时段则集中在深夜 3 时以后至次日中午 12 时以前。贵州各地一次降雹过程的持续时间一般在 10 min 以内，超过半个小时的发生频率很小。

2.4.3 倒春寒

(1)倒春寒标准

倒春寒是贵州省灾害性天气之一，一般指入春后 3 月 21 日—4 月 30 日，日平均气温小于等于 10 ℃，持续 3 d 或 3 d 以上(其中从第 4 天开始，允许有间隔 1 d 的日平均气温大于等于 10.5 ℃)，为一次倒春寒天气过程。

(2)时空分布

贵州倒春寒天气出现日数的地区分布呈现自西北部向东南部逐渐减少的趋势。按照倒春寒天气的年平均日数、年平均次数及出现时间，可将全省分为 5 个区，即基本无倒春寒区、轻倒春寒区、中等倒春寒区、重倒春寒区和严重倒春寒区。其中，基本无倒春寒区和轻倒春寒区主要分布在全省南部边缘地区和赤水等地，年平均倒春寒日数少于 2.0 d，年平均倒春寒次数少于 0.5 次，倒春寒主要出现在 3 月 31 日以前；中等倒春寒区主要分布在全省南部和中北部一线，年平均倒春寒日数介于 2.0～3.9 d 之间，年平均倒春寒次数介于 0.5～0.7 次之间，倒春寒天气一般出现在 4 月 10 日以前，4 月中旬出现概率极少；重倒春寒区主要分布在全省中部一线，年平均倒春寒日数介于4.0～8.0 d,年平均倒春寒次数介于0.8～1.2次之间,3月下旬—4月下旬均可能出现倒春寒天气,但4月下旬出现概率极少;严重倒春寒区主要分布在全省西北部和北部局部地区,年平均倒春寒日数超过8.0 d,大方、威宁超过10 d,倒春寒年平均次数超过1.2次,大方、威宁超过2.0次,在3月下旬—4月下旬均可能出现倒春寒天气。

2.4.4　春旱

(1)春旱标准

每年3月份,任意连续5 d的逐日降水量小于0.5 mm,且5 d累计降水量小于2.5 mm;或4—5月份,任意连续5 d的逐日降水量小于2.0 mm,且5 d累计降水量小于5.0 mm,则把这5 d的第一天定义为一次春旱过程的入旱日。

自入旱日起连续9 d累计降水量小于15.0 mm,连续10 d或10 d以上累计降水量与同期多年平均降水量的比值,3月份小于0.6,或4—5月份小于0.5的时段,定义为春旱时段。

春旱时段内,符合以下条件之一者,定义为旱期终止日:

3月份春旱期内,累计降水量与同期多年平均降水量的比值由小于0.6转为大于或等于0.6的当日,为春旱终止日。或春旱期内任意向前滑动3 d累计降水量大于或等于20.0 mm,第一天降水量大于或等于10.0 mm,则把紧接滑动期的第一天定为春旱终止日;若第一天降水量小于10.0 mm,第二天降水量大于或等于10.0 mm,则把滑动期的第一天定为春旱终止日;若第一、二天降水量均小于10.0 mm,则把滑动期的第二天定为春旱终止日。

(2)时空分布

贵州各地春旱的地区分布特点是西重东轻,全省大致可划分为4个春旱分区:一是重春旱区,包括黔西南州、六盘水市、毕节市西部和黔南州西南部,多年平均春旱日数多于60 d;二是中等春旱区,包括遵义市西南部、毕节市东部、贵阳市以及黔南州大部,多年平均春旱日数为51～60 d;三是轻春旱区,包括遵义市大部、铜仁市西部、黔南州东部和南部、黔东南州南部,多年平均春旱日数为41～50 d;四是基本无(或轻微)春旱区,包括铜仁市东部和黔东南州大部,多年平均春旱日数少于40 d。

2.4.5　夏旱

(1)夏旱标准

每年6—8月,任意连续5 d逐日降水量小于或等于5.0 mm,5 d累计降水量小于或等于10.0 mm,则把这5 d的第一天定义为夏旱入旱日。开始日期多年平均一般在7月2日前后。

夏旱每年均有发生,仅轻重程度和分布地区有所区别,影响区域广大,对社会生产、人们生活、生态环境危害最为严重。

(2)时空分布

贵州省夏旱分布与春旱相反,呈东重西轻的特点。全省可划分为以下 4 个夏旱分区:一是重夏旱区,包括铜仁市、黔东南州和遵义市南部,多年平均夏旱日数多于 60 d;二是中等夏旱区,包括黔南州与遵义市的大部、毕节市与安顺市的东北部以及贵阳市,多年平均夏旱日数为 40～50 d;三是轻夏旱区,包括毕节市和安顺市的大部、黔南州西南部,多年平均夏旱日数为 30～40 d;四是基本无(或轻微)夏旱区,包括六盘水市、黔西南州、毕节市南部和安顺市西南部,多年平均夏旱日数少于 30 d。

2.4.6 暴雨

(1)暴雨标准

贵州把 24 h 降水量大于或等于 50.0 mm,且小于 100.0 mm,定义为暴雨;24 h 降水量大于或等于 100.0 mm,且小于 200.0 mm,定义为大暴雨;24 h 降水量大于或等于200.0 mm,定义为特大暴雨。同一测站连续 2 d 或 2 d 以上 24 h 降水量大于或等于 50.0 mm 定义为持续性暴雨;全省有 3 站或 3 站以上 24 h 降水量大于或等于 50.0 mm,定义为一次暴雨天气过程。

(2)时间分布

一般年份,自 4 月上中旬开始,贵州省自东向西先后进入雨季,5—7 月是西南季风活跃和盛行的季节,暴雨发生频率最高,也是暴雨发生的高峰期。7 月下旬以后暴雨发生频率显著下降,8—9 月暴雨天气仍时有发生,直到 10 月上旬雨季结束,暴雨才很少出现。

绝大多数特大暴雨、持续性暴雨发生在西南季风开始之后到夏季风破坏、冬季风开始之前。发生特大暴雨最多的时段在 5 月下旬—7 月中旬,即西南季风开始后再一次活跃到西南季风盛行时期的 2 个月以内。当东南季风开始盛行后,发生特大暴雨和持续性暴雨的概率显著下降。

贵州省夜间暴雨多发性非常明显,随着暴雨强度和雨量的增大,夜间暴雨多发性的特点更为突出。夜间暴雨多于白天暴雨的特点全年各月一致,仅频率大小有所差异:8 月白天出现暴雨及 7 月白天出现大暴雨、特大暴雨的频率相对较大,3—5 月和 9 月夜间暴雨则占绝对优势。4—6 月降水高峰在后半夜(00—06 时),降水最少时段为 11—16 时。7—9 月日变化趋势大体与 4—6 月一致,变化幅度显著减小。

(3)地区分布

贵州省有 3 个较集中的暴雨多发区和 2 个少暴雨带。范围最大、频率最高的主要暴雨多发区位于西南部,中心在普定附近,年平均暴雨日数多达 96 d。黔南自治州东南部(中心在都匀、荔波附近)年平均暴雨日数在 40 d 左右,仅次于普定。第 3 个相对暴雨多发区在省之东北部,包括大娄山东段余脉东南侧与梵净山之间的地区,松桃多暴雨中心与之相通，形成东西间带状。

少暴雨带位于上述南、北两个暴雨多发区之间，轴线大致与27°N线平行，东、西两端的三穗、赫章附近暴雨频率最小，瓮安附近次之。北部边缘地区也是少暴雨带，范围相对狭小。

夏季暴雨占绝对优势，春季与秋季分布差异最大。春季相对多暴雨区位于南部的望谟—罗甸—三都一带，中心在三都附近。秋季暴雨频次显著减少，仅在西部高寒地区维持，或其频次偏高于春季，其他地区暴雨累年频数均在10次以下。相对多暴雨区仅局限于贵州省西南部，中心在六枝至盘县一带。少暴雨区分布在春、夏、秋较为一致，在27°N附近呈东西向带状分布。

图2.15为1961—2007年贵州大暴雨站次分布图，由图2.15可见，大暴雨站次有明显增加趋势。

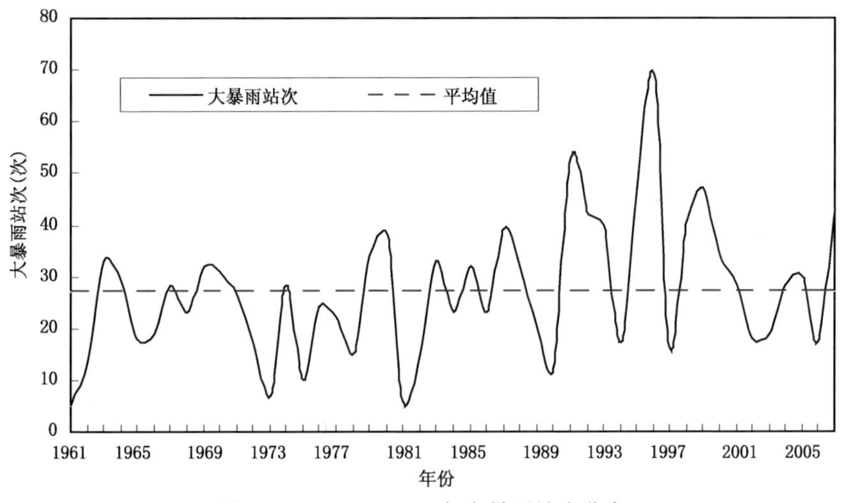

图2.15　1961—2007年大暴雨站次分布

2.4.7　绵雨

(1)绵雨标准

入秋以后(9月1日—11月30日)连续5 d或5 d以上降雨(日降水量大于或等于0.1 mm，从第6天起，允许有间隔1 d无降水)，定义为秋季绵雨过程，简称秋绵雨。

(2)时空分布

秋季绵雨平均每年出现2～4次，最多可达4～7次，自西北向东南逐渐减少。西北部地区最多，年均3～4次；中部次之，年均2.2～2.9次；东南部最少，年均2.0～

2.1 次。西北部地区，每年 23.2～34.3 d；中部每年 15.5～19.7 d；东南部每年 13.4～15.3 d。

秋季绵雨 9—11 月均有出现。大部分地区 10 月频率最大，占总数的 38%～54%；9 月次之，占 32%～37%；11 月最小，占 17%～30%。各地轻级绵雨年平均出现次数最多为 1.0～2.0 次；中级绵雨次之，为 0.5～1.3 次；重级绵雨最少，为 0.1～1.1 次。西北部重级绵雨可达 3 次，东南部 1 次。持续最长的绵雨日数出现在 1964 年的 10 月中旬—11 月上旬，达 28 d。

2.4.8 秋风

（1）秋风标准

每年 8 月 1 日—9 月 10 日，日平均气温低于 20 ℃（西北部海拔 1 500 m 以上测站日平均气温小于或等于 18.0℃），持续 2 d 或 2 d 以上的时段（其中从第 3 天起，允许有间隔 1 d 的日平均气温大于 20.5℃；海拔 1 500 m 以上测站允许间隔一天日平均气温大于 18.5 ℃），定义为一次秋风天气过程。

（2）时空分布

贵州常年秋风开始出现的时间西北部早，中部次之，东部较晚。威宁、赫章等高海拔地区在 8 月上旬，西部大部分地区在 8 月中旬，中部地区在 8 月下旬，东部地区在 9 月上旬开始，南部边缘地区 8 月未出现秋风天气。

贵州秋风的地区分布表现为省之西部重、东部轻。在毕节、大方、纳雍、晴隆、普安等地及以西地区为秋风特重区，平均秋风日数在 9 d 以上，出现的概率为 90%以上。其中，威宁、赫章、水城三县的概率为 100%，即每年均有秋风出现。在中部和东部地区为轻至中等秋风区，年平均秋风日数 1～3 d。南部边缘低海拔地区的罗甸、望谟、册亨、荔波、三都、榕江、从江以及东部的松桃在 1961—1990 年期间未出现过秋风。

2.4.9 雨凇

（1）雨凇标准

雨凇，贵州一般叫作凝冻，俗称桐油凝。雨凇是贵州省主要灾害性天气之一，其出现次数之多，居全国首位。

每年 12 月 1 日—翌年 2 月 28 日，日平均气温小于或等于 1.0 ℃、日最低气温小于或等于 0 ℃以及日降水量大于或等于 0.0 mm 三者同时出现，持续 3 d 以上（其中自第 4 天起允许有间隔 1 d 的日最低气温为 0.1～0.5 ℃或无雨），且至少有 1 d 出现雨凇天气现象的时段，定义为一次冬季雨凇天气过程。

（2）出现时间和频率

雨凇初日基本上是西部早、东部迟，由西向东推迟。西部的威宁最早在 10 月下旬出现，东部的锦屏在 12 月下旬才开始，前后相隔 60 d 以上，毕节市、六盘水市、安顺市东北部、独山、麻江、三穗、万山等地 11 月下旬开始，其他大部分地区 12 月中、下旬开始。

雨凇终日基本上东部早、西部晚，由东向西推迟。印江 1 月下旬出现终日，威宁 4 月下旬出现终日，前后相隔达 3 个月之久。铜仁市、遵义市东部、贵阳市、安顺市西南部以及黔东南、黔南、黔西南 3 个自治州的大部分地区 2 月下旬雨凇天气结束，其他地区 3 月中、下旬雨凇天气才结束。

2.4.10　霜冻

(1)霜冻标准

霜冻指日平均气温在 0 ℃以上时，土壤、植物表面及近地面空气层发生的短时间温度降低到 0 ℃或 0 ℃以下的现象。一般以地面温度小于或等于 0 ℃作为霜冻的标准。

(2)时间分布

贵州省各地霜冻平均初日在 11 月 20 日—12 月 18 日的 29 d 内，主要出现在 12 月，发生频率达 65%，11 月的频率只有 35%。平均终日在 1 月 31 日—3 月 14 日的 42 d 之内，其中出现在 3 月份为最多，发生频率达 55%；2 月次之，频率为 40%；1 月的频率仅 5%。霜冻的历年最长日数，全省大部分地区在 30 d 以内，西北部和北部是霜冻最长连续日数的高值区，多为 30～40 d，南部边缘和赤水河谷等地为低值区，一般为 5～10 d。

(3)地区分布

全省范围内以西部、北部的习水和黔东南州东部是霜冻出现频数的高值区，年平均在 30 d 以上，最多的威宁达 89 d；南部边缘和赤水河谷等温暖地区为低值区，年平均日数不超过 10 d，最少年仅 3 d；省内其余地区一般为 10～30 d。

第3章　贵州的旅游资源

贵州省因其丰富多样的旅游资源被誉为“中华民族的大公园”“天然的大空调”。其中，大部分旅游资源质量很高，如瀑布、溶洞、民族风情、革命史记等，在世界和国内占有重要地位；此外，还有许多待开发的旅游资源，其中可开发的自然旅游资源有1 000余处，可开发的乡村旅游景点有1 000余个。目前有黄果树、龙宫等13个国家级重点风景名胜区；花溪、红枫湖等57个省级风景名胜区；梵净山、草海、雷公山等9个国家级自然保护区；百里杜鹃、道真大沙河等3个省级自然保护区；遵义会议会址、普定穿洞遗址等39个全国重点文物保护单位；红崖古迹、石阡万寿宫等285个省级重点文物保护单位；赤水竹海、龙里龙架山等22个国家级森林公园；关岭化石群、赤水丹霞等9个国家地质公园；全省有贵阳市、都匀市、凯里市、遵义市、安顺市、赤水市、兴义市等7个城市被评为中国优秀旅游城市。目前，贵州省已经形成了6个特色旅游区：一是以观赏壮美大瀑布、神奇喀斯特溶洞为主的西部旅游线路；二是以领略绿色喀斯特原始森林生态与民族文化为主的南部旅游线路；三是以体验长征文化、赤水丹霞地貌、桫椤生态旅游为特色的北部红色旅游线路；四是以展示融绚丽多彩的民族文化和秀美绮丽的自然风光为一体的东部旅游线路；五是以体验苗、侗原生态民族文化和贵州多元文化为重点的东南部民族文化旅游线路；六是以省会城市贵阳为主，感受“爽爽贵阳·避暑之都”为主的休闲度假旅游线路。

3.1　自然旅游资源

3.1.1　美丽雄伟的瀑布景观

贵州的瀑布以数量多、类型多、景观形态多、分布广著称，被誉为“千瀑之省”，其中具有观赏价值的瀑布就有629处。最具代表性的是黄果树瀑布和十丈洞瀑布，此外还有瓮安穿洞河瀑布、麻江良田水落滩瀑布等等。贵州的瀑布无论在数量、规模还是形态上都属全国少见。

黄果树瀑布(图3.1)位于贵州省安顺市镇宁布依族苗族自治县，得名于当地一种常见的植物“黄果树”，瀑布高74 m、宽81 m。黄果树瀑布其实是一个瀑布群，以它为核心，在其上游和下游近20 km的河段上，还分布着陡坡塘瀑布、螺丝滩瀑布、石头寨天生桥瀑布、滴水滩——高滩多级瀑布群等雄、奇、险、秀风格各异的24个较大的瀑布。1999年被大世界吉尼斯总部评为世界上最大的瀑布群，列入世界吉尼斯纪录。与世界上其他的瀑布景观相比，黄果树瀑布具有两个“唯一性”：一是可从上、下、前、后、左、右六个方位观看，不同的方位看到的景观各异，变幻无穷；二是有一个全长134 m的水帘洞，游人能从洞内近距离地观赏、触摸瀑布。黄果树瀑布因其不可取代的独特性和非凡壮观的气势，成为贵州自然旅游资源中的一大品牌。

图3.1 雄伟壮观的黄果树瀑布(石开银 摄)

十丈洞瀑布(图3.2)位于贵州省赤水市南部风溪河上游，距市区30 km。瀑布高76 m、宽80 m，堪与黄果树瀑布媲美，是我国丹霞地貌上最大的瀑布，也是我国长江流域上最大的瀑布。十丈洞瀑布与其附近的蟠龙瀑布群、西河口瀑布、鸡飞崖瀑布、燕子岩瀑布等共同构成了“三步一小瀑，五步一大瀑”的天然瀑布公园。

穿洞河瀑布位于贵州省瓮安县境内，是全国十大水帘洞瀑布之一，距离瓮安县县城17 km，瀑布高10 m、宽50 m。瀑布后有一洞天然形成，连接河流两岸，长约50 m，高2～3 m，此穿洞也是当地人用来过河的通道。穿洞河瀑布不同于一般的水帘洞或暗洞瀑布，共有洞帘3处，恰似开了3个天然的观瀑窗口。

水落潭瀑布距麻江县城12 km，位于碧波河下游。《麻江县志》这样描述：水落潭瀑布总高70 m，枯水季节，顶瀑宽3 m，状如“人”字玉带；旺水季节，顶瀑宽15 m，底瀑宽30 m，瀑声隆隆，水花飞溅，迷雾缥缈。

3.1.2 神秘奇特的溶洞景观

贵州省是我国唯一没有平原支撑的省份，独特的喀斯特地貌导致境内溶洞发育广泛，分布密度大，境内有溶洞3 000余个，具有开发价值的有800多个，每平方千米

图 3.2 赤水十丈洞瀑布(吴洪港 摄)

内的溶洞多达 3～4 个。溶洞数量之多、规模之大、构造之复杂、景观之奇特在我国乃至世界上都首屈一指。除了著名的织金洞外，还有安顺龙宫、铜仁九龙洞、青龙洞等。

"织金归来不看洞"，这是著名散文学家冯牧走出织金洞后的赞叹。织金洞是一座规模宏伟、造型奇特的洞穴资源宝库，洞深约 10 km，两壁最宽处 173 m，最高达 50 m。洞内空间开阔，岩质复杂，拥有 40 多种岩溶堆积形态，包含了世界溶洞中主要的形态类别，被称为"岩溶博物馆"。洞内布满了琳琅满目、形态各异的石柱、石幔、石花等，根据不同的景观和特点，分为 47 个厅堂、150 多个景点，最大的洞厅面积达 3 万 m^2 以上。特别是那高 17 m 的"银雨树"(图 3.3)，挺拔秀丽，亭亭玉立于白玉盘中，人人赞叹。织金洞不仅有很高的旅游、美学价值，而且对于研究我国的古地理、古气象学等都有极高的科学价值，是我国目前发现的溶洞中最出类拔萃的一个，也是中国旅游胜地四十佳之一，1994 年唯一代表亚洲加入国际洞穴旅游协会，与黄果树、龙宫、红枫湖三个国家级景区形成了贵州西部旅游黄金环线。2009 年织金洞风景名胜区成功升级为国家 AAAA 级风景名胜区。

2009 年，美景中国 · 中国最美旅游胜地排行榜组委会发布"中国最美的旅游胜地"排行榜，织金洞景区入选"中国最美的旅游胜地——中国最美的十大奇洞"之首。

龙宫位于贵州省安顺市南郊，与黄果树风景区毗邻，距贵阳市 116 km。龙宫的

图 3.3 贵州织金洞银雨树(吴洪港 摄)

奇特之处在于暗河溶洞,有着我国最长、最美丽的水溶洞;最大的洞穴佛堂;最大的洞中瀑布,全世界最低的天然辐射剂量率,全世界最多、最为集中的水旱溶洞等高品位风景资源。

铜仁九龙洞是贵州省首批确定的十大风景名胜之一,位于铜仁城东 27 km 的骂龙溪右侧观音山山腰,九龙洞前俯锦江河、后靠六龙山。主洞全长 3 200 m 以上,最宽处为 200 m 以上,最高空间达 80 m 以上。洞内天然分为 7 个大厅,有 1 个天厅和 1 道暗河。总面积为 8 万 m^2,最高乳石柱达 39.88 m,实为世界罕见、国内之最。

3.1.3 壮观的大峡谷河流景观

贵州是世界上峡谷河流数量最多的地方之一,以喀斯特峡谷河流和丹霞峡谷河流最为典型。贵州河流多为山区雨源性河流,峡谷与河流不可分割地组合在一起。河谷基岩奇特,河床狭窄,滩多流急,森林茂密,两岸峭壁常见支流形成的瀑布跌水飞流而下,形成千姿百态的峡谷河流风光。著名的峡谷河流有马岭河峡谷、㵲阳河峡谷、荔波樟江、施秉杉木河等。

马岭河峡谷(图 3.4)距兴义市区约 4 km,全长 74.8 km,由上往下看是一道地缝、由下往上看是一线天沟,景观十分神奇,被称为“云贵奇缝,天下奇景”。它的地貌结构与一般峡谷不同,实际上是一条地缝。有人说,马岭河峡谷是地球上最美丽的一条伤疤。马岭河峡谷由彩崖峡、天赐石窟、彩虹锁天、回峰崖、五里幽谷、瀑布群、壁挂崖、龙头岛等景点组成，以雄、奇、险、秀为特色。马岭河的瀑布飞泉有60余处，而壁挂崖一带仅2 km长的峡谷中，就分布着13条瀑布，形成一片壮观的瀑布群。其中最具特色的是珍珠瀑布，4条洁白的瀑布从200多米高的崖顶跌落下来，在层层叠叠的岩页上时隐时现，撞击出万千水珠，水珠在阳光照耀下闪闪发光，犹如一颗颗璀璨的珍珠。马岭河峡谷滩多水急，迂回曲折，是开展漂流旅游的好地方。在马岭镇至天星桥之间被称为“天下第一缝，西南第一漂”的漂流区，游人坐在橡皮船上，在总落差27.2 m、全长13.8 km的河道中顺流而下，既可观赏两岸的绝美风光，又很觉惊险刺激。首届中国国际皮划艇漂流赛就曾在这里举行。

图3.4　贵州马岭河峡谷(吴洪港 摄)

㵲阳河风景名胜区是指㵲阳河西起黄平旧州东至镇远城东月亮湾之河段，全长95 km。按《㵲阳河风景名胜区总体规划》的划分及命名，分为上㵲阳风景区和下㵲阳风景区。上㵲阳包括头峡、无路峡、老洞峡、观音峡，下㵲阳包括诸葛峡、龙王峡、西峡和东峡。

头峡处于㵲阳河风景区上游，长约17 km，因迂回曲折，被称为“九转回峰”，是㵲阳河峡谷群中景色最优美的一个峡谷河段。

诸葛峡又称“诸葛洞”，是下㵲阳的开始，相传诸葛武侯南征时曾在此凿河以便漕运，故得其名。峡长约8 km，峡内有古纤道遗迹、水帘洞飞瀑、乌龟石等景点。1988年被列入国家级风景名胜区的㵲阳河风景区，除干流峡谷外，还有诸条风光特别优美的支流峡谷，如梯级跌泉瀑布的高枯溪、具有美丽钙华景观的小塘河、著名风景区云台山的杉木河等。

3.1.4　独特的天生桥景观

地下河与溶洞的顶部崩塌后，残留的顶板横跨河谷两岸，形似拱桥，故名天生桥，贵州的喀斯特天生桥以其奇特的形态、宏大的规模成为世界的一大奇观。在贵州，几乎在喀斯特地区的河流上都有天生桥分布，但多出现于深切的喀斯特峡谷上，常由伏流塌顶形成，有的地方多点塌顶后由多个天生桥串联分布。著名的天生桥有黎平天生桥、九洞天天生桥、水城穿洞天生桥等。

黎平天生桥位于贵州省黎平县城德凤镇东北 16 km 处，清水江支流福禄江穿流而过。黎平天生桥为天然石拱桥，全长 256 m，主拱横跨福禄江上，跨度 138.4 m，桥宽 118 m，主拱最高处距水面 36.64 m，拱顶岩层厚 40 m；附拱拱跨 78 m，高 28 m，宽 119 m。仅主拱跨度就远大于目前世界吉尼斯纪录美国犹他州天生桥雷思博桥（跨度 88 m，高 30 m）。黎平天生桥在 2001 年 1 月 15 日正式获得吉尼斯世界之最证书。黎平天生桥桥身有深浅不一的石洞数个，有的可通桥顶，桥顶和桥壁两侧石柱、石笋、石岩千姿百态，造型各异。

九洞天位于毕节大方县城 54 km 的猫场镇五丫村，景区全长达 23 km，总面积约 80 km^2，是乌江干流六冲河流经大方、纳雍两县之间的一段喀斯特熔岩综合地带。在这一段长约 6 km 的河道上，箱形切割顶板多处塌陷，形成了多个形状、大小各异的天窗状洞口，组成集伏流、峡谷、溶洞、天桥、天坑、石林、瀑布、冒泉及钟乳石、卷曲石、生物化石等为一体的雄奇瑰丽的熔岩大观，因其天窗洞口共有 9 个，因此谓之“九洞天”。

一洞天“月宫天”为旱洞，内宽阔，是进洞的大厅，面积约 3 000 m^2，平均高为 80 m，洞壁洞顶上钟乳石造型各异，壮丽非凡。二洞天“雷霆天”现辟为发电洞室，通过闸门控制引取落差 11 m 的水发电，是国内罕见的无厂房天然洞内发电站，极为经济。三洞天“金光天”洞内高大宽阔，迂回幽静，左岸石壁异常光滑，如刀砍斧削，右岸壁上悬挂着五颜六色的钟乳石。四洞天“玉宇天”是由多个洞穴组成的天然景区，洞内钟乳石有的似凌霄宝殿，有的如宝塔，栩栩如生。五洞天“葫芦天”呈葫芦状的暗湖，上收下放，自然而成。六洞天“象王天”为相连的天生桥洞窗，顶部距水平面约 100 m，十分险要。七洞天“云霄天”是一大旱洞，能容纳数千人。八洞天“宝藏天”洞口宽仅二三米，洞高却达数十米，好似高楼窄巷，阳光折射进去，水面光色变幻无穷。九洞天“大观天”内的溶洞共分三层：上层是与天生桥拱平行的洞厅，面积数万平方米，无数洞穴口相通相连，形成立体迷宫，十分罕见；中层有一座长 90 m、宽 120 m 的巨大天生桥，呈“门”字形，从桥下广场俯视观水洞，神秘莫测，抬头仰望，苍穹被划为两个巨大的圆弧，好似牛郎织女相会时的鹊桥；下层是一些形状各异的水洞暗湖，与八洞天相连，四通八达。

水城穿洞天生桥旅游风景区位于六盘水市下辖的水城县金盆苗族彝族乡的干河

地域，毗邻毕节地区赫章、纳雍两县交界处；距六盘水市中心区 71 km，面积 9.4 km^2，含天生桥景区和青林苗寨、南开花场两个独立民族风情点。桥属石灰岩洞穴坍塌后残留洞段，桥高达 135 m，跨度 60 m，顶拱厚 15 m，桥面长 30 m。据中外岩溶地质学家考证，水城穿洞天生桥为世界最高的可行驶汽车的公路天生桥。桥两岸全是悬崖绝壁，东部为倮布大沟，西部为干河大沟，桥的四周分布着暗河和溶洞，与灰岩陡壁、深箐密林构成了天生桥奇特的喀斯特奇观，其下游还有数量众多、大小不一的天生桥组群。

3.1.5 原始的森林生态环境

喀斯特地貌占贵州省国土面积的 73%，喀斯特地貌发育形成了独特的喀斯特森林生态系统。喀斯特森林，是指生长在喀斯特（岩溶）地貌上，以碳酸盐岩为着生基岩的一种森林植被。贵州全省森林覆盖率达 35%，森林公园总面积达 15.86 万 hm^2，已建立 7 个国家级自然保护区和 15 个国家森林公园。世界人与自然保护区——梵净山，保护着国家重点保护珍稀树种 17 种、重点保护珍奇动物 10 余种，此外，还有茂兰喀斯特原始森林自然保护区、赤水桫椤自然保护区等。

(1)梵净山国家级自然保护区

梵净山，位于贵州东北部铜仁市江口、印江、松桃三县交界处，海拔 2 572 m，不仅是贵州的第一山，更是武陵山脉的主峰，自然保护区总面积 567 km^2，东西宽约 21 km，南北长约 27 km，是我国 14 个加入联合国“人与生物圈”世界性自然保护区的成员之一。梵净山以老金顶、凤凰山、新金顶为主峰，9 条绵延千里的支脉为旁系。沿 8 000 多级蜿蜒曲折的石级而上，可直达红云金顶。金顶附近奇峰异石颇多，有奇特的蘑菇石（图 3.5）、雄伟的万卷书、罕见的金刀峡与剪刀峡、神奇的仙人桥、栩栩如生的老鹰岩、百丈深谷中拔地而起的太子石等等。

图 3.5　贵州梵净山蘑菇石（谭忠发 摄）

梵净山被认定为世界上同纬度保护最完好的原始森林，莽莽的原始森林是自然保护区的主体，10亿～14亿年前的古老地层，繁衍着2 600多种生物，其中不乏第三纪（距今6 500万年至距今180万年）、第四纪（下线年代距今260万年）的古老动植物种类，是一个难得的生态王国。林中有珙桐（中国鸽子树）、钟萼木、铁杉、鹅掌楸等10多种国家重点保护植物。梵净山还是珍禽异兽的乐园，其中黔金丝猴、苏门羚、红腹角雉等为国家重点保护动物。

(2)茂兰国家级自然保护区

茂兰国家级自然保护区总面积21 285 hm^2，位于贵州省荔波县境内，是迄今为止世界上面积最大、保存最完整的喀斯特原始森林，也是联合国"人与生物圈"世界性自然保护区的成员之一，还是中国22条生态旅游线路上主要的游览地之一。保护区保护的对象是亚热带喀斯特原始森林生态系统，森林植被类型为亚热带地区非地带性的常绿落叶阔叶混交林。

在茂兰，地表虽是山坡陡峭、基岩裸露、土壤极少、喀斯特形态多种多样，但其上却生长着2万 hm^2 郁郁葱葱的原生性常绿落叶阔叶混交林，茂兰自然保护区森林覆盖率达90%以上，且保存完好，气势壮观，是世界上同纬度地带所特有的珍贵森林资源，对于研究喀斯特地貌的发育理论、水文地质效益和森林群落有重要价值。喀斯特森林与同样是因喀斯特地貌形成的山、水、洞、瀑、石融为一体，呈现出喀斯特森林生态环境的完美统一和神奇的特色，被称为"石头上的森林"。

在这片绿色王国里，分布有国家一级重点保护植物7种，如被誉为植物界的"大熊猫"的单性木兰，还有叶、花、果都具有重要观赏价值的掌叶木，以及全身是宝的南方红豆杉；二级重点保护植物有香果树、榉木、石山木莲、盾叶秋海棠和多种兰花等109种。据初步调查，已在保护区内发现兽类60余种，鸟类150余种，爬行类47种，两栖类30种，鱼类39种。其中，有国家重点保护动物50种之多，如蟒蛇、黑熊、豹猫、白鹇、猕猴等。

(3)赤水桫椤国家级自然保护区

赤水桫椤自然保护区位于贵州省赤水中部葫市镇金沙沟一带，离赤水城40 km，在赤枫公路旁侧，是我国第一个以桫椤及其生态环境为保护对象的国家级自然保护区。保护区面积133 km^2，其中核心区面积55 km^2，缓冲区面积40 km^2，实验区面积38 km^2。

桫椤是2亿年前的一种高大木本树蕨，一般株高1～6 m，最高近10 m。桫椤在侏罗纪、白垩纪时期生长极为茂盛，第四纪冰川期后，恐龙等古生物在地球上绝迹，原本在世界各地随处可见的桫椤也濒临灭绝，仅有少数存活并繁衍了下来，成为当今世界十分珍贵的冰川前期古生代植物，被誉为"蕨类植物之王"、科学研究的"古生物活化石"、"最后的侏罗纪生命"，是国家一级保护的珍稀濒危植物。1992年，国务院批准“赤水桫椤自然保护区”为“赤水桫椤国家级自然保护区”。2000 年 10 月，国家旅游局批准，在赤水桫椤国家级自然保护区内开设地球爬行动物时代标志植物及其生存环境游览观光园林，正式命名为“中国侏罗纪公园”，这是中国唯一一个以“侏罗纪”命名的国家级公园。

保护区内桫椤生长良好，分布集中，数量达 4 万多株，被誉为“桫椤王国”。保护区生物资源丰富，据考察这里有蕨类植物近 200 种，种子植物 500 余种，其中国家重点保护植物 7 种；野生动物有兽类 10 种，鸟类 110 种，爬行类 32 种，两栖类 10 种，鱼类 39 种，昆虫 100 余种，其中国家重点保护动物 18 种。不仅资源丰富，而且储量较大，堪称亚热带地区一座珍贵的珍稀物种种源库，对保护生物的多样性具有重要意义。由于区内植物保存完整，原始性较强，地形封闭，地区又具有南亚热带色彩的特殊生态环境，是一个理想的古生物、古地理、古气候和环境科学教育研究基地。桫椤极具观赏价值，又是一处理想的旅游胜地。

3.1.6　绚丽的黔北丹霞地貌

贵州丹霞地貌主要分布在赤水河流域的赤水、习水、仁怀三县(市)，地域总面积在 6 700 km^2 以上，赤水市总面积仅 1 801 km^2，而赤水丹霞地貌面积超过 1 200 km^2。在全国一个县市域范围内，有赤水市这样广泛分布丹霞地貌的不多见，这里丹霞地貌面积之大、发育之成熟、壮观美丽之程度堪称中国“丹霞之冠”(图 3.6)。

图 3.6　贵州赤水丹霞地貌(袁樵 摄)

赤水的丹霞地貌，以其艳丽鲜红的丹霞赤壁、拔地而起的孤峰窄脊、仪态万千的奇山异石、巨大的岩廊洞穴和优美的丹霞峡谷，与绿色森林、飞瀑流泉相映成趣，具有很高的旅游观赏价值。在赤水，最为独特、最受游人称誉的丹霞景观有金沙沟赤壁神州、香溪湖万年灵芝、四洞沟渡仙桥、丙安天生桥、天台山红岩绝壁、石鼎山奇观、复兴转石奇观、长嵌沟丹霞峡谷、十洞丹霞岩穴、金沙沟甘沟峡谷和硝岩洞穴等 10 多处。

3.2　人文旅游资源

贵州是古人类发祥地之一，不仅是一个历史悠久的多民族省份，还是红军长征经过的地方，有着多处文物古迹和革命纪念圣地，还有多民族不同的乡土习俗、民族工艺等古朴浓郁的民族风情。

3.2.1　丰富的历史文化

贵州处在四川、云南、广西、湖南之间，历史上是一个民族流动的大走廊，这使贵州融进了多样化的、带有不同地域色彩的文化，包括中原文化、江南文化、巴蜀文化、荆楚文化、闽粤文化、滇文化等。各种文化在贵州都找到了生存发展的空间，形成若干或大或小的文化圈，它们彼此交错，相伴相生，构成了一个多元荟萃的文化大观园。著名的夜郎文化、屯堡文化、阳明文化、酒文化、宗教文化等是比较典型的贵州文化体系。贵州各民族在贵州发展的历史进程中，创造了光辉灿烂的民族历史文化，留下了丰富的文化遗产与文物古迹。其中有堪称世界奇观的古人类文化遗址，如普定穿洞遗址、黔西观音洞遗址、桐梓岩灰嗣古遗址等。

(1)普定穿洞遗址

普定穿洞遗址是旧石器时代晚期遗址，位于贵州安顺市普定县城西 5 km 处的一座孤山上，山下四周是溶蚀性盆地。普定穿洞洞口朝南，前后相通，为一石灰岩质溶洞，因洞口南北对穿而得名，洞长 30 m，宽约 13 m，洞顶呈弧形，顶高 9 m。1981 年 5 月中国科学院和贵州省博物馆联合发掘，出土石器、骨器、动物化石和人类化石 2 000 多件。该遗址发掘出土各类旧石器 2 万余件，骨器上千件，20 余种哺乳动物化石 200 余件，古人类头盖骨化石 2 件，还有人类骨、齿多件。骨器之精，属世界罕见。此外，还发现多处用火遗址。普定穿洞遗址具有重要的考古研究价值和极高的学术地位，为研究我国西南原始社会提供了丰富的实物资料。1990 年国务院正式公布穿洞遗址为国家级重点文物保护单位。

(2)黔西观音洞遗址

黔西观音洞遗址位于贵州省黔西县沙井乡井山村，为旧石器时代遗址，距今约 20 万～4 万年。洞穴堆积厚达 9 m，分上、下两部分。发掘出土石制品 3 000 多件，包括石核、石片、砍砸器、尖状器、石锥、雕刻器等。其原料、制作与类型组合都具有鲜明的地方特色，反映了西南地区旧石器时代文化发展的特点。发现的 20 多种哺乳动物化石，以剑齿象、犀牛等最多，与早期人类的狩猎活动密切相关。这些发现为研究早期人类在西南地区的发展历史提供了非常重要的资料。黔西沙井观音洞的出土文物，是长江以南旧石器时代早期文化的典型代表，证明早在五六十万年前这里就有古人类活动,是中国古人类发祥地之一。该遗址为国家公布的第五批全国重点文物保护单位。

(3)屯堡文化

在贵州安顺,聚居着一支与众不同的汉族群体——屯堡人,他们的语音、服饰、民居建筑及娱乐方式与周围村寨大不相同,这一独特的汉族文化现象被人们称之为"屯堡文化"。

屯堡文化来源于朱元璋大军征南和随后的调北填南。在漫长的岁月中,征南大军及家口带来的各自的文化与当地文化相融合,经过600多年的传承、发展和演变,"屯堡文化"因此而形成。2001年国务院将仍保存较为完整的屯堡村落云山屯、本寨古建筑群公布为全国重点文物保护单位。

屯堡文化既有自己独立发展、不断丰富的历程,又有中原文化、江南文化的遗存;既有地域文化特点,又有中国传统文化的内涵。一方面,屯堡人执着地保留着其先民们的文化个性,另一方面,在长期的亦兵亦民生活中,他们又创造了自己的地域文化;屯堡人的语言经数百年变迁而未被周围方言同化,至今仍保存着北方语音的特点;屯堡妇女的装束沿袭了明清江南汉民族服饰的特征;屯堡人易于长久储存和收藏的食品有着便于长期征战给养的特性;屯堡人的信仰与我国汉民族的多神信仰一脉相承;屯堡人的花灯曲调带有江南小曲的韵味,原始粗犷的屯堡地戏被人誉为"戏剧活化石";屯堡人以石头营造的防御式民居构成了安顺特有的地方民居风格……

(4)阳明文化

在贵州修文县城北1.5 km的龙冈山,是明代哲学家、教育家王阳明的读书悟道和讲学之所。明正德六年(公元1511年),王阳明因敢言触怒宦官而被谪为龙场(今修文县城地)驿丞,在龙冈山东洞居住,世人称阳明洞。现存王文成公祠、何陋轩、君子亭、宾阳堂等建筑,分别坐落在茂林巨石间。在阳明洞居住近3年期间,他大悟"格物致知"之旨,创立"知行合一"学说,形成以"致良知"为核心的阳明心学,阳明洞也因此被视为王学圣地。

3.2.2 多元的民族文化

贵州是一个多民族的省份,全省有49个民族成分,少数民族个数居全国第三位,少数民族人口占贵州省总人口的38%,其中苗、布依、侗、回、彝、水、瑶、土家等17个民族为世居少数民族。各民族都有其独特的少数民族文化和民族风情,全省各民族的大小节日和聚会内容丰富,形式多样。许多古朴的文化传统和生活习惯完好地保存下来,在建筑、服饰、语言、信仰、节日、习俗、饮食、婚俗、祭祀、歌舞等方面争奇斗艳,异彩纷呈,积淀丰厚,成为一个民族文化的大千世界,一座独特的山地生态博物馆。

民族文化的多样性与多种文化的积淀,使贵州形成了"多元并存"的文化格局,并成为天然的"民族文化博物馆"。继1997年我国政府和挪威政府联合在贵州六枝梭嘎苗寨建立了亚洲第一座生态博物馆——梭嘎生态博物馆后，又在贵州建立了贵阳镇山布依族生态博物馆、锦屏隆里古城生态博物馆、黎平堂安侗族生态博物馆等三座民族生态博物馆。被联合国世界乡土文化组织确定的全球“回归自然返璞归真”的十大圣地中，亚洲仅有的两个都在中国，而贵州黔东南苗族侗族自治州就是其中之一。贵州多民族和谐相处，共同创造的一体多元的社会组织形式、生存方式、文化模式、民族节日（如苗族的四月八）、民族歌舞（如侗族大歌、狮子舞）、民族婚庆（如布依族的赶表）、民族饮食（如凯里苗族的酸汤菜系列）、民族工艺（如苗族的银饰、刺绣；侗族的挑花剪纸及当地的蜡染）、民族建筑（如布依族的石板房、苗寨的吊脚楼、侗寨的鼓楼和风雨桥）等异彩纷呈，特色民俗文化旅游资源开发潜力巨大。

贵州的民族文化由于受现代文明的冲击浸濡较晚而更具原生态和吸引力，历史、宗教、民俗、风情等等都是国内外游客喜闻乐见的旅游消费内容。而贵州富有特色的旅游资源能为国内外旅游市场提供原生态、富有情趣和魅力的高品位旅游产品，满足旅游消费者的需求。

3.2.3 红色长征文化

贵州省具有丰富的红色旅游资源。1930 年 4 月—1936 年 4 月，红七军、红三军、红一方面军、红二六军团、红九军在贵州开展了轰轰烈烈的革命斗争，足迹遍及 67 个县，建立了滇黔桂革命根据地、黔东革命根据地、黔北革命根据地和黔西北革命根据地。贵州是中国革命由挫折走向胜利的转折之地，中央红军为期两年的长征，有近一年的时间在贵州境内活动，先后攻克了 31 座县城，经过了 30 多个县境。抗战时期，贵州是美国飞虎队的后方基地；张学良、杨虎城被蒋介石长期囚禁在贵州息烽集中营、贵阳、遵义等地；镇远的日军战俘营是善良的中国人民对日本战俘进行和平教育的学校。贵州可以作为红色旅游区（点）开发的红色旅游资源有 60 余处，主要红色长征文化旅游景点为遵义会议会址、黎平会议会址、猴场会议会址，强渡乌江、娄山关战役、四渡赤水等战役之地，还孕育了邓恩铭、王若飞、周达文、周逸群等老一辈无产阶级革命家。

在中共中央办公厅、国务院办公厅 2004 年底印发的《2004—2010 年全国红色旅游发展规划纲要》中，以革命历史、革命事迹发展历程为线索，以革命精神为重点，同时兼顾区域特点，在全国划分了 12 个“重点红色旅游区”。以遵义为中心的黔北黔西红色旅游区依托其深厚的红色文化底蕴及其在红色文化中的重要地位，成为全国 12 个“重点红色旅游区”之一，并依据鲜明的红色资源特征，确立了“历史转折，出奇制胜”的主题形象。贵阳—凯里—镇远—黎平—通道—桂林线、贵阳—遵义—仁怀—赤水—泸州线和张家界—桑植—永顺—吉首—铜仁线三条红色线路被列入全国 30 条“红色旅游精品线路”名录；遵义会议会址、黎平会议旧址等 10 个景区被列入全国 100 个“红色旅游经典景区”。

第 4 章　贵州旅游气候资源评价体系研究

气候是旅游资源的重要组成部分，气候优势也是贵州的优势资源之一。但是如果对自身气候优势的关键点认识不到位、定位不准确，就会阻碍这一优势的充分发挥。以往贵州在介绍旅游气候特点时往往流于平庸，提不出让人耳目一新、具有个性特征的优势。如在介绍贵阳的旅游气候时总是称为“第二春城”或者“小山城”等等。这样一些名称拾人牙慧，没有创意，只能使贵州的城市永远处在昆明等城市的阴影之中，还有免费为昆明、重庆做广告之嫌。这是因为只注意到了地处云贵高原东斜坡的贵州具有冬暖夏凉的特点，仅采用了单一的温度指标来分析和划分旅游气候资源，没有突出和细分贵州真正的气候优势及生态环境特点。加之过去在旅游规划和发展上采取不分重点和优势、多面出击的方式，导致模糊不清、难以让人耳目一新的定位和宣传，使贵州旅游优势多年来藏在深闺人未识。这也是贵州旅游业一直处于欠发达、欠开发状况的原因之一。

为改变这种落后局面、加快推进贵州历史性跨越，真正突出贵州旅游气候资源比较优势，在应用已有旅游气候科研成果基础上，我们建立了多因子综合方法，系统分析研究贵州旅游气候在全球同纬度地区的独特之处和真正优势，通过凝练升华创立了中国避暑旅游气候评价指标体系——贵阳指数。与此同时，还创立了国内首个与旅游有关的气象舒适度标准——贵州省旅游气象舒适度标准（DB52/T 556—2009）。贵阳指数、旅游气象舒适度标准等评价体系对贵州各地旅游气候的评价和旅游气候区划结果的应用，使贵州不但摆脱了多年压在头上“天无三日晴”的偏见，还淋漓尽致地表现了贵州的旅游气候比较优势，使贵州旅游气候优势和亮点得以真正彰显。

4.1　中国避暑旅游气候评价指标体系——贵阳指数

随着全球气候变暖，酷热极端天气气候事件逐渐增多，避暑型舒适型气候资源已成为旅游资源中的稀缺性资源。世界避暑旅游业发展趋势向较高山地发展，高原和山地建立的避暑城市、胜地越来越多。地处云贵高原东侧的贵州，气候凉爽舒适，避暑旅游优势正逐渐被世人接受。但长期以来人们对贵州省夏季凉爽的气候优势，仅限于感性认识，缺乏综合、科学的评价及论证。因此，在国内外采用的温度、湿度或者加上风速为旅游气候评价指标的基础上，研究制定一个体系严谨、结构优化、逻辑严密且能普遍推广的避暑旅游气候评价指标体系非常必要，有助于探明贵州避暑气候优势，为发展贵州特色旅游经济服务。

4.1.1　贵阳避暑旅游气候比较优势分析

(1)气温

贵阳最热月(7 月)和夏季(6—8 月)平均气温与纬度相近(±5°)城市及部分著名夏季避暑城市比较(表 4.1、图 4.1、图 4.2)，结果表明：贵阳最热月平均气温为 23.9 ℃，除云南各城市外，贵阳与其他城市相比均偏低，与地处中纬度的高山避暑胜地庐山和高纬度北方的哈尔滨相当，甚至比北方海滨避暑城市大连、青岛及著名的承德避暑山庄都要低。与贵州以东的同纬度城市及其他避暑旅游城市相比，贵阳市夏季避暑温度条件十分优越。

表 4.1　贵阳和纬度相近城市 6,7,8 月及夏季(6—8 月)平均气温比较　单位：℃

序号	站名	6 月	7 月	8 月	6—8 月平均
1	雅　安	23.3	25.1	24.9	24.4
2	攀枝花	26.3	25.2	24.7	25.4
3	宜　宾	24.5	26.6	26.6	25.9
4	大　理	20.2	19.9	19.2	19.8
5	楚　雄	21.4	20.9	20.4	20.9
6	昆　明	19.9	19.8	19.4	19.7
7	曲　靖	19.8	20.0	19.5	19.8
8	丰　都	25.0	28.1	28.4	27.2
9	张家界	24.8	27.7	27.6	26.7
10	岳　阳	25.6	28.9	28.4	27.6
11	秀　山	24.3	27.1	26.7	26.0
12	长　沙	25.4	28.7	28.1	27.4
13	怀　化	24.7	27.7	27.2	26.5
14	萍　乡	25.7	28.7	28	27.5
15	新　余	26.1	29.4	28.7	28.1
16	邵　阳	25.2	28.2	27.6	27.0
17	永　州	26.1	28.8	28.0	27.6
18	衡　阳	26.5	29.6	28.9	28.3
19	郴　州	26.7	29.2	28.1	28.0
20	吉　安	26.5	29.5	28.8	28.3
21	赣　州	27.1	29.4	28.8	28.4
22	南　昌	25.7	29.2	28.8	27.9
23	景德镇	25.4	28.7	28.3	27.5
24	温　州	24.7	28.0	28.0	26.9
25	武夷山	24.9	27.5	27.1	26.5
26	福　州	26.0	28.9	28.4	27.8
27	南　平	26.1	28.7	28.1	27.6

续表

序号	站名	6月	7月	8月	6—8月平均
28	三　明	26.0	28.3	27.6	27.3
29	桂　林	26.4	28.0	27.9	27.4
30	贵　阳	22.3	23.9	23.6	23.3

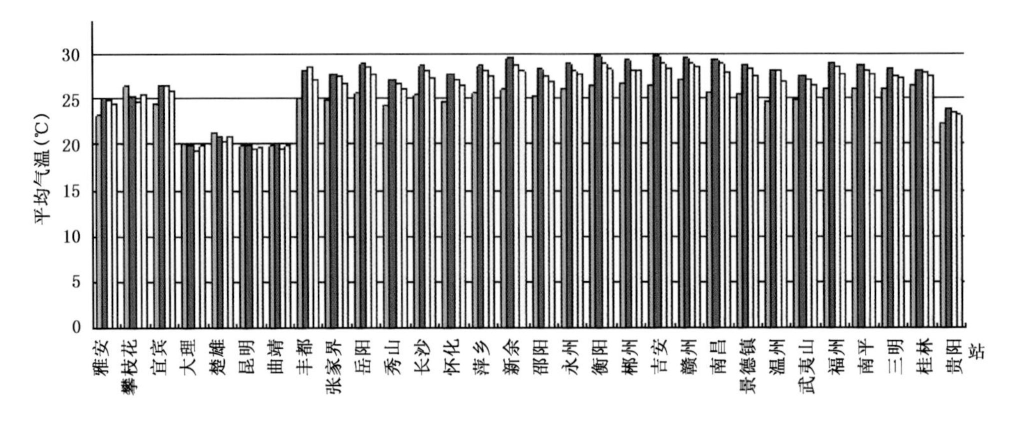

图 4.1　与贵阳相近纬度城市夏季平均气温比较

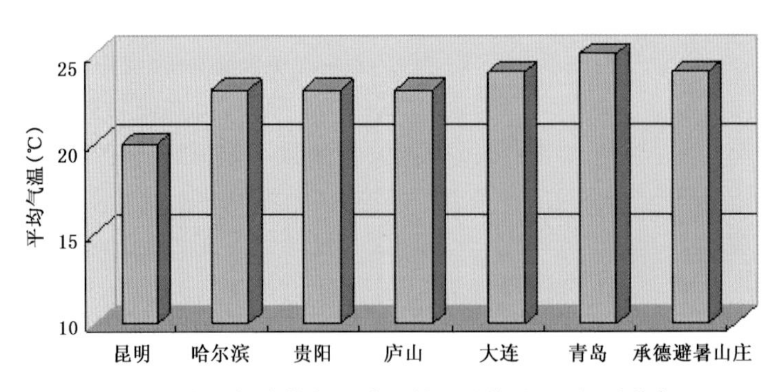

图 4.2　中国部分著名夏季避暑地最热月(7 月)平均气温

(2)空气相对湿度

夏季和冬季,空气相对湿度对人体的舒适性影响最大,夏季人体感觉舒适的空气相对湿度范围在 70%左右。比较夏季西南和北方避暑条件最好的几个城市 6—8 月各月平均空气相对湿度,结果表明:贵阳介于 76%～79%之间,同纬度的昆明为 77%～81%,丽江、大理 7 和 8 月>80%,哈尔滨为 64%～80%(图 4.3)。相比而言,贵阳夏季空气相对湿度最为宜人。

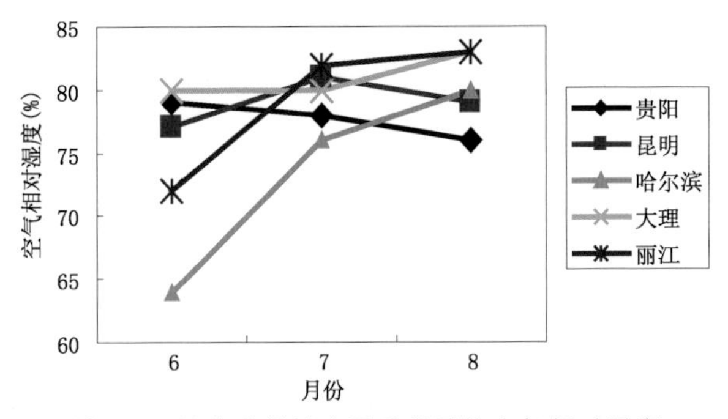

图 4.3　几个避暑城市夏季月平均空气相对湿度

(3)风速

贵阳风速多为微风,静风天气少,非常适合旅游。图 4.4 为贵阳市多年平均各月风速。除海拔略高的开阳 7 月为 3.3 m/s 外,其余各地基本上均小于或等于 3.0 m/s,均属于微风级别。

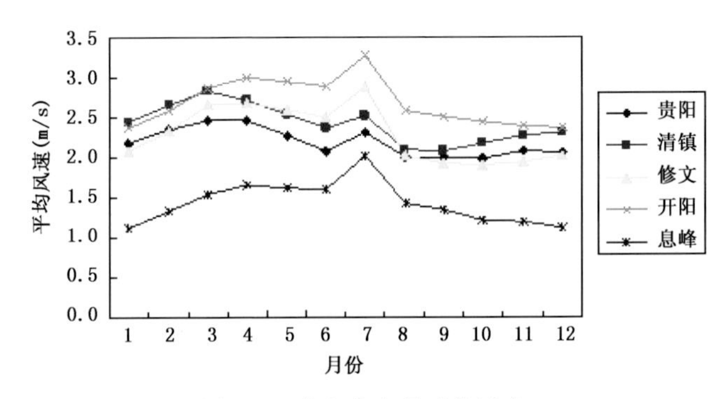

图 4.4　贵阳市各月平均风速

(4)总辐射和紫外线辐射

科学研究证明,紫外线能促进维生素 D 合成,抗佝偻病,具有杀菌作用,可提高机体免疫能力,但长期、多次暴晒易引起皮肤病变,使患白内障概率增加,影响免疫系统。紫外线辐射对避暑旅游有重要影响。贵阳地区虽然海拔高度较高,但由于阴天多、低云多,紫外线辐射相对衰减较强。紫外线辐射强度等级见表 4.2。

2004—2005 年贵阳市紫外线辐射观测资料表明:以一天中紫外线辐射量最高的 11—14 时为例(图 4.5),夏季晴空天气条件下紫外线辐射量为 17.7 W/m^2,属于 4 级水平;多云天气条件下,紫外线辐射量为 14.7 W/m^2,属于 3 级水平;阴天紫外线辐射量为6.9 W/m^2,为 2 级水平。除中午紫外线最强的这段时间外,贵阳紫外线辐射量基本在 2 级左右。贵阳多以多云和阴天为主,因此紫外线辐射明显低于云南、西北和北方的避暑城市。

表 4.2　紫外线辐射强度等级

级别	到达地面的紫外线（280～400 nm）辐射量（W/m²）	紫外线指数	紫外线辐射强度
1 级	<5	0,1,2	最弱
2 级	5～9.9	3,4	弱
3 级	10～14.9	5,6	中等
4 级	15～29.9	7,8,9	强
5 级	≥30	≥10	很强

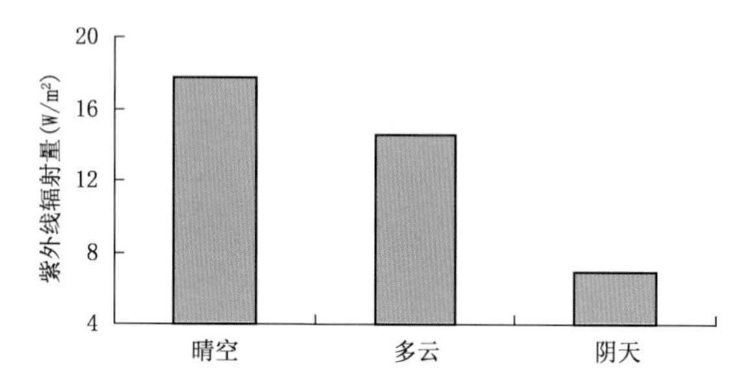

图 4.5　贵阳市夏季不同天气条件下 11—14 时最高紫外线辐射量

(5)海拔高度对人体舒适度的影响

旅游舒适性除了受气温、湿度、风速、辐射影响外，还常常受气压影响。气压主要通过氧分压影响人体。随着海拔高度上升，空气逐渐稀薄，氧分压随之降低，一定高度后因缺氧使人体产生不适。研究表明，最适合人类生存的海拔高度是 500～2 000 m，贵阳市地处云贵高原东侧，平均海拔 1 100 m 左右，正处于这个高度区间。

(6)降水

降水丰富和夜雨多使贵阳的旅游气候和生态环境条件凸显优越。贵阳年降水量约 1 100 mm，夏季(6—8 月)降水量约占全年降水量的 1/2，并且夜雨占了降水的 60%～70%。丰富的降水为贵阳众多湖泊和河流提供了丰富的水源。

(7)空气质量

洁净大气是人类赖以生存的必要条件之一。空气质量优劣是人们避暑旅游的参考条件之一。由于贵阳降水多、夜雨多，通过降水清洗，白天人为活动产生的大气气溶胶和污染物气体被冲刷，环境空气质量优、良以上天数占全年总天数的 90%以上。

(8)沙尘天气

近 60 年(1941—2000 年)气象观测资料统计表明，贵阳市到目前为止从未出现过沙尘天气。

4.1.2　贵阳指数的提出

贵阳夏季避暑气候和避暑环境优越，把贵阳夏季避暑气候条件作为判别避暑旅游地的评价标准，创立了中国避暑旅游气候评价指标体系。该体系是以中国贵阳为首选地、样本地、基准地，用以专门分析、评价、衡量一个城市或一个区域的气候条件是否适宜避暑，是一个评价夏季避暑旅游城市的标准，同时又是具有较普遍基准参考价值的评价指标体系。由于贵阳市是贵阳指数主要数据的采集地与研发地，因此，根据国际惯例将"中国避暑旅游气候评价指标体系"命名为"贵阳指数"。具体体系和指标见表 4.3。

根据以上评价标准，建立了贵阳指数量化公式：

$$GI = 20 + \sum_{i=1}^{8} x_i \tag{4.1}$$

式中 CI 为贵阳指数；x_i 为各个单项指标。评分标准如下：

最热月平均气温>25 ℃或<16 ℃时，每增减 1 ℃扣 1 分；

夏季空气相对湿度>80％或<60％时，每增减 1％扣 0.05 分；

夏季平均风速>3 m/s 或<2 m/s 时，每增减 0.1 m/s 扣 0.2 分；

年总日照时数>1 600 h 时，每增加 10 h 扣 0.1 分；

年降水量>1 200 mm 或<800 mm 时，每增减 10 mm 扣 0.1 分；

出现沙尘天气，每出现 1 d 扣 0.2 分；

海拔高度>2 000 m 时，每增加 100 m 扣 0.2 分；

空气质量优、良以上天数占全年总天数的百分比<90％时，每减少 1％扣 0.5 分，>90％天数每增加 1％加 0.5 分。

4.1.3　贵阳指数应用

应用贵阳指数可以对一个地区的避暑旅游气候条件进行评价，还可以对多个地区的避暑旅游气候条件进行比较分析和区划。

中国城市竞争力研究会、亚太环境保护协会、世界城市合作组织评价中心、亚太人文与生态价值评估中心、香港中国城市研究院、中华口碑中心 CPPC 等机构，采取了专家评鉴、口碑调查两种方式进行评选。专家评鉴由以上联合机构组织专家按照"避暑旅游城市"基本指标，应用"贵阳指数"——中国避暑旅游城市评价体系，进行研究、评价、比较，列出中国避暑旅游城市排行榜。口碑调查由联合主办单位通过各地口碑小组及会员，选择海内外 40 个大中城市，设问卷进行随机口碑访问，列出知晓率、美誉率、举荐率高的中国避暑旅游城市。综合排名后，联合评出 2009 年中国避暑旅游城市排行榜和 2009 年中国十佳避暑旅游城市，中国十佳避暑旅游城市为：贵阳、昆明、哈尔滨、丽江、西宁、六盘水、承德、兰州、毕节城市群、烟台。

表 4.3　避暑旅游气候评价指标体系

指标	贵阳数值	基准指数	评分	超值增减	制定依据/备注说明
最热月平均气温	23.7 ℃	16～25 ℃	10	>25 ℃减分 <16 ℃减分	根据国内外学者的研究结果表明，夏季最舒适的气候基准数据，最舒适的温度是 24 ℃，相对湿度是 70%，风速最好为 2～3 m/s
夏季(6—8 月)空气相对湿度	76%～79%	60%～80%	10	>80%减分 <60%减分	
夏季(6—8 月)平均风速	2.1 m/s	2～3 m/s	10	>3 m/s 减分 <2 m/s 减分	
年总日照时数	1 147 h	1 150～1 600 h	10	>1 600 h 减分	年总日照时数与年总辐射呈正相关，紫外线辐射占总辐射的 5%～15%，国内外所有气象站均有日照观测，故采用这个要素作为紫外线指标更可行
年降水量	>1 130 mm	800～1 200 mm	10	>1 200 mm 减分 <800 mm 减分	年降水量的多少直接影响该地区的干湿程度，过于干燥或过于潮湿都会影响人体舒适度
年沙尘天气日数	0	年沙尘日数应为 0	10	出现沙尘天气则减分	沙尘和风沙天气不但对人的呼吸系统有重大影响，也会影响到游客的活动和心理健康，因此，把沙尘日数也作为评价一地空气质量和影响舒适度的指标
海拔高度(辅助指数)	1 100 m	500～2 000 m	10	>2 000 m 减分	据生理卫生实验研究表明，最适合人类生存的海拔高度是 500～2 000 m，适合人类生存的大气压范围是 750～950 hPa，所以取海拔 1 000 m 为最佳指标
空气质量	环境空气质量优、良以上天数占全年总天数的 93.6%	环境空气质量优、良以上天数占全年天数的 90%	10	>90%加分 <90%减分	根据环保部门监测数据

注：该指数的研发得到亚太环境保护协会执行会长兼总干事乔惠民先生的指导和帮助并有部分贡献。

应用贵阳指数，对贵州各地夏季(6—8 月)避暑旅游气候条件分析表明(图 4.6)，大部分地区非常适合夏季避暑旅游，特别是贵阳市，遵义市和六盘水市大部分地区，黔南州北部，毕节东部，以及黔东南州、黔西南州和安顺市的部分地区。仅南部及东部少部分低热河谷地区，温湿度偏高，西部部分地区日照、紫外线和风速相对偏高，夏季避暑旅游综合条件相对差些。

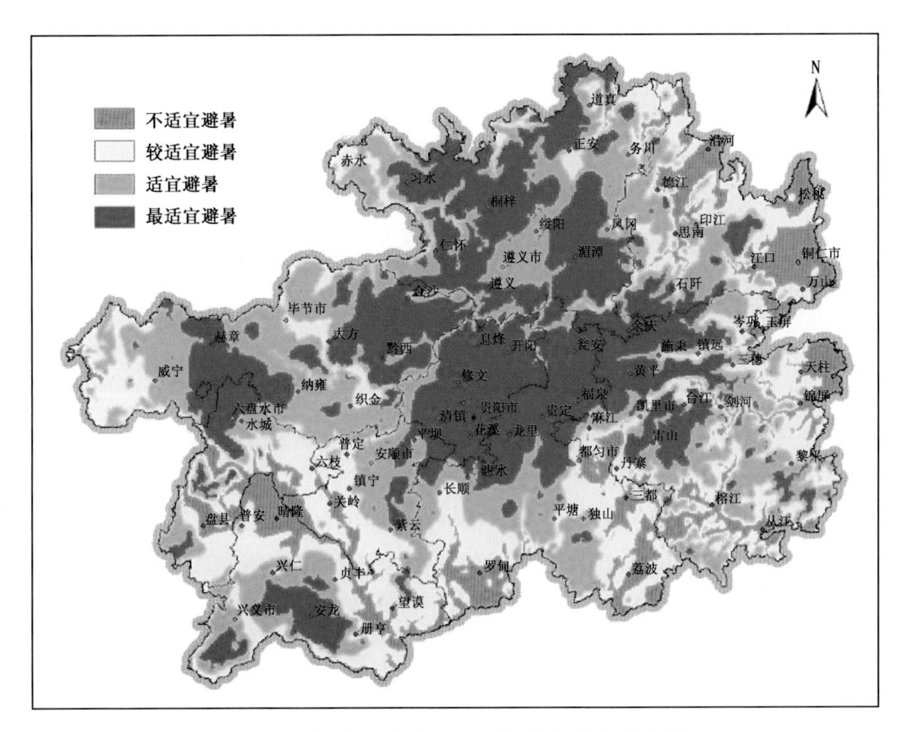

图 4.6　贵州省夏季(6—8 月)贵阳指数分布图

4.2　贵州省旅游气象舒适度标准

研究表明:气候条件是影响旅游舒适度的重要因素。人体生理舒适感觉受自然界多种气候要素影响，最主要的有空气温度、空气湿度和风速。另外，日照、紫外线和大气压等因素对人体舒适度也有影响。其中气温对人体舒适感觉影响最大，它与人体热平衡、体温调节等生理功能密切相关，是人体冷热感觉的晴雨表。大量实验表明:气温适中，空气湿度对人体的影响并不显著;高温条件下，空气湿度增大影响汗液蒸发，机体热平衡遭到破坏，空气湿度对人体感觉影响就非常大。低温高湿时，身体热辐射被空气蒸汽吸收，人体感到不舒适。

国内学者或引进国外方法和模式，或根据地方特点应用改进的经验公式研究气象舒适度对旅游的影响。具有代表性的是法国特吉旺(Terjung)方法和美国舒适指数(Comfort Index)。前者由于计算中要求的特定时刻的气象数据无法获得，难以实际应用。后者使用英制标准，与我国气象观测仪器和数据不接轨，且计算舒适度时没有考虑风速的影响。而在我国南部高湿度条件下，风速对人体舒适度的影响非常重要。基于地方气候特点经验公式方面，由于我国幅员辽阔，气候类型多样，无法"放之四海而皆准"。因此有必要编制适合贵州气候特点的旅游气象舒适度标准。

参考国内外相关文献，根据贵州气候特点，在总结相关气象科研成果基础上，通过旅游气象条件与人体舒适度关系的研究，编制了《贵州省旅游气象舒适度标准》。该标准的编制基于贵州省气候背景和资料，推荐作为贵州省地方标准使用，上报有关部门审核。通过专家评审委员会评审，在互联网上公示，广泛征求修改意见后，2008年经贵州省质量技术监督局批准成为贵州省地方标准(DB52/556—2009)。

4.2.1 标准的应用范围

标准规定了贵州省旅游气象舒适度计算方法、等级划分标准、等级命名、说明等，适用于贵州省开展旅游气象舒适度评价、比较和发布。

4.2.2 标准的术语和定义

(1)空气温度

空气温度(以下简称气温)是表示空气冷热程度的物理量。以摄氏度(℃)为单位，取1位小数，零摄氏度以下为负值。地面气象观测中测定的气温是离地面1.5 m高度处百叶箱中温度表或温度计测量得到的空气温度。

(2)相对湿度

相对湿度是湿度的一种表达方式，空气相对湿度是指空气中实际水汽压与当时气温下饱和水汽压之比。以百分数(%)表示，取整数。地面气象观测中测定的空气相对湿度是指离地面1.5 m高度处百叶箱中湿度计测量计算得到的相对湿度。

(3)风速

指单位时间内空气移动的水平距离。以m/s为单位，取1位小数。地面气象观测中测定的是离地面10 m高度处的风速。

(4)旅游气象舒适度

指某时段气温、湿度、风速对人体户外活动舒适程度的综合影响，可以表示为：

$$SD = 1.8T - 0.55(1.8T - 26)(1 - RH) - 2.5\sqrt{V} + 32 \tag{4.2}$$

式中SD为舒适度指数；T为气温；RH为空气相对湿度；V为风速。得出的旅游气象舒适度划分标准见表4.4。

表 4.4 旅游气象舒适度划分标准

等级	舒适度指数 SD	分类	说明
−4	≤25	不舒适	很冷,感觉很不舒服,有冻伤的危险
−3	26～40	较不舒适	冷,大部分人感觉不舒服
−2	41～50	较舒适	微冷,部分人感觉不舒服
−1	51～58	舒适	凉舒适,大部分人感觉舒服
0	59～68	很舒适	舒适,绝大部分人感觉舒服
1	69～74	舒适	暖舒适,大部分人感觉舒服
2	75～77	较舒适	微热,部分人感觉不舒服
3	78～85	较不舒适	热,大部分人感觉不舒服
4	≥86	不舒适	闷热,感觉不舒服

4.3 大气负氧离子等级标准

4.3.1 空气负氧离子观测网

随着生活水平的不断提高,近年来人们由关注衣、食、住、行提升到了对生活环境质量要求的提高;对旅游景区的要求也由美景发展到了有利于身心健康的程度。

国内外许多研究证实,空气负氧离子有益于人体健康,对生命很重要。其作用广泛,具有杀菌、消毒、降尘、清洁空气、辅助治疗、水果保鲜等方面的作用,被誉为“空气维生素和生长素”,其浓度水平已成为评价空气清洁程度的重要指标。

自然界中,人们可以感受到负氧离子的存在。如雷电过后,野外空气非常清新,这是因空气中雷电造成大量负氧离子;海边空气也非常清新,海洋上空频繁的雷电和海浪的涌动造成了大量的负氧离子,被海风带到海边。负氧离子空调就是利用负氧离子的这种特性,起到有利于身体健康的作用。

空气负氧离子对人体十分有利,从医学角度上讲,可使大脑皮层功能及脑力活动加强,改善睡眠质量;使血中含氧量增加,有利于血氧输送、吸收和利用;有明显扩张血管的作用,有利于高血压和心脑血管疾病患者病情恢复;有改善和增加肺功能的作用。负氧离子可与空气中的烟尘、灰尘颗粒结合,使其带电,由于静电作用,带静电的烟尘、灰尘颗粒被地面吸引,产生沉降。

负氧离子无色、无味,带负电荷,有强烈的吸附特性,随空气流动而扩散,素有“空气维生素”和“空气清道夫”的美称。负氧离子浓度达到 300 个/cm^3 的人类生态环境可养身,700 个/cm^3 可健身,1 000 个/cm^3 以上可壮体,长期处在如此环境之中,会延年益寿。

2005 年 5 月,黔东南州雷公山国家级自然保护区内建立了贵州省第一个空气负氧离子自动观测站。之后,在其他国家级自然保护区和旅游景区也陆续建立了一系列空气负氧离子自动观测站(表 4.5、图 4.7)。从 2005 年至 2009 年共建成了分布于贵州全省 9 个地(州、市)的 14 个空气负氧离子自动监测站,对国家级自然保护区和旅游景区进行连续观测。

表 4.5 贵州省负氧离子观测站建设情况表

地区	所在景区	经、纬度	海拔高度(m)	观测项目	仪器型号	生产厂家
贵阳市	花溪景区	106°40′E 26°25′N	1 152	气温、降水、负氧离子	DLY-3G	福建漳州连腾电子有限公司
遵义地区	赤水四洞沟景区	105°38′E 28°28′N	210	气温、降水、负氧离子	WIMD-A	北京万实达科贸公司
	习水三岔河景区	106°20′E 28°33′N	1 057	气温、降水、负氧离子	WIMD-A	北京万实达科贸公司
	茅台	106°24′E 27°21′N	890	气温、降水、负氧离子	WIMD-A	北京万实达科贸公司
黔南州	平塘掌布景区	107°04′E 26°03′N	685	气温、降水、负氧离子	WAWS-I3	北京万实达科贸公司
安顺地区	黄果树景区	105°40′E 25°59′N	967	气温、降水、负氧离子	WIMD-A	北京万实达科贸公司
铜仁地区	梵净山景区	108°43′E 27°57′N	1 583	气温、降水、负氧离子	WIMD-A DLY-3	威德创新科技(北京)有限公司
六盘水	玉舍森林公园	104°50′E 26°26′N	2 148	气温、降水、负氧离子	WIMD-A	北京万实达科贸公司
	窑上水库	104°47′E 26°35′N	1 837	气温、降水、负氧离子	WIMD-A	北京万实达科贸公司
	凤池苑	104°52′E 26°34′N	1 781	气温、降水、负氧离子	WIMD-A	北京万实达科贸公司
毕节地区	织金洞景区	105°53′E 26°46′N	1 344	气温、降水、负氧离子	WAWS-I3	北京万实达科贸公司
黔东南州	杉木河景区	108°43′E 27°57′N	645	气温、降水、负氧离子	WIMD-A	北京万实达科贸公司
	雷公山景区	108°11′E 26°20′N	1 650	气温、降水、负氧离子	WIMD-A	北京万实达科贸公司
黔西南州	马岭河景区	104°54′E 25°5′N	1 242	气温、降水、负氧离子	WAWS-I3	北京万实达科贸公司

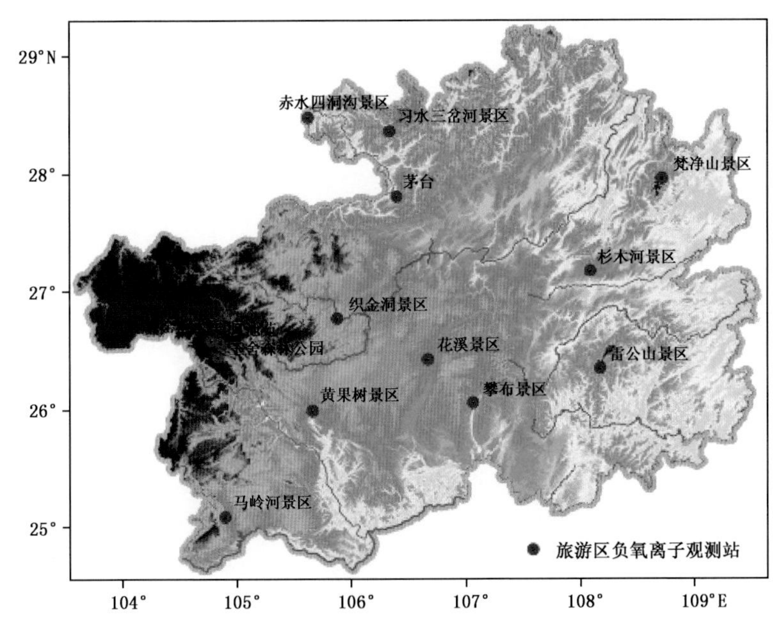

图 4.7　贵州省负氧离子观测站点分布图

研究表明，空气负氧离子浓度与空气质量、健康关系如下：

(1)浓度在 0～50 个/cm³ 之间，空气浑浊，可能诱发形成各种疾病。

(2)浓度在 60～150 个/cm³ 之间，空气使人感到不适，易诱发生理障碍等。

(3)浓度在 200～500 个/cm³ 之间，空气不清新，对健康不利。

(4)浓度在 500～1 000 个/cm³ 之间，空气较清新，对健康较有利。

(5)浓度在 1 000～1 500 个/cm³ 之间，空气清新，感觉舒适，对人体健康有利。

(6)浓度在 1 500～2 000 个/cm³ 之间，空气很清新，感觉舒适，能增强人体免疫力和抗菌能力。

(7)浓度在 2 000 个/cm³ 以上，空气非常清新，使人感觉神清气爽，对人体健康极其有利，能够起到保健、康复、治疗功效，减少疾病传染。

4.3.2　大气负氧离子等级标准

(1)标准应用范围

大气负氧离子等级标准规定了大气负氧离子浓度等级的划分方法，指出了大气负氧离子浓度对空气清新程度的作用及其与人体健康的关系，适用于大气负氧离子生态监测和等级预报。

(2)术语和定义

大气负氧离子：大气中“捕获”自由电子的氧分子。大气负氧离子具有负电极性。

离子迁移率:离子在单位强度(1 V/m)电场作用下的移动速度。单位:cm^2/(V·s)。

负氧离子浓度:单位体积大气中包含的负氧离子个数。单位:个/cm^3。

负氧离子浓度等级:按负氧离子在大气中的浓度大小划分的级别。

(3)大气负氧离子浓度等级划分

本标准中的负氧离子浓度,指迁移率在1.00～0.15 cm^2/(V·s)之间的负氧离子浓度。测量装置的测量结果应满足这一要求。本标准使用个/cm^3 作为负氧离子浓度计量单位。

负氧离子观测环境要求测量仪器的安装应有雷电防护措施。防直击雷击、防雷电感应、接地等应符合有关防雷规范。大气负氧离子的形成受环境物理特性变化影响较大。特定环境内,负氧离子不断产生,不断衰减,一定时间内维持一定的浓度范围。为了得到比较准确、具有代表意义的监测结果,测量仪器所处环境必须满足下列条件:稳定、开阔的自然环境;相对静风的环境中或具有防风功能的箱体中;湿度条件为:0%～100%;温度范围至少为:－20～40 ℃。

负氧离子采样采取自动化观测方式,消除了人为干预。为了反映负氧离子浓度日变化,每小时正点观测1次,每日观测24次。每次观测72 s,每12 s采样1次,取6个样本,考虑到负氧离子浓度变化比较大,取第二大值作为观测值。

大气负氧离子浓度等级划分:根据测定的负氧离子浓度,按每500个/cm^3一个等级划分,共分为5个等级。每个等级对应一个空气清新程度及其与人体健康的关系,见表4.6。

表4.6 大气负氧离子划分等级及其与人体健康的关系

负氧离子浓度(个/cm^3)	负氧离子浓度等级	空气清新程度	与健康的关系
>2 000	1级	非常清新	极有利
1 500～2 000	2级	很清新	很有利
1 000～1 500	3级	清新	有 利
500～1 000	4级	较清新	较有利
<500	5级	不清新	不 利

第 5 章　贵州旅游气候资源区划技术

贵州省多为喀斯特高原山地，地形起伏，气象条件垂直差异十分明显。同一纬度的不同台站，1 月平均气温最低为 1.8 ℃，最高可达 6.2 ℃。由于建设成本、地理条件、行政区划、维护条件等因素的限制，贵州省气象站点有限且分布很不均匀，贵州省 17.6 万 km^2 的土地上只有 85 个气象站，山地气候的代表性非常有限，因此，需要根据气候要素的空间变异规律，研究不同气候要素间的内在联系机理，定量分析地形地貌因子对气候要素的影响规律；研制既能保证估算精度要求，又能满足模型参数空间稳定性的旅游气候资源精细化空间分布技术；以地理信息系统为数据处理平台，利用有限的陆面观测站点数据，推算无测站点区域的气候要素值，特别是某一细小栅格的气候要素值，实现复杂地形下太阳辐射、温度、降水、风速、湿度等气候资源空间分布精细化。为了满足贵州旅游资源精细化气候区划的需要，并在学科前沿的层次上，为贵州省复杂喀斯特山地条件下，辐射、温度、降水、风速、湿度等气候资源的精细空间分布提供新的科学认识，为贵州省旅游气候资源开发利用及相关科学研究领域提供基础数据。因此，对贵州省旅游气候资源进行高分辨率精细化区划，有着十分重要的现实意义。

影响旅游的气候要素主要有温度、湿度和风速。应用贵州省 85 个气象台站 30 年平均气候资料，以及气候要素空间曲面技术，根据气候要素分级标准与旅游气候资源评价体系，对贵州省旅游气候资源进行精细化区划，得到贵州省旅游气候资源高分辨率(1.0 km×1.0 km)分布数据。

5.1　日照时数

5.1.1　日照时数区划方法及实现

研究表明，实际复杂地形中任一点 P 在任一天的日照时间 T_r 可表示为：

$$T_r = T_k \times s \tag{5.1}$$

式中 T_k 为可照时数(这里的可照时数是指考虑地形遮蔽而不考虑大气影响的可能日照时数)；s 为日照百分率。具有日照百分率观测资料的气象台站用气象台站的观测资料，各网格点日照百分率由实测数据使用局部薄盘光滑样条空间插值方法内插得到。

坡面日出日没时间不早于水平面上的日出日没时间。对于复杂地形中的任一点P,根据从 DEM 数据中读取的纬度值,可利用下式计算与该点同纬度水平面上一年中任一天的日出日没时角:

$$\omega_0 = \arccos(-\tan\varphi\tan\delta) \tag{5.2}$$

式中 ω_0 为太阳时角;φ 为纬度;δ 为太阳赤纬。

由(5.2)式可确定水平面上的可照时数为 $2\omega_0$,它没有考虑大气和周围地形对 P 点造成的日照遮蔽影响。实际地形中,一天中任意时刻 P 点可照与否,主要由该时刻的太阳高度角和方位角以及太阳方位角方向上的地形对 P 点造成的遮蔽角(仰角)决定。当太阳高度角大于地形对 P 点造成的遮蔽角时,P 点得到日照;反之,则被遮蔽,没有日照。

应用专用气象数据空间插值软件系统 ANUSPLIN 对贵州省日照百分率进行空间栅格化。实验模型为薄盘样条和局部薄盘样条函数,经过独立变量、协变量和样条次数多种组合,利用广义交叉验证(GCV)或用最大似然法(GML)最小来选择最佳的空间插值模型。最终选择利用高程作为协变量的三变量局部薄盘光滑样条函数,样条次数为二次。

表 5.1 给出了道真、毕节、铜仁、贵阳、荔波和贵州全省 1,4,7,10 月及年平均日照时数的相对误差,从结果来看,除 1 月相对误差比较大之外,其他相对误差基本小于 5%,计算结果符合误差要求。

表 5.1　贵州省起伏地形日照时数误差分析　　单位:%

时间	道真	毕节	铜仁	贵阳	荔波	全省
1 月	10.6	8.1	5.5	6.1	6.4	7.1
4 月	1.8	1.7	1.8	6.2	3.3	3.2
7 月	2.1	4.9	1.8	6.0	3.5	4.2
10 月	4.5	2.2	4.0	3.7	3.6	3.5
年平均	5.0	3.1	2.4	3.9	3.3	3.2

5.1.2 日照时数空间分布特征

图 5.1 和图 5.2 分别为贵州省多年平均年日照时数和月日照时数空间分布图。由图 5.1 可见,贵州省日照时数年平均为 760～1 820 h,地域差异很大,达 1 060 h 之多。最大值是最小值的 2.4 倍,且纬向分布不明显。年平均日照时数并不是随纬度的增加而增加,虽然最小值分布在务川、娄山关以北山区,但最大值并不位于最南部,而是位于西北部的威宁一带,东北部的遵义、思南地区年日照时数也较低,只有 760～1 137 h,毕节、黔西、贵阳、罗甸以东的大部分地区年日照时数均偏低,西部日

照时数相对高些，坡度、坡向的作用非常明显，地形遮蔽对日照时数的影响较大，要大于纬度的影响，使得日照时数的空间分布具有明显的地域分布特征。

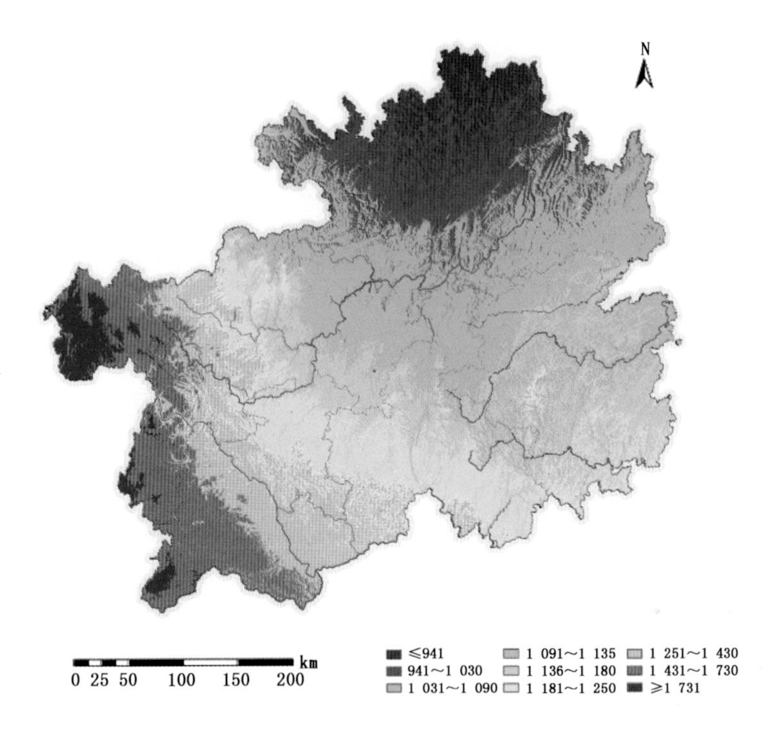

图 5.1　贵州省年日照时数(h)空间分布

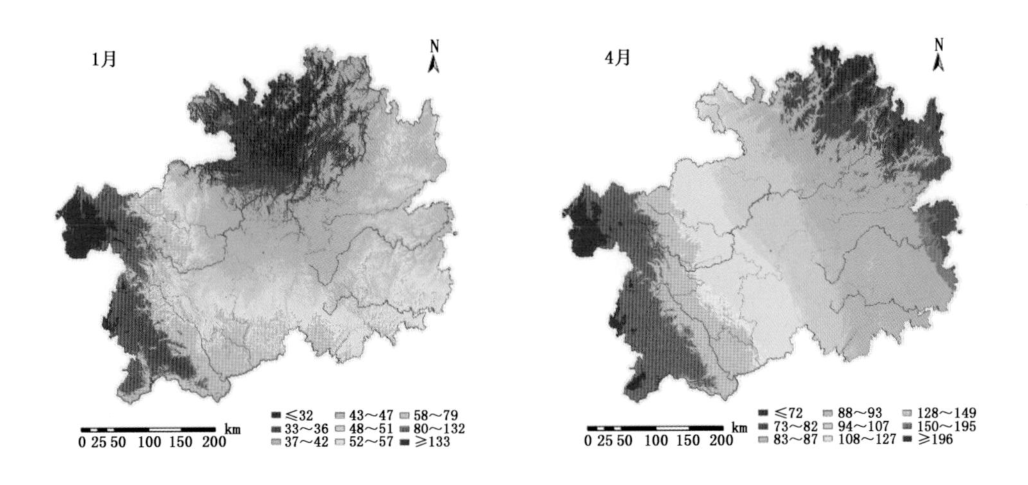

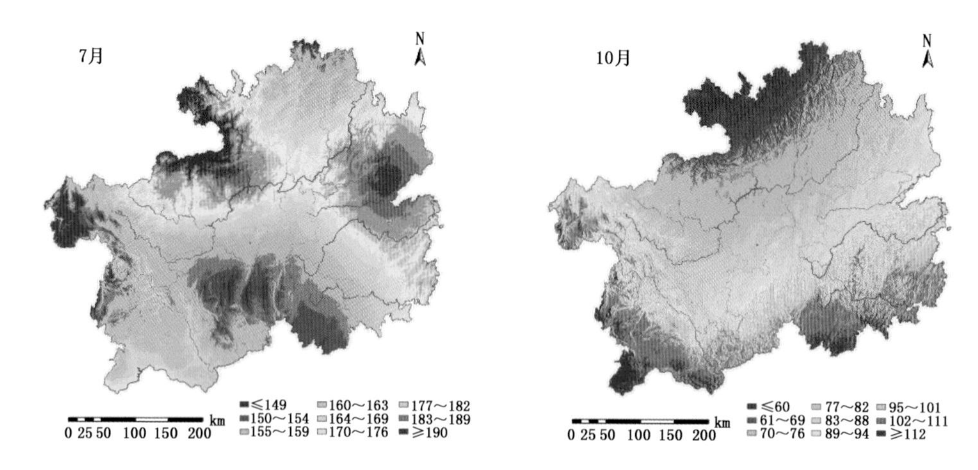

图 5.2　贵州省各月日照时数(h)的空间分布

5.2　太阳辐射

5.2.1　太阳辐射区划方法及实现

复杂地形下太阳总辐射可以表示为：

$$Q_{\alpha\beta} = Q_{b\alpha\beta} + Q_{d\alpha\beta} + Q_{r\alpha\beta} \tag{5.3}$$

式中 $Q_{\alpha\beta}$ 为复杂地形下太阳总辐射；$Q_{b\alpha\beta}$ 为复杂地形下太阳直接辐射；$Q_{d\alpha\beta}$ 为复杂地形下太阳散射辐射；$Q_{r\alpha\beta}$ 为复杂地形下周围地形反射辐射。

(1)天文辐射

根据理论公式，某一天内某一网格点水平面得到的天文辐射 Q_0 可以表示为：

$$Q_0 = \frac{T}{\pi}\left(\frac{1}{\rho}\right)^2 I_0(\omega_s \sin\varphi\sin\delta + \cos\varphi\cos\delta\sin\omega_s) \tag{5.4}$$

式中 T 为某一天的时间；$\left(\frac{1}{\rho}\right)^2$ 为日地距离订正系数；I_0 为太阳常数；ω_s 为水平面日没时角

$$\omega_s = \arccos(-\tan\varphi\tan\delta) \tag{5.5}$$

式中 φ 为网格点纬度；δ 为太阳赤纬。在某一天内，Q_0 只随纬度而变。

任一时刻，复杂地形下的天文辐射 $Q_{s\alpha\beta}$ 可表示为

$$Q_{s\alpha\beta} = \left(\frac{1}{\rho}\right)^2 \times I_0(u\sin\delta + v\cos\delta\cos\omega + w\cos\delta\sin\omega) \tag{5.6}$$

式中 ω 为太阳时角；u,v,w 分别为地理、地形特征因子，其计算式为

$$u = \sin\varphi\cos\alpha - \cos\varphi\sin\alpha\cos\beta \tag{5.7}$$

$$v = \sin\varphi\sin\alpha\cos\beta + \cos\varphi\cos\alpha \tag{5.8}$$

$$w = \sin\alpha\sin\beta \tag{5.9}$$

式中 α 为坡度；β 为坡向；φ 为网格点纬度。

对(5.6)式进行积分可得复杂地形下在任意一天可照时段内获得的天文辐射 $Q_{0\alpha\beta}$：

$$Q_{0\alpha\beta} = \frac{T}{2\pi}\left(\frac{1}{\rho}\right)^2 I_0 \int_{\omega_{sr}}^{\omega_{ss}} (u\sin\delta + v\cos\delta\cos\omega + w\cos\delta\sin\omega)\mathrm{d}\omega \tag{5.10}$$

式中 ω_{sr} 和 ω_{ss} 分别为复杂地形下可照时段的起始和终止太阳时角；其他参数含义同前。

将复杂地形下天文辐射按一天的可照时间进行积分即可得复杂地形下天文辐射日总量。在不同时段内，由于地形之间有可能造成日照的相互遮挡，使实际地形中某一点在一天的可照时间无法直接用数学公式一次算出，因此，复杂地形下天文辐射日总量只能采用分段积分的方法获得。

根据(5.6)式，逐时段求算网格点在每个可照时段所获得的天文辐射，之后累加得到复杂地形下网格点日天文辐射 $Q_{0\alpha\beta}$ 计算式：

$$Q_{0\alpha\beta} = \frac{T}{2\pi}\left(\frac{1}{\rho}\right)^2 I_0 \left\{ \begin{aligned} & u\sin\delta\sum_{l=1}^{m}(\omega_{ssl} - \omega_{srl}) + v\cos\delta\sum_{l=1}^{m}(\sin\omega_{ssl} - \sin\omega_{srl}) \\ & - w\cos\delta\sum_{l=1}^{m}(\cos\omega_{ssl} - \cos\omega_{srl}) \end{aligned} \right\} \tag{5.11}$$

式中参数含义同前。

(2)太阳直接辐射

在复杂地形下太阳直接辐射计算中，假设地形对天文辐射和太阳直接辐射的影响是一致的，因此有：

$$\frac{Q_{0\alpha\beta}}{Q_0} = \frac{Q_{b\alpha\beta}}{Q_b} \tag{5.12}$$

式中 $Q_{0\alpha\beta}$ 为复杂地形下的天文辐射；Q_0 为水平面天文辐射；$Q_{b\alpha\beta}$ 为复杂地形下太阳直接辐射；Q_b 为水平面太阳直接辐射。则复杂地形下太阳直接辐射 $Q_{b\alpha\beta}$ 可以表示为：

$$Q_{b\alpha\beta} = \frac{Q_{0\alpha\beta}}{Q_0} \times Q_b = RQ_b \tag{5.13}$$

式中 $R=\dfrac{Q_{0\alpha\beta}}{Q_0}$ 为复杂地形下天文辐射与水平面天文辐射之比，又称转换因子，表示地形参数对太阳辐射的影响；水平面天文辐射 Q_0 采用理论公式计算；复杂地形下天文辐射 $Q_{0\alpha\beta}$ 由分布式天文辐射模型计算。

(5.13)式中，水平面太阳直接辐射 Q_b 可以表示为：

$$Q_b = Q(1 - a_1)\{1 - \exp[-b_1 s^{c_1}/(1 - s)]\} \tag{5.14}$$

式中 Q 为水平面总辐射；s 为日照百分率，各网格点日照百分率由实测数据使用局部薄盘光滑样条空间插值方法内插得到；a_1，b_1，c_1 为经验系数。

(5.14)式中 Q 一般采用线性估算模式：

$$Q = Q_0(a_g + b_g \times s) \tag{5.15}$$

式中 a_g 和 b_g 为经验系数。

(5.15)式有明确的物理意义：在全阴天，$s=0$，$Q \to Q_0 a_g$，到达地表的水平面太阳总辐射达最小值；在全晴天，$s \to 1$，$Q \to Q_0(a_g + b_g)$，到达地表的水平面太阳总辐射达最大值。显然，a_g 和 b_g 仅是与大气有关。而(5.14)式中经验系数 a_1，b_1，c_1 需用实际观测数据来确定。表 5.2 给出了分月模式的经验系数及统计指标。

表 5.2　分月水平面直接辐射 Q_b 拟合模式经验系数及统计指标

月份	1	2	3	4	5	6	7	8	9	10	11	12
a_1	0.28	0.26	0.32	0.34	0.36	0.47	0.38	0.30	0.38	0.40	0.36	0.25
b_1	1.51	1.01	1.41	0.96	1.02	2.00	0.86	0.66	1.18	1.58	1.52	0.90
c_1	0.70	0.55	0.70	0.50	0.55	0.90	0.45	0.35	0.60	0.64	0.64	0.50
R^2	0.90	0.94	0.92	0.83	0.71	0.66	0.67	0.66	0.76	0.75	0.85	0.93

(3)太阳散射辐射

现有的复杂地形下太阳散射辐射计算模式有两类，即各向同性模式和各向异性模式。经过比较得出，各向异性模式能更好地反映复杂地形下不同地段太阳散射辐射在空间分布上的差异，用各向异性模式估算复杂地形下的太阳散射辐射结果更加符合实际情况。据此，本书采用各向异性模式模拟复杂地形下的太阳散射辐射。

在太阳散射辐射各向异性的前提下，复杂地形下太阳散射辐射的计算式为：

$$Q_{d\alpha\beta} = Q_d[(Q_b/Q_0)R_b + V(1 - Q_b/Q_0)] \tag{5.16}$$

式中 $Q_{d\alpha\beta}$ 为复杂地形下太阳散射辐射；Q_b 为水平面太阳直接辐射；Q_d 为水平面太阳散射辐射；Q_0 为水平面天文辐射；R_b 为转换因子，为复杂地形下天文辐射与水平面天文辐射之比；V 为地形开阔度，可以表示为：

$$V = \frac{1 + \cos\alpha}{2} \tag{5.17}$$

式中 α 为坡度。

任一天内某一网格点水平面得到的太阳散射辐射 Q_d 可以表示为：

$$Q_d = Q\{a_2 + (1 - a_2) \times \exp[- b_2 \times s^{c_2}/(1 - s)]\} \tag{5.18}$$

式中 a_2，b_2，c_2 为经验系数；其他参数含义同前。

表 5.3 给出了分月模式的经验系数及统计指标。

(4)地形反射辐射

根据前人的研究，地形反射辐射可以表示为：

$$Q_{r\alpha\beta} = Q \times \alpha_s \times (1 - V) \tag{5.19}$$

表 5.3　分月水平面散射辐射 Q_d 拟合模式经验系数及统计指标

月份	1	2	3	4	5	6	7	8	9	10	11	12
a_2	0.28	0.26	0.32	0.34	0.36	0.48	0.39	0.32	0.38	0.40	0.35	0.25
b_2	1.46	1.06	1.41	0.96	1.02	2.09	0.90	0.72	1.20	1.64	1.50	0.93
c_2	0.69	0.57	0.70	0.50	0.56	0.91	0.45	0.37	0.59	0.66	0.64	0.51
R^2	0.90	0.94	0.92	0.83	0.71	0.65	0.61	0.63	0.74	0.75	0.85	0.92

式中 $Q_{r\alpha\beta}$ 为复杂地形下地形反射辐射；Q 为水平面太阳总辐射；V 为地形开阔度；α_s 为地表月平均反照率。Valiente 给出的利用 NOAA-AVHRR 观测数据反演地表反照率的计算公式为：

$$\alpha_s = 0.545\rho_{CH_1} + 0.320\rho_{CH_2} + 0.035 \tag{5.20}$$

式中 ρ_{CH_1} 和 ρ_{CH_2} 分别为 AVHRR 通道 1 和通道 2 的观测值；其他参数含义同前。

表 5.4 给出了贵州省水平面太阳总辐射 Q 拟合模式误差分析结果，相关系数 R^2 为 0.86～0.96，平均绝对误差为 4.81 MJ/(m^2·d)，平均相对误差为 2%。

表 5.4　贵州省水平面太阳总辐射 Q 拟合模式误差分析

时间	绝对误差平均值 [MJ/(m^2·d)]	相对误差平均值 (%)	时间	绝对误差平均值 [MJ/(m^2·d)]	相对误差平均值 (%)
1 月	3.45	2	8 月	4.73	1
2 月	4.45	2	9 月	8.26	2
3 月	4.79	2	10 月	3.83	2
4 月	3.84	1	11 月	3.49	2
5 月	6.94	2	12 月	4.68	3
6 月	3.69	1	年	4.81	2
7 月	5.54	1			

5.2.2　太阳总辐射空间分布特征

图 5.3 为贵州省多年平均 100 m×100 m 网格的太阳总辐射年总量的分布图。由图 5.3 可以看出，贵州省太阳总辐射年总量平均为 2 850～5 438 MJ/m^2，大娄山地区为3 000～3 500 MJ/m^2，贵阳约为 3 700 MJ/m^2，威宁为 4 000 MJ/m^2 以上。大娄山区，云雾较多，日照百分率偏低，年太阳总辐射偏低；西部的威宁、毕节、盘县、兴义地区海拔较高，日照百分率较高，因此其年太阳总辐射也较高。大娄山、雷公山地区，高山、盆地、河谷相间，地形多变，到达地面的太阳总辐射局地差异明显。轿子顶、册亨、望谟有零星的低值分布，是坡度、坡向、地形遮蔽等地形因子影响的结果。

贵州省各月太阳总辐射空间分布见图 5.4。由图 5.4 可知：

贵州省 1 月太阳总辐射平均为 32.9～394.1 MJ/m^2，高低相差达 361.2 MJ/m^2，最大值是最小值的 12 倍，大部分介于 110.1～210.0 MJ/m^2 之间。与天文辐射相

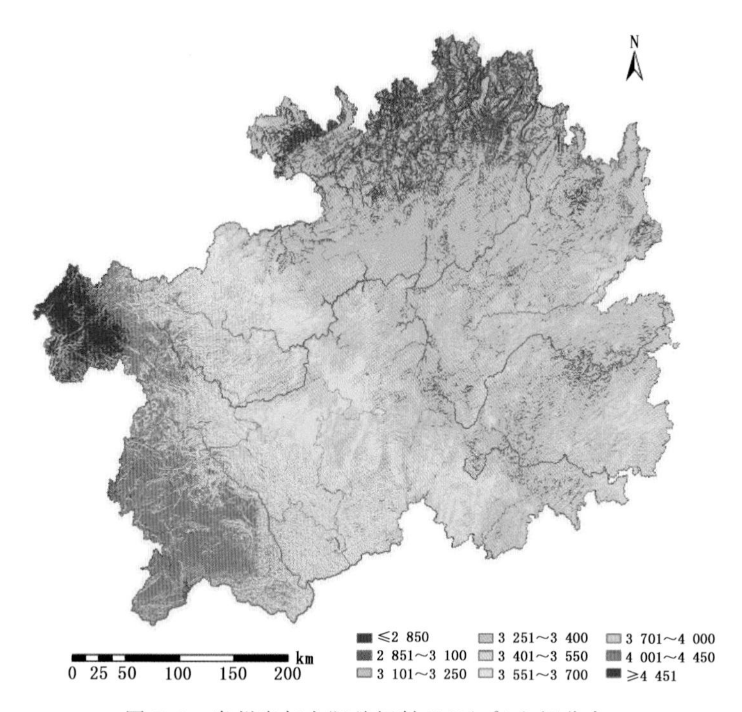

图 5.3　贵州省年太阳总辐射(MJ/m²)空间分布

比，到达地面的太阳总辐射还要受到海拔高度和大气状况的影响，因此其空间分布与复杂地形下的天文辐射明显不同。最小值分布于习水、桐梓、都匀、正安等北部山区，该区 1 月处于滇黔静止锋锋后，一般阴雨绵绵，云量较多，日照百分率明显偏低，光能资源较差，太阳总辐射偏低，是整个贵州省的最低值区；最大值位于西北部的威宁一带，该区 1 月一般处于滇黔静止锋锋前，天气晴好，日照百分率偏大，太阳总辐射偏高。在地形相对多样的雷公山地区、轿子顶地区，局地地形的影响使 1 月太阳总辐射的空间分布差异明显。同时 1 月太阳高度角较低，致使坡度、坡向、地形遮蔽对太阳总辐射的影响显著，图 5.4 中清晰地表现出山地、河谷等地形的太阳总辐射大值分布在南坡或高山，小值分布在北坡或深谷。

贵州省 4 月太阳总辐射平均为 62.1～574.0 MJ/m²，大部分介于 270.1～460.0 MJ/m² 之间，基于相似的形成原因，贵州 4 月太阳总辐射的空间分布和 1 月有非常相似的形状。数值比 1 月大，局地复杂地形的影响仍然很大，最小值分布于道真、都匀、思南、铜仁、三江等地区，最大值位于威宁一带。

贵州省 7 月太阳总辐射较 1 月份明显增加，平均为 67.6～566.7 MJ/m²，大部分介于 400.1～500.0 MJ/m² 之间，贵州省 7 月太阳总辐射的空间分布和其他各月明显不同。7 月太阳位于北半球，太阳高度角较高，地形对太阳总辐射的影响相对要

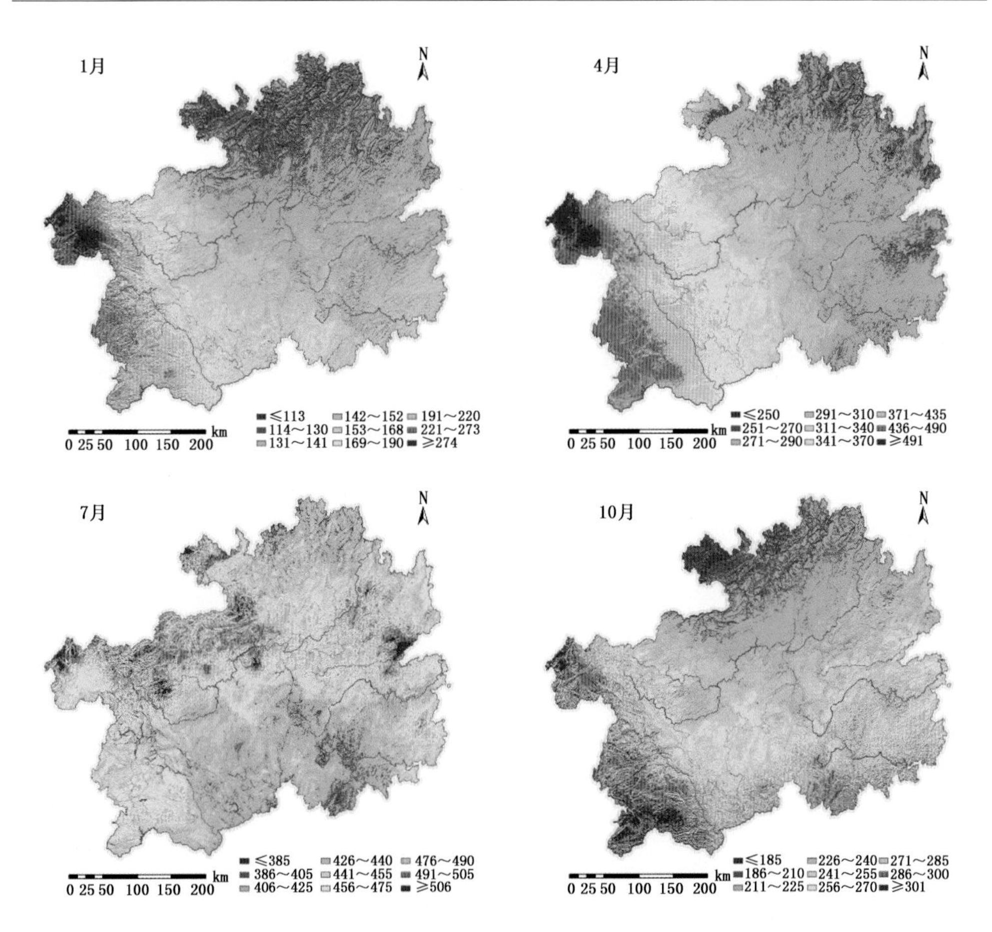

图 5.4　贵州省各月太阳总辐射(MJ/m²)空间分布

小，但其影响仍然是显著的。从数值上来讲，7 月到达地面的太阳总辐射要比 1，4 和 10 月大。最小值只零星分布于习水、正安、荔波、都匀、六枝地区，最大值分布于威宁、毕节、大方、黔西、石阡、岑巩、黎平一带。

贵州省 10 月太阳总辐射平均为 51.8～362.2 MJ/m²，地域差异依然明显，有 310.4 MJ/m²，最大值是最小值的 7 倍，大部分介于 210.1～300.0 MJ/m² 之间。最小值分布在习水、桐梓、都匀、正安等北部山区，最大值分布于威宁和兴义一带。但分布形式明显不同于 4 月，4 月低值区主要在贵州东部地区，高值区在贵州西部。而 10 月低值区在贵州北部，高值区在贵州南部和西南部地区。10 月低值区位置与 1 月低值区位置基本一致，数值上要大一些，而高值区位置与 1 月份又有不同。

5.3　紫外线

5.3.1　紫外线区划方法及实现

紫外线是电磁波谱中波长 10～400 nm 辐射的总称，不能引起人们的视觉。自然界中的主要紫外线光源是太阳，太阳光透过大气层时波长短于 290 nm 的紫外线被大气层中的臭氧吸收掉。适量的紫外线辐射能消毒杀菌，促进骨骼发育，可以治疗某些皮肤病。紫外线照射直接影响人体维生素 D 的合成，但是过量的紫外线会使皮肤老化，产生皱纹、斑点，甚至会造成皮肤炎、皮肤癌。紫外线辐射对避暑旅游有重要影响，贵阳地区虽然海拔高度较高，但由于阴天多、低云多，紫外线辐射相对衰减较强，因此不影响该地旅游业发展。

多项研究表明，紫外线与太阳总辐射具有很好的线性关系（图 5.5），本书利用贵阳市 2010 年日太阳总辐射资料和日紫外线观测资料进行统计分析，建立如下拟合方程：

$$y = 0.4368x + 0.7845 \tag{5.21}$$

式中 y 为日紫外线观测值（W/m^2）；x 为日太阳总辐射（MJ/m^2）。

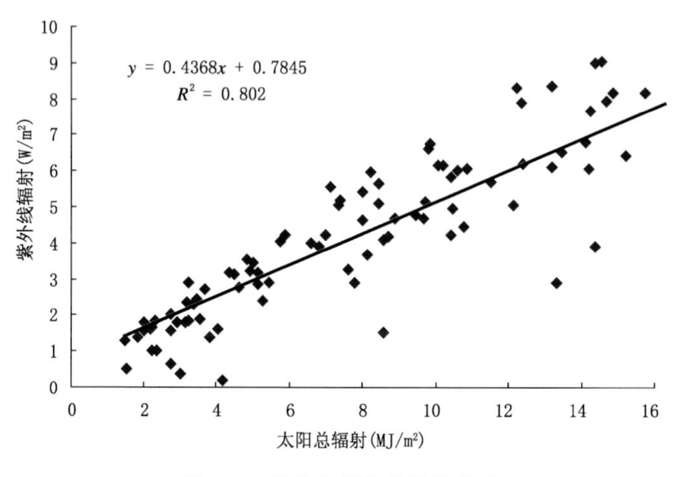

图 5.5　贵州省紫外线辐射拟合

由式（5.21）可以近似地推算出日紫外线，结合太阳总辐射资料实现紫外线空间分布。

5.3.2　紫外线空间分布特征

贵州省大部分地区紫外线辐射都处于全国弱和最弱的区域，总体呈现西部高、东部低的趋势。1 月份，贵州紫外线西部相对较高，在 4.0 W/m^2 以上；北部相对较低，在 2.0 W/m² 以下；其余地区为 3.0 W/m² 左右。4 月份，紫外线辐射西部同样相对较高，在 6.0 W/m² 以上；东部相对较低，在 4.0 W/m² 以下；其余地区为 5.0 W/m² 左右。7 月份，紫外线辐射为全年相对最高，其中：中北部一线在 7.5 W/m² 以上，南部和北部相对较低，在 6.5 W/m² 以下；其余地区介于 6.5～7.5 W/m² 之间。10 月份，西部和南部紫外线辐射相对最高，在 4.5 W/m² 以上；北部相对最低，在 3.5 W/m² 以下；其余地区介于 3.5～4.5 W/m² 之间。具体见图 5.6。

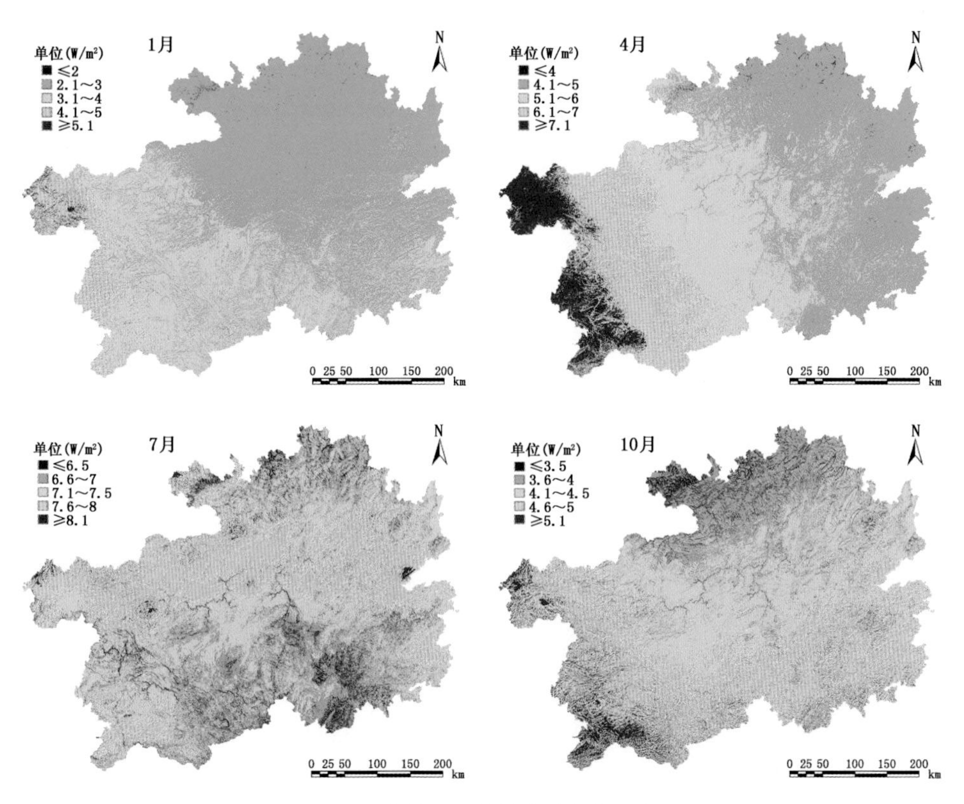

图 5.6　贵州省各月紫外线空间分布

5.4　气温

影响气温分布与变化的因素很多，主要包括宏观地理条件、测点海拔高度、地形（地形类别、坡向、坡度、地形遮蔽度等）、下垫面性质（土壤、植被状况等），其中尤以海拔高度和地形的影响最为显著。在实际情况下，微观地形复杂，影响程度不一，如何在气象站点有限的情况下，提高气温空间模拟的精度，特别是在山区，仍然是一个很值得研究的内容。20 世纪 90 年代后期，GIS 技术开始被用于气温资源的定量评估分析,为更好、更精确地模拟山区的热量资源提供了一个新思路。

应用 GIS 讨论细网格气温精细分布时,海拔高度的影响是"气温随海拔高度的增加而下降",某一网格点因坡向、坡度、地形遮蔽情况造成的对气温的影响则复杂得多。因此,在细网格下的气温分布式模型的关键是如何把网格点的坡度、坡向、遮蔽状况合理地考虑进去。从气候意义上讲,太阳辐射受地形影响更为直接,且太阳辐射、海拔高度对气温、积温的影响最为重要。

5.4.1 气温区划方法及实现

(1)气象站气温的拟合模型

因为气象台站通常设在周围空旷的平地或周围比较开阔的山冈上,因此,气象台站的气温观测值被认为是不受局地小地形影响的气温。

由气候学可知,影响气温的重要因子之一是地面净辐射,影响地面净辐射的关键因子是地面得到的总辐射和地面有效辐射。因此,我们认为,海拔高度、太阳总辐射和地面长波有效辐射对一地气温的形成有显著作用且物理意义明确。于是由下面模型来模拟月平均、最高、最低气温:

$$T' = a_3 + b_3 H + c_3 Q + d_3 s \tag{5.22}$$

$$T'_{\max} = a_4 + b_4 H + c_4 Q + d_4 s \tag{5.23}$$

$$T'_{\min} = a_5 + b_5 H + c_5 Q + d_5 s \tag{5.24}$$

式中 T' 为月平均气温模拟值;$T'_{\max}$ 为月平均日最高气温模拟值;$T'_{\min}$ 为月平均日最低气温模拟值;H 为海拔高度;Q 为气象台站观测的月平均太阳总辐射;s 为气象台站观测的月平均日照百分率;$a_3,b_3,c_3,d_3,a_4,b_4,c_4,d_4,a_5,b_5,c_5,d_5$ 为回归系数。

以上式中引入日照百分率 s,是考虑到影响平均气温的不仅有太阳总辐射和海拔高度,还应考虑地面有效辐射,而在地面有效辐射的气候学计算中常用云量作为影响参数,但一般气象台站没有夜间的云量观测。通过逐时资料分析发现,白天的总云量与夜间的总云量有良好的正相关,又因为总云量 n 与日照百分率 s 有 $n + s \approx 1$ 的关系,因此在模型中使用日照百分率作为影响地面有效辐射的参数。另令

$$\Delta T = T - T' \tag{5.25}$$

$$\Delta T_{\max} = T_{\max} - T'_{\max} \tag{5.26}$$

$$\Delta T_{\min} = T_{\min} - T'_{\min} \tag{5.27}$$

式中 T 为气象台站观测的月平均气温;T' 为月平均气温模拟值;ΔT 为月平均气温观测值与模拟值之差,反映了其他因素对平均气温的综合影响,包含天气过程、地表性状等因素引起的回归方程的误差项;$T_{\max}$ 为气象台站观测的月平均日最高气温;$\Delta T_{\max}$ 为月平均日最高气温观测值与模拟值之差;$T_{\min}$ 为气象台站观测的月平均日最低气温;$\Delta T_{\min}$ 为月平均日最低气温观测值与模拟值之差。

因此,月平均、最低、最高气温推算模型可以表示为:

$$T = a_3 + b_3 H + c_3 Q + d_3 s + \Delta T \tag{5.28}$$

$$T_{\max} = a_4 + b_4 H + c_4 Q + d_4 s + \Delta T_{\max} \tag{5.29}$$

$$T_{\min} = a_5 + b_5 H + c_5 Q + d_5 s + \Delta T_{\min} \tag{5.30}$$

式中各参数含义同前。

(2)复杂地形下月平均、最低、最高气温的模拟

在考虑 100 m×100 m 月平均气温的实际网格计算中，在某一网格点将计算出的由于地形的坡向、坡度、地形遮蔽、太阳散射辐射各向异性及周围地形反射等因素影响下的太阳总辐射代入(5.28)式，即可计算出该网格点的月平均气温；各网格点日照百分率由实测数据使用局部薄盘光滑样条空间插值方法内插得到，ΔT，$\Delta T_{\max}$ 和 $\Delta T_{\min}$ 使用反距离加权插值法内插得到。这样复杂地形下月平均、最低、最高气温 $T_{\alpha\beta}$，$T_{\alpha\beta\max}$，$T_{\alpha\beta\min}$ 的分布式模型可表示为：

$$T_{\alpha\beta} = a_3 + b_3 H + c_3 Q_{\alpha\beta} + d_3 s + \Delta T \tag{5.31}$$

$$T_{\alpha\beta\max} = a_4 + b_4 H + c_4 Q_{\alpha\beta} + d_4 s + \Delta T_{\max} \tag{5.32}$$

$$T_{\alpha\beta\min} = a_5 + b_5 H + c_5 Q_{\alpha\beta} + d_5 s + \Delta T_{\min} \tag{5.33}$$

式中各参数的含义同前。由以上式子可以模拟出复杂地形下任一网格点的月平均、最低、最高气温 $T_{\alpha\beta}$，$T_{\alpha\beta\max}$，$T_{\alpha\beta\min}$。在以上模型中，由于太阳总辐射是考虑了 100 m×100 m 网格点的地形参数，因此，模型中 $T_{\alpha\beta}$，$T_{\alpha\beta\max}$，$T_{\alpha\beta\min}$ 也是考虑了网格点各地形参数后的温度。

(3)精度分析

表 5.5 为贵州省平均气温拟合模式经验系数及统计结果。从表 5.5 可以看出，各拟合方程均通过了显著性检验，各方程的相关系数 R 均较高，为 0.723～0.964，绝对误差为 0.5～1.1 ℃，误差较小，拟合效果较好。

表 5.5　贵州省平均气温 T 拟合模式经验系数及统计

月份	R	a_3	b_3	c_3	d_3	绝对误差(℃)
1	0.723	−4.07	−0.443	4.29	−55.18	0.8
2	0.729	0.76	−0.495	2.53	−28.65	1.1
3	0.806	4.87	−0.517	1.96	−24.75	0.7
4	0.811	9.31	−0.517	1.83	−29.85	0.6
5	0.879	14.45	−0.494	1.42	−23.80	0.5
6	0.940	18.44	−0.502	1.32	−25.87	0.5
7	0.964	25.47	−0.504	0.42	−6.10	0.5
8	0.964	24.69	−0.501	0.35	−2.40	0.5
9	0.920	18.49	−0.499	1.20	−19.19	0.5
10	0.863	9.45	−0.495	2.88	−48.50	0.7
11	0.779	5.99	−0.449	2.97	−40.13	0.8
12	0.724	−0.17	−0.424	3.98	−49.99	0.9

表 5.6 为贵州省水平面平均日最高气温拟合模式经验系数及统计结果，各拟合方程均通过了显著性检验，各方程的相关系数 R 均较高，为 0.818～0.956，绝对误差为 0.4～0.9 ℃，绝对误差均小于 1.0 ℃。

表 5.6　贵州省水平面平均日最高气温 T_{max} 拟合模式经验系数及统计

月份	R	a_4	b_4	c_4	d_4	绝对误差(℃)
1	0.820	−4.47	−0.50	4.89	−54.36	0.7
2	0.818	0.49	−0.53	2.93	−26.25	0.9
3	0.873	5.13	−0.55	2.38	−25.57	0.8
4	0.862	9.65	−0.55	2.27	−33.30	0.7
5	0.896	14.01	−0.55	2.07	−34.28	0.5
6	0.942	17.97	−0.57	1.99	−38.15	0.4
7	0.953	26.29	−0.58	0.93	−14.83	0.5
8	0.956	26.59	−0.57	0.67	−5.46	0.5
9	0.932	19.27	−0.57	1.66	−23.03	0.5
10	0.901	9.62	−0.56	3.42	−50.71	0.5
11	0.861	6.47	−0.51	3.32	−36.58	0.6
12	0.827	−0.13	−0.49	4.48	−47.60	0.6

表 5.7 为贵州省水平面平均日最低气温拟合模式经验系数及统计结果，各拟合方程均通过了显著性检验，绝对误差为 0.3～1.0 ℃，模型的误差较小，拟合效果较好。

表 5.7　贵州省水平面平均日最低气温 T_{min} 拟合模式经验系数及统计

月份	R	a_5	b_5	c_5	d_5	绝对误差(℃)
1	0.787	−6.86	−0.39	4.17	−60.64	0.9
2	0.796	−5.80	−0.44	3.50	−56.26	1.0
3	0.795	0.70	−0.47	2.18	−36.96	0.9
4	0.858	7.50	−0.49	1.46	−26.10	0.8
5	0.920	13.92	−0.46	0.62	−3.64	0.6
6	0.965	15.87	−0.46	0.97	−16.64	0.4
7	0.986	24.76	−0.46	0.17	−5.43	0.3
8	0.984	22.28	−0.47	0.24	−3.23	0.3
9	0.963	15.56	−0.49	1.45	−31.30	0.4
10	0.924	5.49	−0.50	3.61	−72.29	0.6
11	0.894	−0.15	−0.44	4.67	−79.85	0.7
12	0.838	−5.23	−0.39	4.95	−73.77	0.8

5.4.2　气温空间分布特征

(1)月/年平均气温

气温是表示空气冷热程度的物理量。气象学规定以距离地面 1.5 m 处的空气温度作为衡量各地气温的标准。本书所用的月、年平均气温，是指 1971—2000 年多年月、年平均气温的平均值。月、年平均气温，反映了某地气温在一年内的月际变化和季节变化，通常以 1,4,7 和 10 月的平均气温来代表冬季、春季、夏季和秋季的温度状况及特征。年平均气温代表某地冷暖程度的平均状况。

贵州省年平均气温有明显的地域差异，大部分介于 10.1～16.0 ℃之间。相对较小值主要分布于威宁，因为这里海拔较高，各月平均气温普遍偏低，反映在全年的平均气温也偏低，是贵州省年平均气温的最小值区。最大值分布于望谟、罗甸及贵州东部地区。坡度、坡向、地形遮蔽等地形因子对复杂地形下年平均气温的影响显著，在地形复杂的大娄山、雷公山、轿子顶和册亨、望谟等地区，局地平均气温变化明显，见图 5.7。

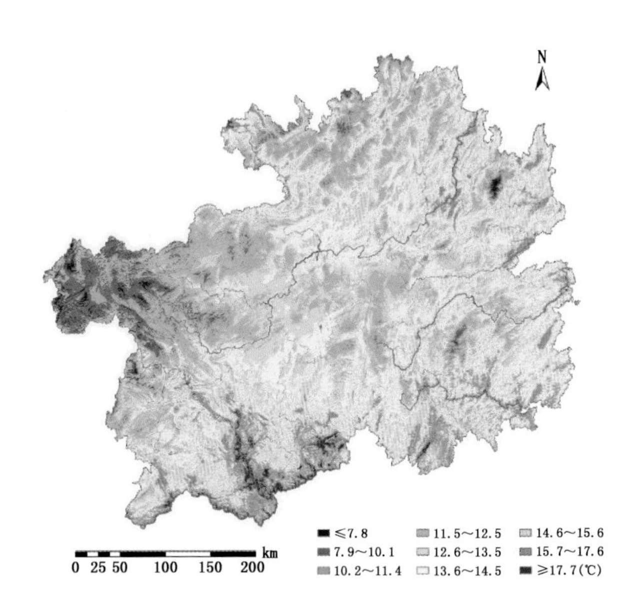

图 5.7　贵州省年平均气温(℃)空间分布

贵州省各月平均气温空间分布见图 5.8。由图 5.8 可见：贵州省 1 月平均气温大部分介于 2.1～7.0 ℃之间。威宁、毕节是贵州省的最高处，该区大部分海拔为 1 800～2 600 m，虽然地处中亚热带，得到的太阳总辐射较多，但由于海拔较高，温度仍然较低，为贵州省的较小值区(＜1.0 ℃)，海拔高度对一地的气温有重要影响。大气环流也影响着 1 月平均气温的分布状况。1 月，在云贵高原常常形成滇黔准静止锋，贵州省东部地区海拔较低，受云贵准静止锋锋后冷气团影响，1 月气温偏低。册亨、望谟、罗甸等南部地区，处于滇黔准静止锋南侧，冬季从北方来的冷空气受云贵高原阻挡，难以到达这些地区，因此 1 月平均气温较高，为贵州省的较大值区。地形复杂

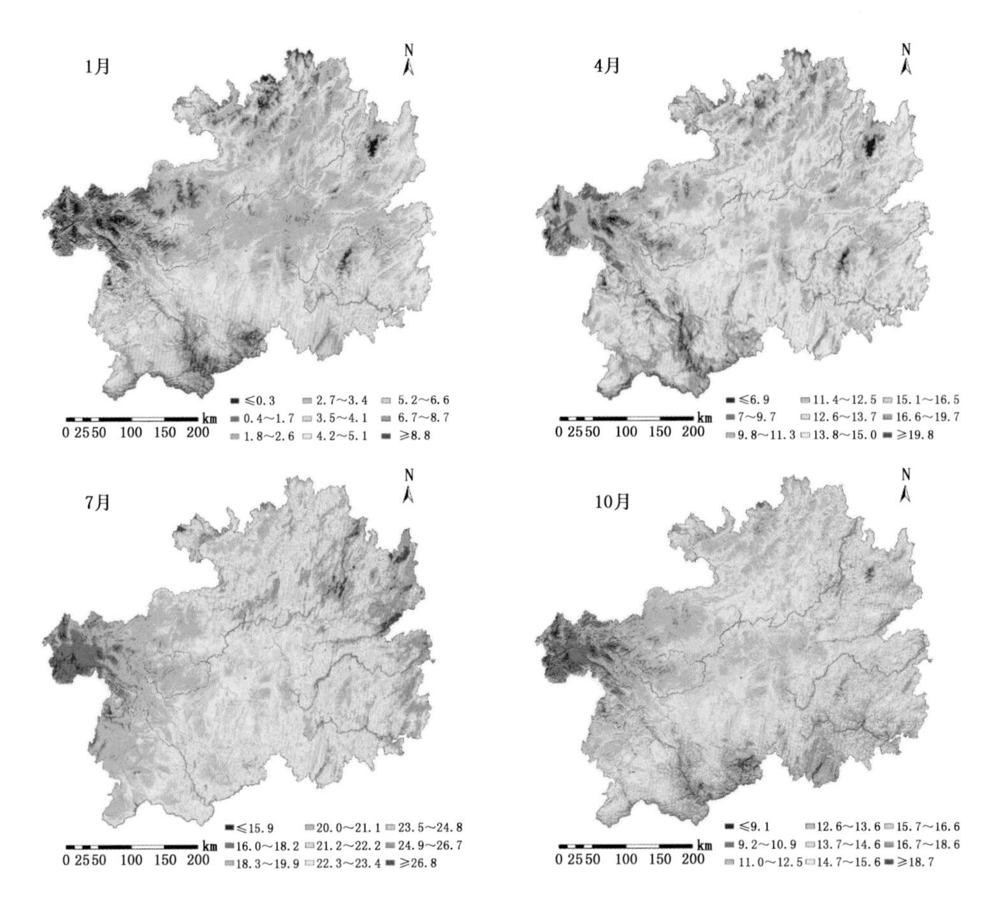

图 5.8　贵州省各月平均气温(℃)空间分布

的大娄山、雷公山、轿子顶和册亨、望谟等地区平均气温的局地差异,图中也清晰地表现了出来。

贵州省 4 月平均气温大部分介于 9.6～17.1 ℃之间。滇黔准静止锋是冬、春季影响贵州的主要天气系统,4 月与 1 月,贵州省基本是受相同的环流形势影响,两者的空间分布大体具有相同的形势。较小值主要分布于威宁,较大值分布于兴义、贞丰、册亨、罗甸。地形对平均气温的影响使得大娄山、雷公山、轿子顶和册亨、望谟等地区的气温分布局地变化强烈。

贵州省 7 月平均气温大部分介于 20.1～26.0 ℃之间,全省的空间分布差异总体上要比 1 月小。影响贵州省复杂地形下 7 月平均气温的环流形势与 1 和 4 月明显不同,因此,平均气温的空间分布亦差别较大。7 月贵州省受夏季风影响,威宁的海拔较高,即使在 7 月,副热带高压也很少到达该地区,因此平均气温较低,小于 17.0 ℃。

铜仁等东部地区，海拔较低，主要受副热带高压影响，尽管纬度偏北，但气温仍然较高，为贵州省 7 月平均气温的最高值区。

贵州省 10 月平均气温大部分介于 10.6～16.5 ℃之间，10 月平均气温的空间分布基本上和 4 月相似。较小值（低于 9.0 ℃）主要分布于威宁，较大值分布于望谟、罗甸，形成这种空间分布的原因也与 4 月相似，10 月平均气温总体比 4 月高。

(2)月/年最高气温

月平均日最高气温，是各月每天的最高气温的累年月平均值（这里的累年平均是指 1971—2000 年的累年平均）。

图 5.9 为贵州省多年平均日最高气温的空间分布图。由图 5.9 可以看出，贵州省年平均日最高气温空间差异显著，大部分介于 14.1～21.0 ℃之间，贵州省年平均日最高气温的纬向分布并不明显。

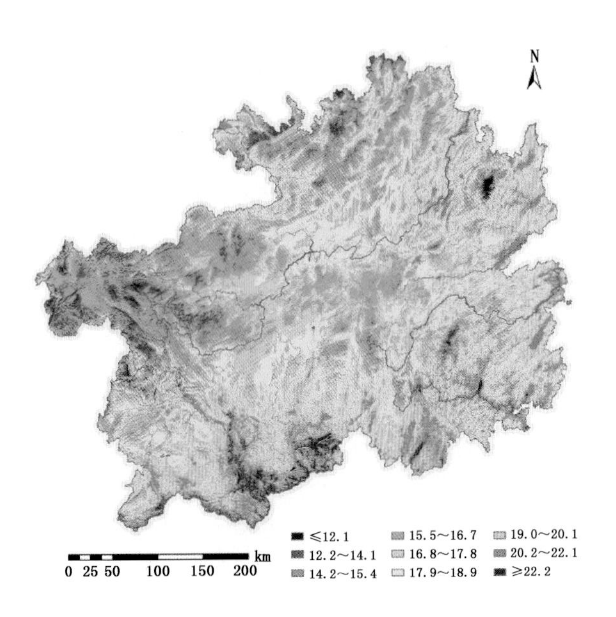

图 5.9　贵州年平均日最高气温(℃)分布图

年平均日最高气温是全年各月平均日最高气温的平均值，体现了各月大气环流形势对平均日最高气温的综合影响。环流因子、海拔高度因子，还有坡度、坡向、地形遮蔽等局地地形因子都影响着一地年平均日最高气温的高低。较小值（<14.0 ℃）主要分布于威宁及北部地区，较大值分布于望谟、罗甸。大娄山地区、雷公山地区、轿子顶地区、册亨、望谟，山地、丘陵、河谷纵横交错，地形复杂，因此这些地区年平均日最高气温的空间分布梯度较大。坡度、坡向、地形遮蔽等因子对多年平均复杂地形下

年平均日最高气温的影响较大。

贵州省各月平均日最高气温空间分布见图 5.10。由图 5.10 可见：

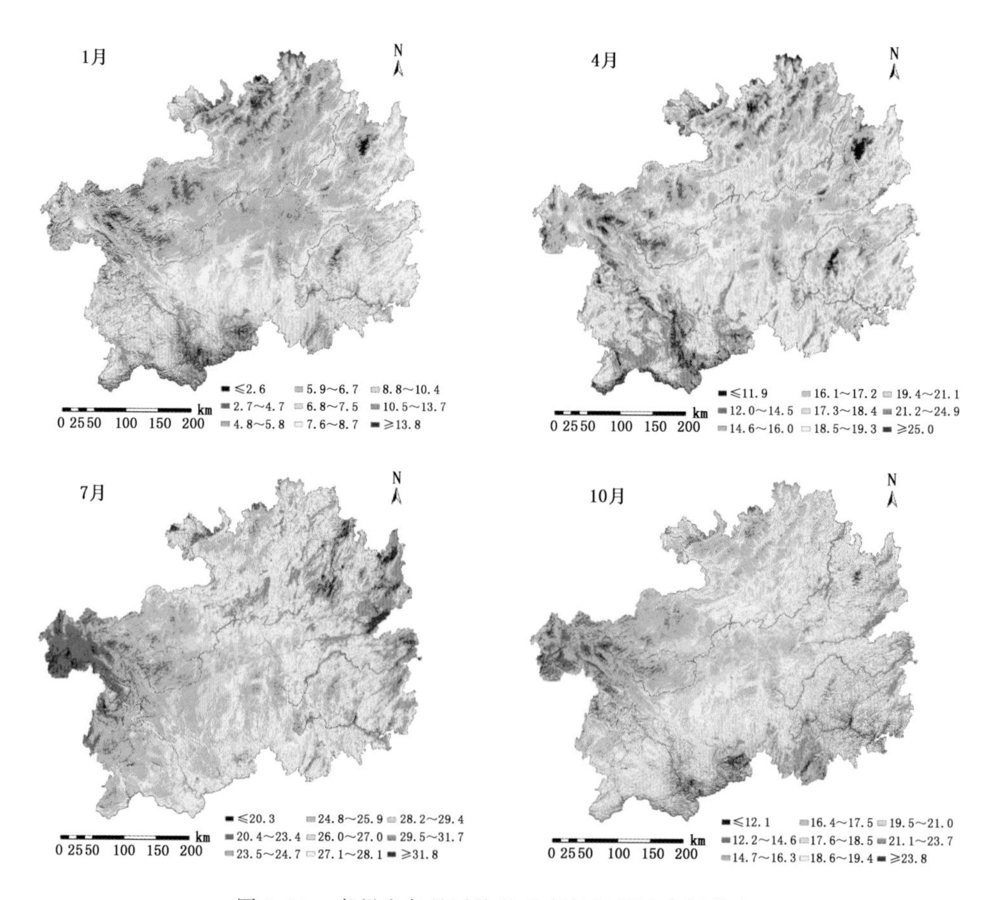

图 5.10　贵州省各月平均日最高气温(℃)空间分布

贵州省 1 月平均日最高气温大部分介于 4.1～11.5 ℃之间，贵州省 1 月平均日最高气温的分布和 1 月平均气温的分布具有相同的形式，形成原因也基本相同。较小值(<4.0 ℃)主要分布于北部地区，主要因为威宁海拔较高，随着海拔高度的增加，温度逐渐降低；习水、道真纬度偏北，受冬季风影响，1 月平均日最高气温偏低。较大值分布于册亨、望谟、罗甸等南部地区，因为该地区地处云贵高原南部，受其阻挡，冷空气不能到达该地区。河谷、丘陵、山地纵横交错的大娄山地区、雷公山地区、轿子顶地区、册亨、望谟的平均日最高气温的局地差别明显。

贵州省 4 月平均日最高气温大部分为 13.6～22.5 ℃。影响 4 月平均日最高气温和 4 月平均气温的局地地形、天气、海拔高度等大体一致，因此两者的空间分布亦基本类似，较小值(<13.5 ℃)主要分布于偏北地区，较大值分布于兴义、贞丰、册亨、罗甸。受复杂地形影响，河谷、丘陵、山地纵横交错的大娄山地区、雷公山地区、轿子顶地区、册亨、望谟的平均日最高气温的局地差别显著。

贵州省 7 月平均日最高气温大部分为 23.6～31.0 ℃，7 月贵州省受夏季风影响，威宁海拔较高，即使在 7 月，副热带高压也很少到达该地区，所以温度较低，为贵州省较小值(<22.0 ℃)。较大值(31.1～33.8 ℃)分布于铜仁市，7 月该区主要受副热带高压影响，尽管纬度偏北，气温仍然较高。局地地形的复杂性使得大娄山地区、雷公山地区、轿子顶地区、册亨、望谟具有梯度较大的平均日最高气温的空间分布。

贵州省 10 月平均日最高气温大部分介于 15.1～22.5 ℃之间，较小值(<13.0 ℃)主要分布于威宁，较大值(22.6～27.8 ℃)分布于望谟、罗甸、荔波、从江。地形多变的大娄山地区、雷公山地区、轿子顶地区、册亨、望谟平均日最高气温的空间分布复杂。

(3)月/年最低气温

月平均日最低气温，是各月每天的最低气温的累年月平均值(这里的累年平均是指 1971—2000 年的累年平均)。

图 5.11 为贵州省年平均日最低气温分布图，贵州省年平均日最低气温大部分介于 7.0～13.0 ℃之间，全省的空间分布差异总体上比较大，纬向分布不明显。

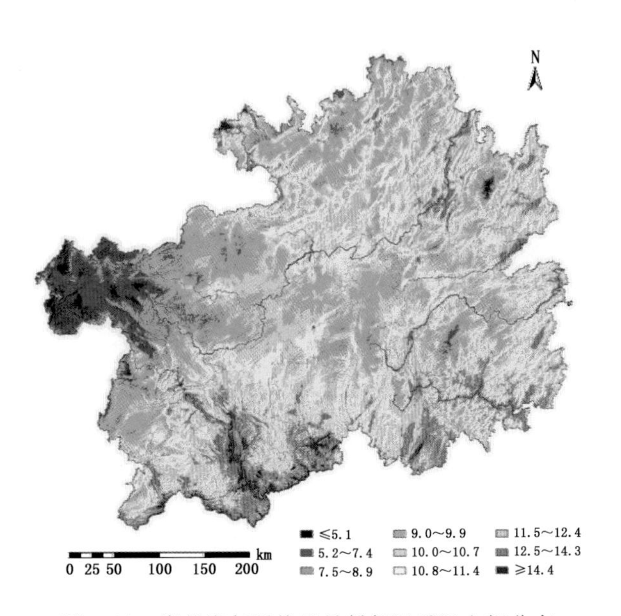

图 5.11　贵州省年平均日最低气温(℃)空间分布

年平均日最低气温是全年各月平均日最低气温的平均值，受环流因子、海拔高度因子、局地地形因子的综合影响。较小值(＜7.0 ℃)主要分布于威宁及北部地区，较大值分布于望谟、罗甸。大娄山地区、雷公山地区、轿子顶地区、册亨、望谟，山地、丘陵、河谷纵横交错，地形复杂，因此这些地区年平均日最低气温的局地差异较大。

贵州省各月平均日最低气温空间分布见图 5.12。由图 5.12 可见：

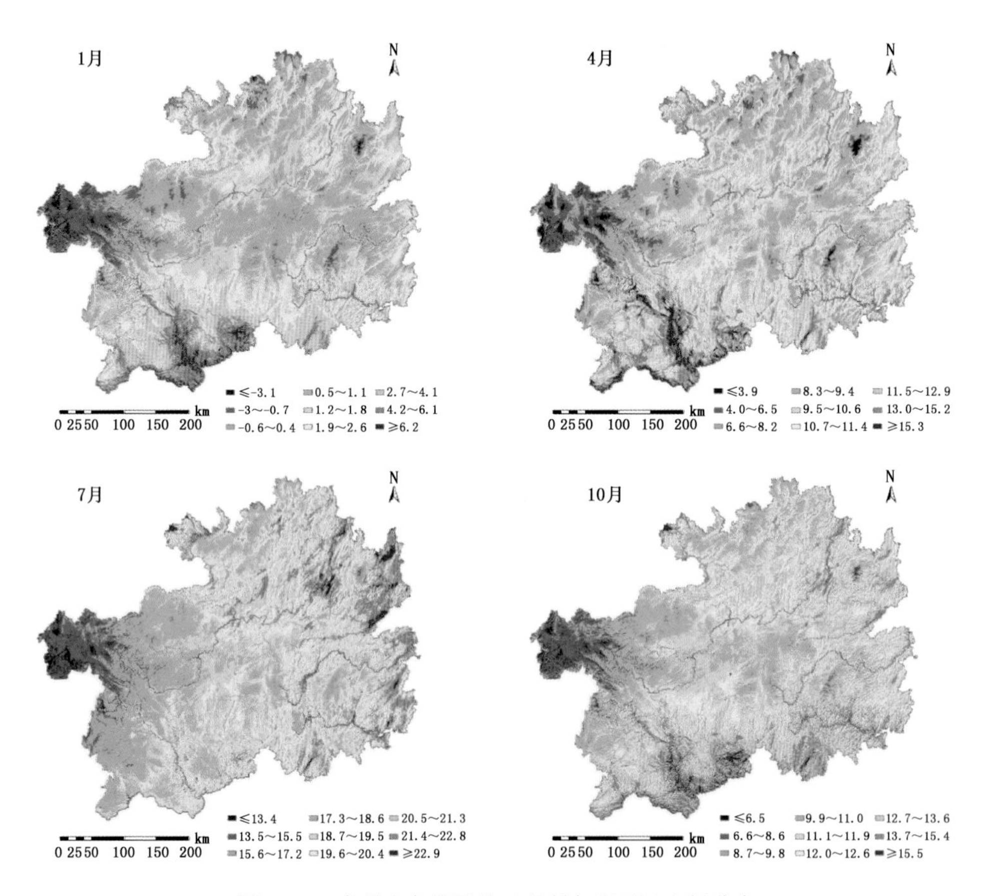

图 5.12　贵州省各月平均日最低气温(℃)空间分布

贵州省 1 月平均日最低气温大部分为 0.1～4.5 ℃，受相同的大气环流的影响，贵州省 1 月平均日最低气温的分布和 1 月平均气温及 1 月平均日最高气温的分布具有相同的形式。较小值(＜－2.0 ℃)主要分布于威宁等西北部地区，习水、道真地区纬度偏北，受冬季风影响，1 月平均日最低气温偏低。较大值分布于册亨、望谟、罗甸等南部地区，因为该地区地处云贵高原南部，受其阻挡，冷空气不能到达，使得该地区 1 月平均日最低气温偏高。河谷、丘陵、山地纵横交错的大娄山地区、雷公山地区、轿子顶地区、册亨、望谟的平均日最低气温随地形而变化多端。

贵州省 4 月平均日最低气温大部分为 6.6～12.5 ℃。贵州省 4 月平均日最低气温及 4 月平均日最高气温的空间分布图的基本形式是一致的。基于相同的局地地形因子、天气因子、海拔高度因子，较小值(<5.0 ℃)主要分布于威宁等西北部地区，较大值(14.1～18.4 ℃)分布于册亨、望谟、罗甸；大娄山地区、雷公山地区、轿子顶地区、册亨、望谟的平均日最低气温的局地差异明显。

贵州省 7 月平均日最低气温大部分为 16.1～21.0 ℃。贵州省 7 月平均日最低气温的空间分布与 1 和 4 月平均日最低气温的空间分布明显不同。7 月贵州省受夏季风影响，较小值(<14.5 ℃)主要分布于威宁等西北部地区，这主要是由于该区海拔较高，即使在 7 月，副热带高压也很少到达该地区，所以温度偏低。较大值(22.1～24.2 ℃)主要分布于铜仁及东部地区，这些地区海拔较低，主要受副热带高压影响，尽管纬度偏北，气温仍然较高。局地地形的复杂性使得大娄山地区、雷公山地区、轿子顶地区、册亨、望谟的平均日最低气温的空间分布局地性较强。

贵州省 10 月平均日最低气温大部分介于 8.1～13.5 ℃之间。基于大致相似的形成原因，贵州省 10 月平均日最低气温的空间分布与贵州省 10 月平均气温及其平均日最高气温的空间分布具有相同的形式。较小值(<8.0 ℃)主要分布于威宁，较大值(14.6～17.8 ℃)分布于望谟、罗甸、荔波、从江地区；局地地形复杂的大娄山地区、雷公山地区、轿子顶地区、册亨、望谟的平均日最低气温的空间分布差别显著，10 月平均日最低气温总体比 4 月高。

5.5　降水量

5.5.1　降水量区划方法及实现

贵州省山地地形破碎，立体气候明显，我们引进了澳大利亚国立大学基于薄盘光滑样条函数开发的专用气候数据空间曲面插值软件系统 ANUSPLIN，它解决了在薄盘光滑样条函数插值中的编程难度，使这种气候曲面插值方法得以应用在实际工作中。

为使其能够应用在贵州气候资源开发工作中，在进行了本地参数化研究开发的基础上，还对比了目前在气候研究和业务工作中比较常用的反距离加权插值法和普通克里格插值法，对插值结果进行的定量分析和检验表明：在贵州省山区进行气候要素高分辨率插值时，薄盘光滑样条函数插值法精度最高。

薄盘光滑样条函数法(TPS)是对样条函数法的曲面扩展，常用于不规则分布数据的多变量平滑内插。利用光滑参数来达到数据逼真度和拟合曲面光滑度之间的优化平衡，保证了插值曲面光滑连续，且精度可靠。它除通常的样条自变量外，允许引入线性协变量子模型，如温度和海拔之间、降水与海岸线的相关关系等。

TPS 的理论统计模型表述如下：

$$Z_i = f(x_i) + b^T y_i + e_i \quad (i = 1, \cdots, N) \tag{5.34}$$

式中 Z_i 为位于空间 i 点的因变量；x_i 为 d 维样条独立变量矢量；f 为要估算的关于 x_i 未知光滑函数；y_i 为 p 维独立协变量矢量；b 为 p 维向量系数，T 为转置符；e_i 为具有期望值为 0 和方差为 w_{i2} 的自变量随机误差；w_i 为作为权重的已知局部相对变异系数；w_{i2} 为误差方差，在所有数据点上为一常数，但通常未知。

函数 f 和系数 b 通过最小二乘估计来确定：

$$\sum_{i=1}^{N}\left[\frac{Z_i - f(x_i) - b^T y_i}{w_i}\right]^2 + \rho J_m(f) \tag{5.35}$$

式中 $J_m(f)$ 为函数 $f(x_i)$ 的粗糙度测度函数，定义为函数 f 的 m 阶偏导数（在 ANUSPLIN 中称为样条次数，也叫糙度次数）；ρ 为正的光滑参数，在数据保真度与曲面的粗糙度之间起平衡作用，通常由广义交叉验证 GCV 的最小化来计算，也可以用最大似然估计误差 GML 或期望真实平方误差 MSE 最小来确定。ANUSPLIN 提供了可供选择的 2 种(GCV 和 GML)平滑参数判断方法。

利用 GCV 和 GML 检验方法，实验模型为薄盘光滑样条函数和局部薄盘光滑样条函数，经过独立变量、协变量和样条次数多种组合，最终利用高程作为协变量的三变量局部薄盘光滑样条函数，样条次数为三次。在降水量插值中首先对输入数据进行了平方根变换以压缩其值域范围，插值后再进行数值恢复。

统计表明，利用局部薄盘光滑样条函数模型模拟贵州山地复杂地形下的降水量与夜间降水量有较好的效果，表 5.8 与表 5.9 给出了误差分析结果，降水量绝对误差在 1.2～9.5 mm 之间，夜间降水量绝对误差在 0.3～7.2 mm 之间。6,7 和 8 月是贵州降水量集中的 3 个月，多暴雨而降水空间分布不均匀，因此绝对误差相对较高。年降水量以及夜间降水量由于实际基数大因而也产生了较大的绝对误差。

表 5.8 贵州省降水量精度分析

时间	1月	2月	3月	4月	5月	6月	7月	8月	9月	10月	11月	12月	年
绝对误差(mm)	1.7	1.6	2.3	2.7	8.5	9.5	5.7	7.4	3.7	3.4	1.4	1.2	37.6

表 5.9 贵州省夜间降水量精度分析

时间	1月	2月	3月	4月	5月	6月	7月	8月	9月	10月	11月	12月	年
绝对误差(mm)	0.8	1.1	0.9	2.5	5.0	7.2	5.0	5.4	1.2	2.1	1.3	0.3	21.6

5.5.2 降水量空间分布特征

贵州省年平均降水量总体呈现东南与西南多、西北少的分布趋势，主要与地形、山体坡向和海拔有关。多雨区年降水量是少雨区年降水量的 2 倍之多,但局部降水分布有所差异,在西南和东南部分区域,其降水分布有从中心向周围减少的趋势。贵州省处于季风气候区,80%以上的降水集中在 4—10 月。由于地形的关系,贵州省 50%～60%的降水发生在夜间。仅从贵州降水量的时空分布看十分适合植被生长发育的需要。但是,由于贵州山体坡度大、土层薄,降水的径流量大,加之喀斯特构造形成的漏斗结构使降水大部分流入地下暗河,降水对植物的有效性较差。

由图 5.13 可知,贵州省年降水量大多为 1 100～1 300 mm,总的分布趋势是南部多于北部,全省有 3 个多雨区:南、北盘江上游的六枝、晴隆、普安、兴义一带;都柳江上游的丹寨及都匀、雷山一带;松桃、铜仁以及印江一带,年降水量均在 1 400 mm 以上。全省少雨区主要是在毕节、赫章、威宁一带,年降水量均少于 900 mm。

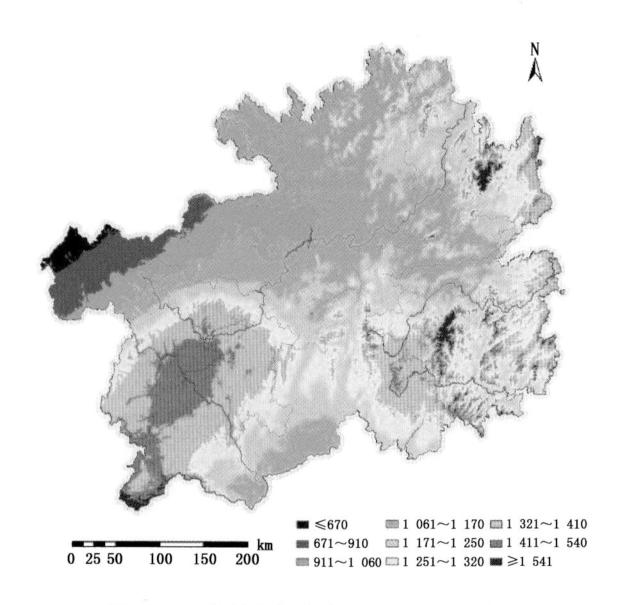

图 5.13　贵州省年降水量(mm)空间分布

由图 5.14 可知,贵州省各地降水量均以冬季最少,全省大部分地区 1 月份降水量在 20～30 mm 之间,其中东部地区相对偏多,大于 40 mm,西北部以及南部相对偏少,小于 20 mm。

到达春季时,全省自东向西先后进入雨季。贵州省 4 月降水量呈明显的带状分布,黔东南以及铜仁部分地区大于 120 mm;黔西南、六盘水以及毕节地区由于雨季稍迟,降水量仅为 50 mm 左右,因此容易导致春旱发生。

7 月贵州省西部地区特别是黔西南以及黔南部分地区,降水较为丰富,达到 220 mm 以上,加之夏季降水较为急促,容易导致夏季洪涝的发生。而黔东南、铜仁以及

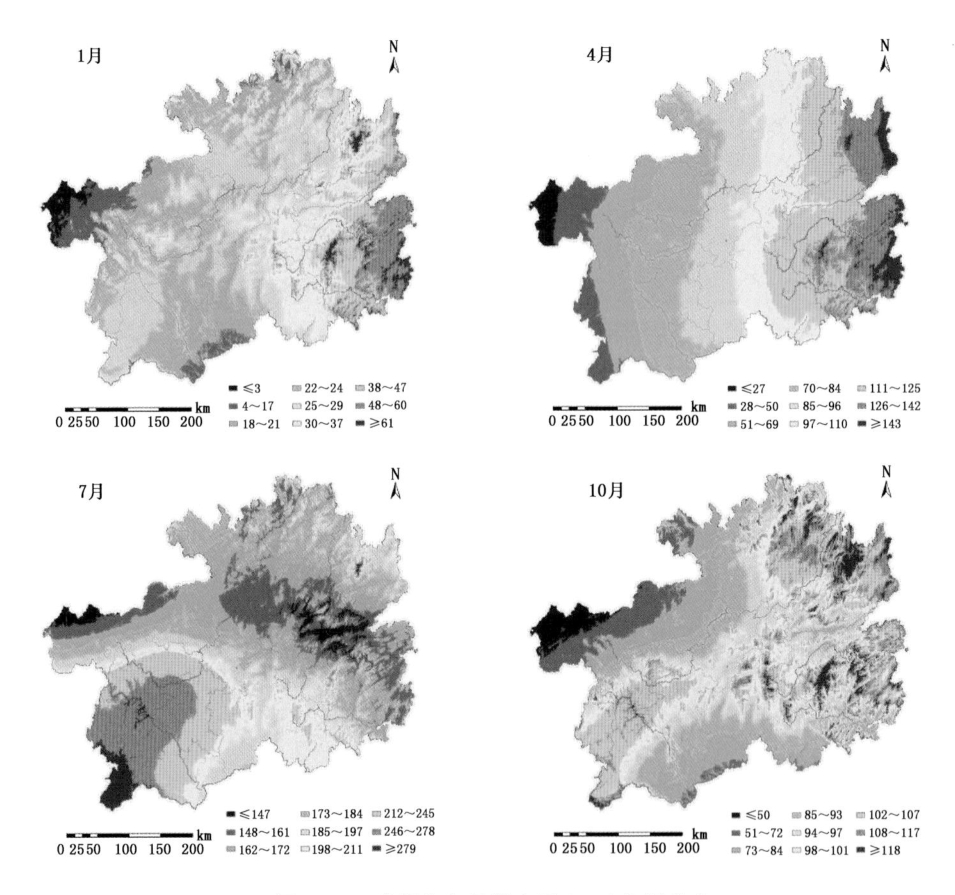

图 5.14　贵州省各月降水量(mm)空间分布

遵义部分地区却进入了相对少雨期，降水量仅为 150 mm 左右，加之正值高温期，蒸发旺盛，农作物需水量处于相对较多时期，因此常容易导致夏旱发生。

入秋以后全省降水量开始显著减少，贵州省 10 月降水的特点是降水量不多，地域差异不明显，大都在 60～100 mm 之间。

5.6　相对湿度

5.6.1　相对湿度区划方法及实现

相对湿度的区划方法采用 GCV 和 GML 检验方法，实验模型为薄盘光滑样条函数和局部薄盘光滑样条函数，经过独立变量、协变量和样条次数多种组合。具体步骤同降水量区划方法，最终选择利用高程作为协变量的三变量局部薄盘光滑样条函数，样条次数为二次。

分析表明，利用局部薄盘光滑样条函数模型模拟贵州山地复杂地形下的相对湿度有较好的效果，表 5.10 给出了误差分析结果，相对湿度绝对误差在 0.8%～1.4% 之间。由于贵州省全年的相对湿度差异不大，因此绝对误差比较稳定。

表 5.10　贵州省相对湿度精度分析

时间	1 月	2 月	3 月	4 月	5 月	6 月	7 月	8 月	9 月	10 月	11 月	12 月	年平均
绝对误差(%)	1.0	1.2	1.4	1.0	0.8	1.1	1.5	1.1	1.1	0.9	1.0	1.2	1.1

5.6.2　相对湿度空间分布特征

从贵州省高分辨率相对湿度空间分布(图 5.15、图 5.16)可知：春季(4 月)，除了遵义部分地区、黔东南部分地区以及梵净山和雷公山林区相对湿度较高外(在 90% 以上)，其他地区平均为 70%～83%；夏季(7 月)，除了黔西南部分地区、威宁和赫章县部分地区、黔东南与湖南和广西交界的低海拔地区较高外，其他地区为 77%～83%；秋季(10 月)，除了毕节和遵义部分地区相对湿度较高外，其他地区介于 79%～83%之间；冬季(1 月)，除了罗甸、荔波、威宁县和铜仁部分地区介于 73%～78%之间外，其他地区的相对湿度均比较高，为 83%～94%。

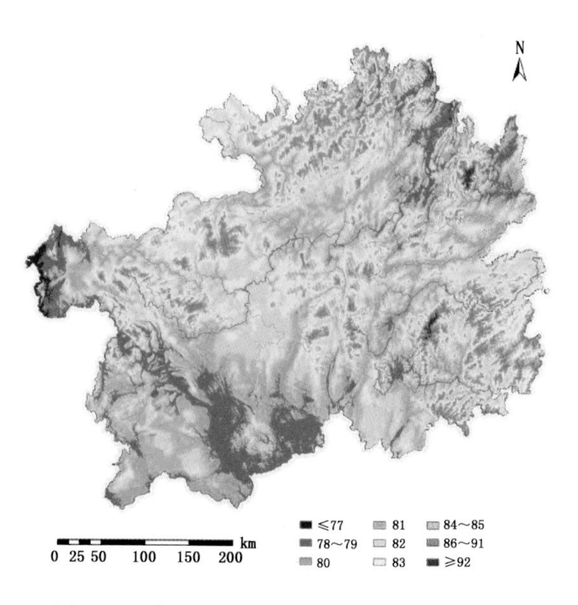

图 5.15　贵州省年平均相对湿度(%)空间分布

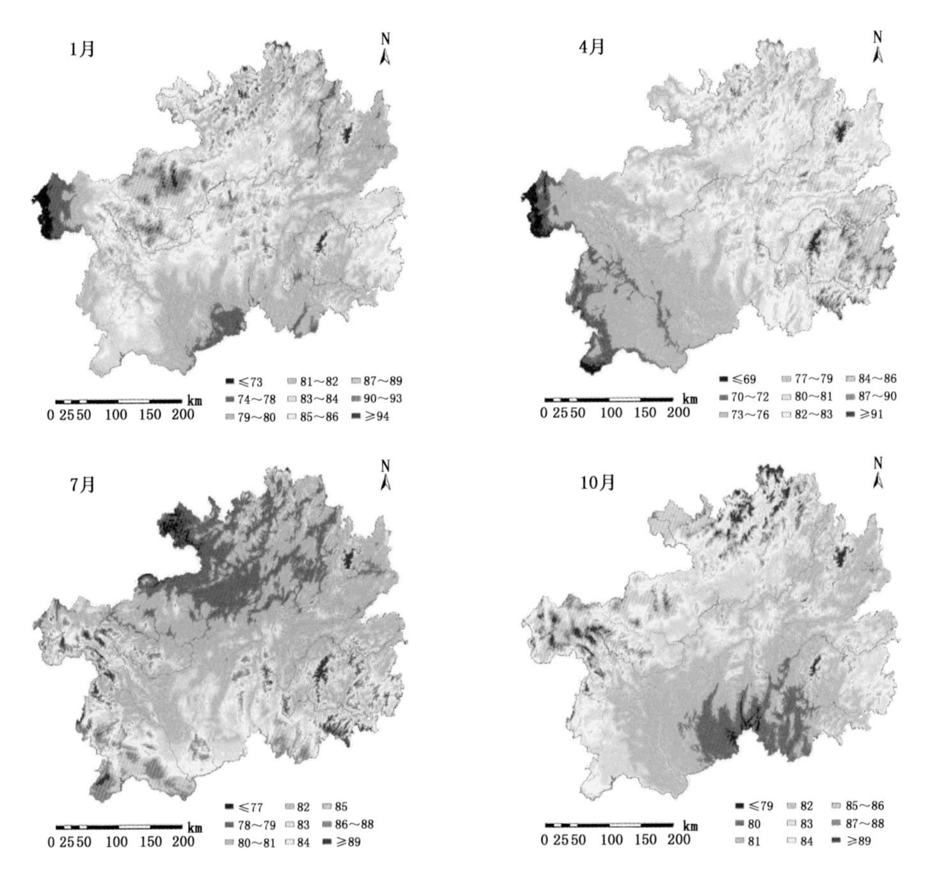

图 5.16　贵州省各月平均相对湿度(%)空间分布

5.7　雨日数

5.7.1　雨日数区划方法及实现

一日内降水量≥0.1 mm 为一个雨日，雨日数是指一年内≥0.1 mm 的降水日数。夜雨日数是指 20：00—08：00 之间的夜间降水量≥0.1 mm 的日数。利用 GCV 和 GML 检验方法，实验模型为薄盘光滑样条函数和局部薄盘光滑样条函数，经过独立变量、协变量和样条次数多种组合。具体步骤同降水量区划方法，最终选择利用高程作为协变量的三变量局部薄盘光滑样条函数，样条次数为二次。

统计表明，使用局部薄盘光滑样条函数模型模拟贵州山地复杂地形下降水量分级与夜雨日数有较好的效果，表 5.11 给出了误差分析结果，年雨日数绝对误差为 8.0 d。月夜雨日数绝对误差在 0.5～0.8 d 之间，年平均夜雨日数由于实际基数大因而产生了较大的绝对误差。

表 5.11　贵州省夜雨日数精度分析

时间	1 月	2 月	3 月	4 月	5 月	6 月	7 月	8 月	9 月	10 月	11 月	12 月	年
绝对误差(d)	0.8	0.8	0.7	0.6	0.6	0.6	0.5	0.6	0.6	0.7	0.7	0.7	7.3

5.7.2　雨日数空间分布特征

贵州省雨日数空间分布呈现西北部多、东部和南部较少的趋势，其中，全省西北部雨日数在 200 d 以上，东部和南部少于 180 d，北部及中部地区介于 180～200 d 之间(图 5.17)。

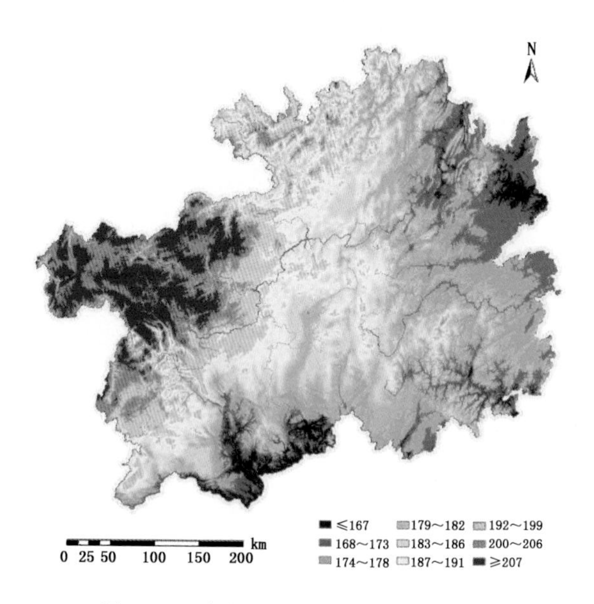

图 5.17　贵州省年雨日数(d)空间分布

虽然贵州省雨日数多，但大多数是夜雨，夜雨日数总体趋势和雨日数一致，呈现西北部多、东部和南部少的趋势(图 5.18)，其中，西北部夜雨日数为 180 d 以上，东部和南部夜雨日数少于 130 d，北部及中部地区介于 130～180 d 之间。贵州省夜雨多，通过降水清洗，可冲刷白天人为活动产生的气溶胶和污染物气体，有效改善空气环境质量。

贵州省夜雨日数各月空间差异也十分明显(图 5.19)，其中，1 月夜雨日数与年夜雨日数趋势较为一致，全省西北部在 15 d 以上，南部及东北部低于 10 d；4 月夜雨日数主要集中在北部和中部一带，为 15 d，西北部夜雨日数相对较少；7 月夜雨日数主要集中在全省西南部，在 15 d 以上，东部夜雨日数相对较少，在 10 d 以下；10 月夜雨日数主要集中在全省西北部，在 15 d 以上，东北部夜雨日数相对较少，在 12 d 以下。

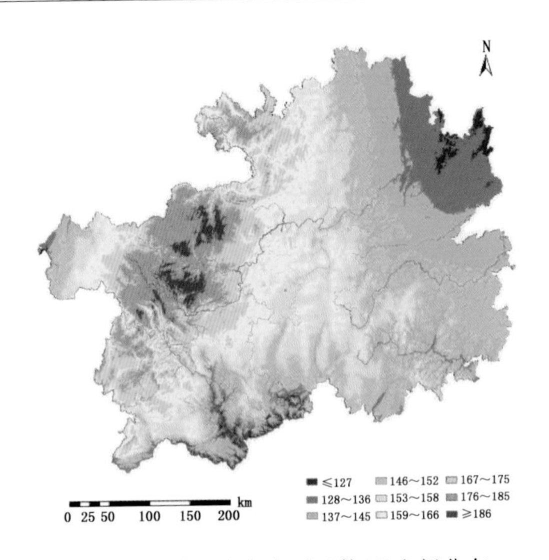

图 5.18 贵州省年夜雨日数(d)空间分布

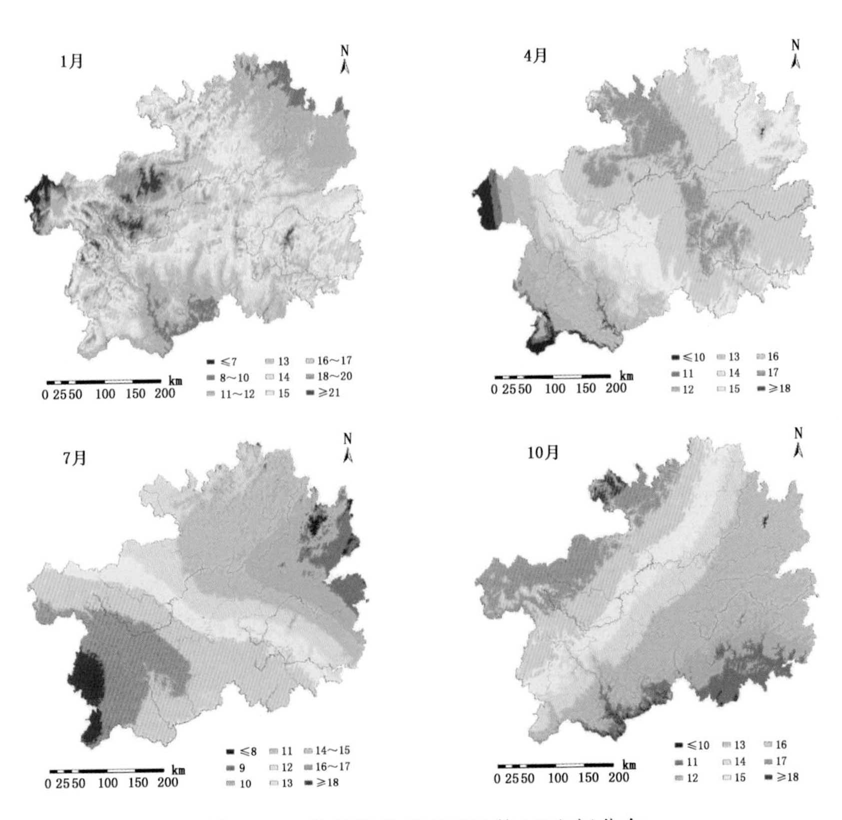

图 5.19 贵州省各月夜雨日数(d)空间分布

5.8　风速

从图 5.20 可以看到除了高海拔地区平均风速在春季为 3～4 m/s 外，在其他季节和大部分地区平均风速多为：春夏两季 2～3 m/s；秋季 1～2 m/s；冬季 1～3 m/s。总的说来，贵州省各地的风速比较温和。

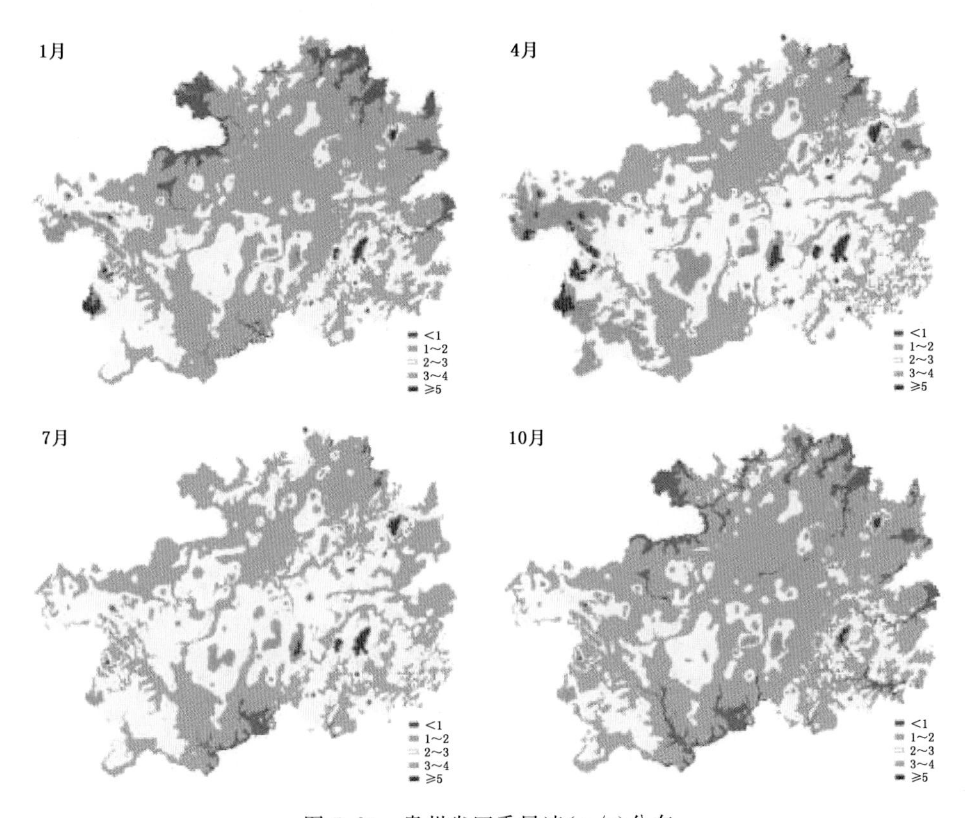

图 5.20　贵州省四季风速（m/s）分布

5.9　气象舒适度

应用气候曲面插值结果高分辨率数据，根据旅游气象舒适度（SD）公式、人体舒适度划分标准（详细公式和标准见本书第 4 章），得到贵州省 1.0 km×1.0 km 的旅游气象舒适度时空分布图。

5.9.1　春季分布特征

春季舒适度分布特征见图 5.21。春季（3—5 月）舒适度分布与海拔高度关系密切。3—4 月，除了梵净山、雷公山、遵义北部和毕节西部高海拔地区，因温度较低，为不舒适外，大部分地区属于舒适度条件较好的凉舒适状态；黔西南州、黔南州和黔东南州的舒适度最好。5 月，整个贵州省基本均处于最佳舒适度状态，十分适合户外旅游休闲。

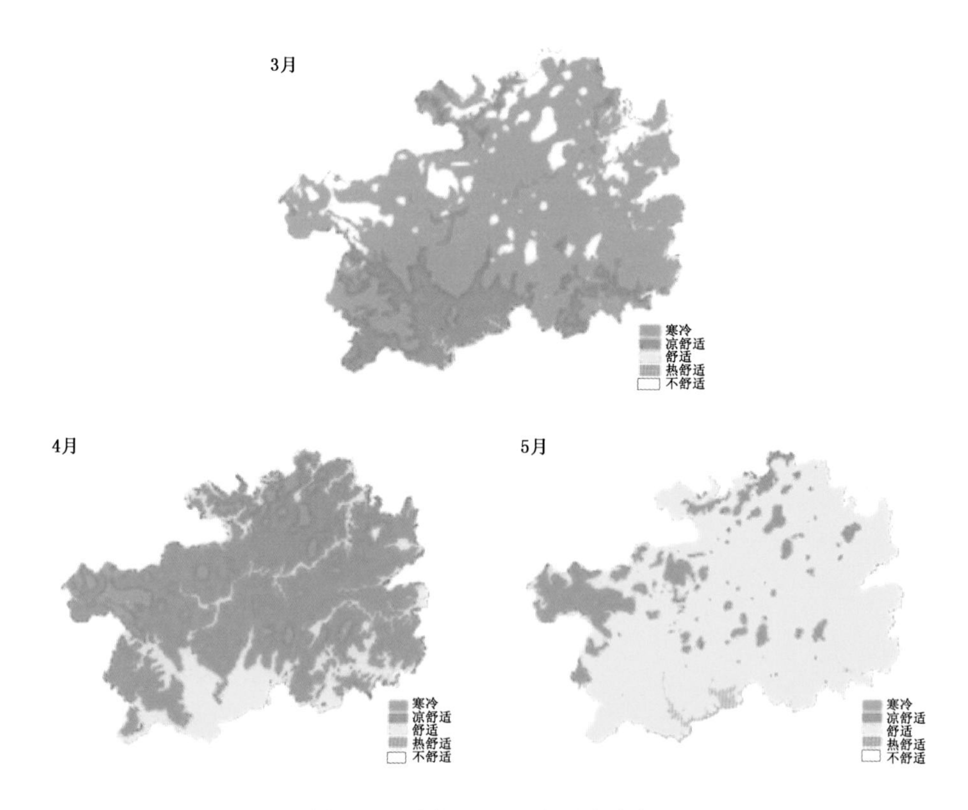

图 5.21　贵州 3—5 月舒适度分布

5.9.2　夏季分布特征

夏季(6—8 月)舒适度分布见图 5.22。6 月，除东部少部分低海拔地区，舒适度等级属于较差状态外，大部分地区处于最舒适状态。7—8 月，最舒适地区集中在中部和西北部(贵阳、安顺、六盘水、黔西南和毕节等地)，这些区域气象舒适度非常理想，夏季气候条件对开展户外休闲、旅游活动十分有利，适宜开展各种避暑旅游活动。贵州省东部和南部大部分地区，在一年中最热的 7—8 月，户外舒适度仍然处于热舒适状态。

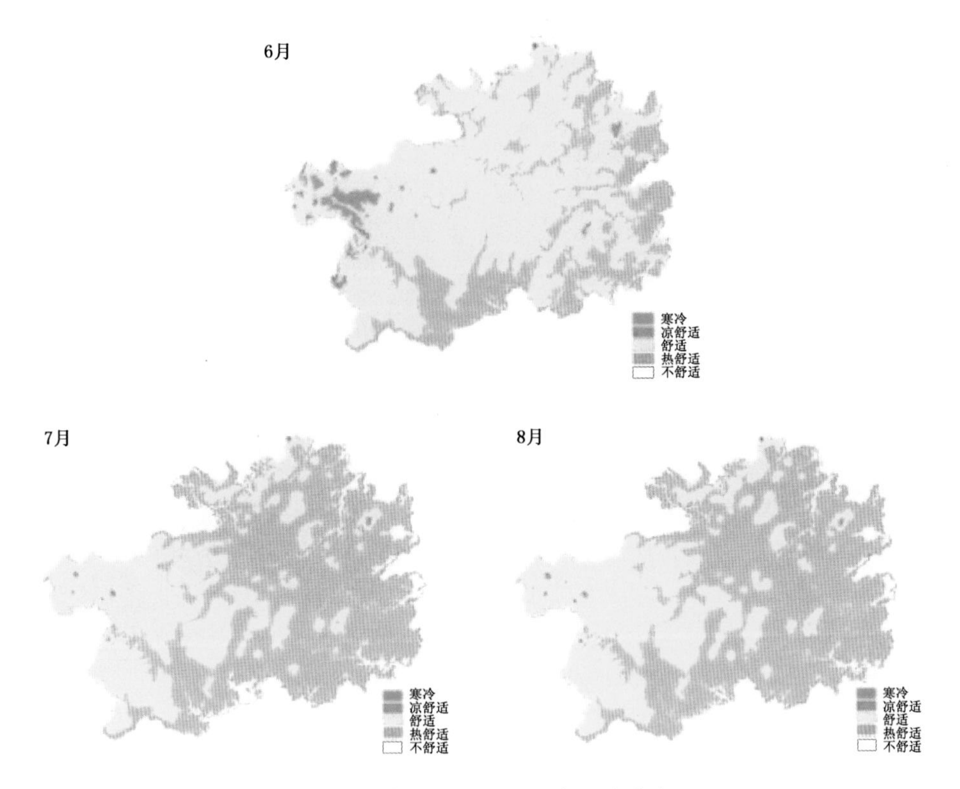

图 5.22　贵州夏季 6—8 月舒适度分布

5.9.3　秋季分布特征

秋季(9—11 月)舒适度分布见图 5.23。9 月，除南、北盘江河谷少部分地区为热舒适外，绝大部分地区处于气候凉爽舒适状态，非常适宜开展各种户外旅游休闲活动。10 月，除高海拔地区外，其余地区均处于凉舒适和最舒适状态。11 月，南部大部分地区处于凉舒适状态。

5.9.4　冬季分布特征

冬季(12 月—翌年 2 月)舒适度分布见图 5.24。除南部边缘河谷地区为凉舒适度外，大部分地区属于较差的不舒适状态。冬季，长时间处于云贵静止锋锋后，多低温连阴雨天气，一些年份还会出现凝冻天气。由于温度偏低、空气湿度大，冬季旅游气象舒适度大大降低，只在南部和西南部海拔较低地区较为适合大力推广和开展各种旅游、休闲及户外活动。

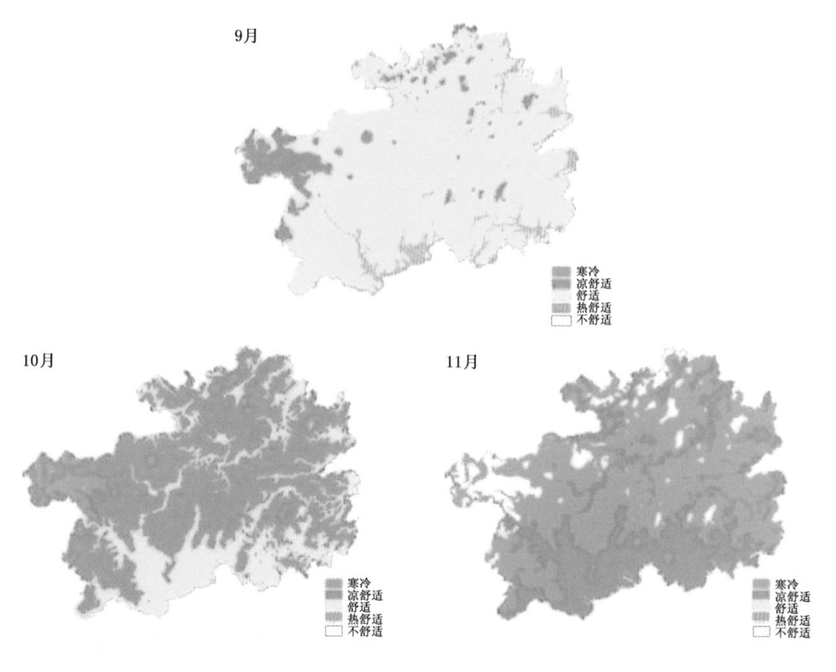

图 5.23 贵州秋季 9—11 月舒适度分布

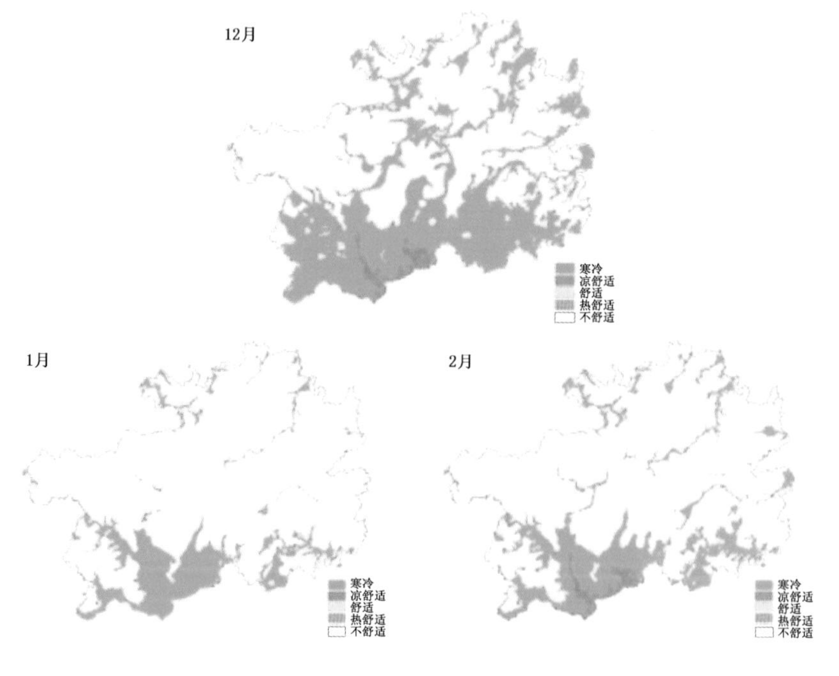

图 5.24 贵州冬季 12 月—翌年 2 月舒适度分布

综上所述，贵阳、六盘水、安顺、兴义、毕节和都匀等地区，以及黔东南州和铜仁较高海拔地区（如雷公山脉、梵净山脉周边各县）非常适合开展夏季避暑旅游，为“避暑旅游气候品牌打造”提供了科技支撑。同时，全年大部分时间旅游气象舒适度条件比较好，除适合开展避暑旅游外，还具备适宜旅游季节向春季和秋季延伸的有利条件。除7 月中下旬和 8 月上中旬外，黔东南州中低海拔地区旅游气候条件也较好。

对贵州省旅游气候及旅游气象舒适度研究表明：除中部和西部最适合避暑旅游外，其他地区还适宜春秋旅游。大多数风景名胜区适宜旅游期长达 10 个月以上，最佳旅游期也很长，均在 6～7 个月以上。南部、东部的黔南州和黔东南州等地春秋旅游气候资源也相当丰富。

第6章 贵州省旅游气候资源品牌论证与应用

长期以来，贵州省受“天无三日晴”偏见影响，加之地形复杂、立体气候明显，缺乏适合全省各旅游景点和旅游目的地的高分辨率气象数据，制约了贵州省旅游气候资源的评价和开发。根据气象部门创立的避暑旅游气候评价体系，以及高分辨率精细化区划技术，针对贵州省旅游气候特点开展了“中国避暑之都·贵阳”“中国凉都·六盘水”“阳光城·威宁”等气候和环境优势论证工作，避暑旅游多个品牌得到了中国气象学会认证，为贵州特色旅游产业发展提供了气候方面的科学依据。通过避暑旅游品牌打造和品牌延伸战略，使贵州省有6个城市或地区跨入中国著名避暑旅游排行榜，在此雄厚的避暑旅游气候品牌群基础上成就了中国独一无二的金字招牌——避暑旅游天堂。

6.1 “天无三日晴”新解

“天无三日晴”是古人对贵州省天气状况某些特点的描述，本身并无褒贬之意，但却给许多人造成了贵州省阴雨绵绵的坏印象。“天无三日晴”这句话一直是笼罩在贵州人身上的一种“自卑情结”，经历了几百年历史变迁后，在贵州省经济和社会各方面综合快速发展的基础上，需要以科学发展的眼光重新审视曾被人不屑一顾的气候“劣势”，并加以综合利用。据气象观测资料统计，贵州省出现的阴天日数实际上少于邻近的四川盆地。到过贵州的人都知道贵州省气候之好是国内少有的。20世纪著名散文学家徐迟随中外考察团对贵州省进行考察，随后写了一篇散文——《贵州本是富贵省》，刊登在1990年的《人民文学》第9期上。徐迟先生从文学家的角度对贵州俗谚“天无三日晴”作了解释，认为这是一句赞美词：天无三日晴，就是有二日晴了，接着就是三日阴，二晴三阴，如此循环，正是地球上的最佳气候。

根据大量的观测资料分析，贵州山区有如下的晴雨规律：

(1)昼晴夜雨

贵州省降水多发生在夜间，4—6月尤为突出。夜间降水量占总降水量的70%左右，部分地区高达80%以上。最热的7和8月，白天降水日渐明显，有降温作用；9和10月，夜雨又开始增多，而且较强降水也多发生在夜间。4—6月，夜间暴雨频率高达88%，降水时段多在下半夜和凌晨。雨水对大气环境中的气溶胶等颗粒物有清洗作用，次日空气湿润清新，游客徜徉在林中水边倍感惬意，神清气爽。

昼晴夜雨，除了因大气环流系统这一天气因素外，地形条件造成的局地大气动力、热力条件变化也是一个重要因素。贵州省地处低纬度高原山区，属东亚喀斯特地貌发育的中心地带，境内山峦纵横，河谷深切。从地形气候学分析，山间盆地河谷地带，白天由于谷底水体热容量较大，增温幅度不如两侧坡地大，近地层大气较稳定，不易产生降水。夜间由于坡地地面长波辐射较水体多，坡地近地层的冷空气沿山坡下滑到谷底，同时将谷底附近的暖湿气块抬升冷却凝结致雨。贵州省许多盆地河谷地带多夜雨也就不难理解了，昼晴夜雨也成了贵州省的特色气候之一。

(2)雨量充沛

贵州省地处 24°30′～29°13′N，北半球同纬度地区，处于高气压带，多下沉气流、干旱少雨，如同纬度的印度、阿拉伯半岛和利比亚等地，分布着连片的沙漠，但贵州常年雨量充沛，气候温和，植被繁茂，作物生长旺盛，可谓得天独厚。水是生命之源，正是因为贵州“天无三日晴”，多雨水，十天半月不耕地便会长出茂密的草丛。尽管喀斯特地貌占贵州全省总面积的 73%，但一眼望去仍然一片葱绿，不但长出了苔藓、草丛和灌木，还在石头上长出了高大的森林。正因为“天无三日晴”，才孕育了青山绿水、河流、瀑布、奇泉和湖泊，拥有“天然大空调”功能，以致贵阳获得“上有天堂、下有苏杭、气候宜人数贵阳”的美称。

(3)雨日呈减少趋势

20 世纪 60 年代至今，降水日数变化趋势的研究表明(图 6.1)：在年平均降水量没有明显减少的情况下，贵州省年平均降水日数出现减少趋势，并通过了置信度为 99.9%的检验。这表明与过去相比，贵州省晴好天气有增加趋势。

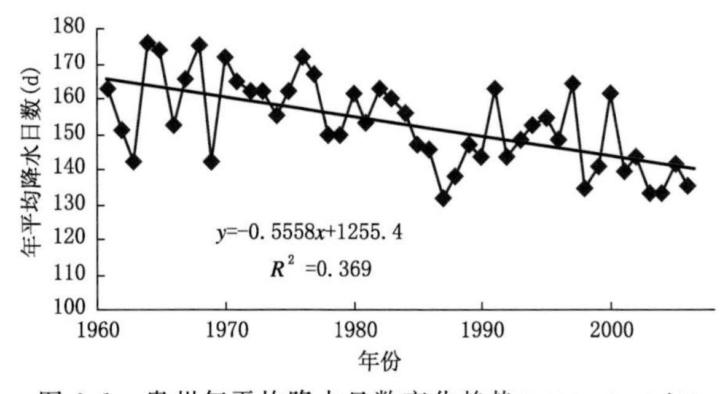

图 6.1　贵州年平均降水日数变化趋势(1961—2006 年)

通过以上分析可知，尽管贵州省雨日较多，但大多为昼晴夜雨，这便是“喜雨”而不是“怨雨”了。正因雨水充足，阳光和煦，才孕育了贵州省大地万物竞生、山泉清澈、风光绮丽、人杰地灵的良好环境。

得益于贵州省太阳辐射、大气环流、地理位置、地形地貌的巧妙配合，才有“天无三日晴”现象。在植物生长期，降水量最多，日照时数占全年总日照时数的 60%～70%，太阳辐射量占全年总辐射量的 63%～70%，光、热、水均能满足植物生长的需要。贵州省水热同季配合得如此之好，简直是“天作之合”。风雨适时，这便叫作“风调雨顺”。风调雨顺往往与五谷丰登联系在一起，这就是贵州的“天时、地利”，为打造“中国避暑天堂”提供了可能。

6.2 从“天无三日晴”到“中国避暑之都·贵阳”

6.2.1 贵阳市避暑气候特征分析

气候资源是旅游资源的重要组成部分，避暑型舒适型气候资源是旅游资源中的稀缺性资源。下面，通过对贵阳市气候资源的分析，探明贵阳市避暑气候特点及优势。

(1)气温

气温是一个地区气候及旅游舒适条件中最敏感的气象要素之一。不论与中国同纬度城市，还是与其他避暑旅游城市相比，贵阳市夏季温度条件优势明显。表 6.1 是贵阳市各区(市、县)的月平均气温。

表 6.1 贵阳市各区(市、县)全年各月平均气温 单位:℃

月份	1	2	3	4	5	6	7	8	9	10	11	12
贵阳	4.9	6.6	10.7	16.0	19.4	22.0	23.7	23.4	20.5	16.1	11.8	7.3
清镇	4.1	5.8	9.8	15.0	18.4	20.9	22.6	22.3	19.3	15.1	10.8	6.4
修文	3.5	5.2	9.2	14.4	18.0	20.7	22.4	21.9	18.7	14.5	10.1	5.7
开阳	2.2	3.8	7.7	13.4	17.2	20.0	22.1	21.8	18.5	13.9	9.3	4.6
息烽	4.0	5.8	9.8	15.4	19.0	21.7	24.1	23.5	20.1	15.4	10.9	6.2

贵阳市温度时空分布为，1 月最冷，月平均气温最低为 2.2 ℃(开阳)；7 月最热，月平均气温为 22.1(开阳)～24.1 ℃(息烽)。可见贵阳市夏季避暑温度条件十分宜人(见本书第 4 章)。

(2)空气相对湿度

夏季和冬季，空气相对湿度对人的舒适性影响最大。夏季，贵阳市空气相对湿度介于 76%～79%之间，最为宜人。图 6.2 为贵阳市夏季最热月份 7 月平均空气相对湿度空间分布。

研究表明：当气温介于 21.0～27.0 ℃之间、空气相对湿度超过 80%时，人体会感到不舒适。夏季，贵阳市空气相对湿度约为 76%～79%。而 7—8 月，丽江和大理的空气相对湿度均大于 80%，气候偏潮湿；6 月，哈尔滨的空气相对湿度小于 65%，

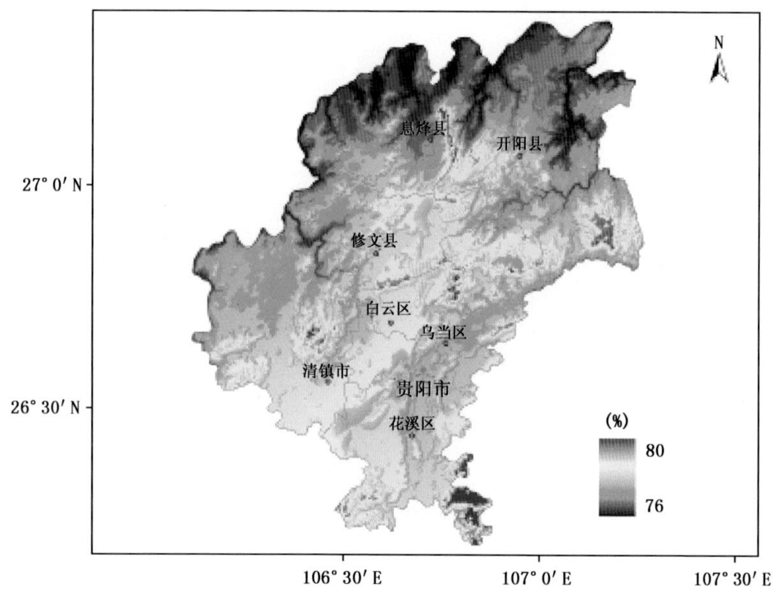

图 6.2　贵阳市 7 月相对湿度空间分布

空气过于干燥。过湿和过于干燥的气候条件都会影响到旅游者的舒适感。

(3)风速

风速在较冷的冬、春两季对旅游者影响最大,其他季节也有影响。夏季微风会给人以舒适的感觉。贵阳市风速多为微风级别,静风天气少,非常适合旅游,尤其是避暑旅游。图 6.3 为贵阳市 7 月多年平均风速空间分布。由图 6.3 知,除海拔略高的开阳为 3.3 m/s 外,其他地方基本≤3.0 m/s,属于微风。因此,风速对避暑旅游非常适宜。

夏季,微风带走人的汗液,人体感觉舒适,静风则会大大影响人体舒适度。一定风速条件下,静风天气越少,该地区舒适度条件就越好。图 6.4 为部分城市最热月静风频率(风速≤0.2 m/s),数值越大表示有风的频率越小。除东北、西北和沿海外,中国南方几个省会城市中,贵阳市最热月的静风频率最小(26%),昆明次之(30%),成都最大(42%),这也是夏季在相同温度条件下,贵阳会感到凉爽,成都会感觉闷热的原因之一。

(4)温度、空气相对湿度和风速综合评价

由环境卫生学获知:气温 24.0 ℃、空气相对湿度 70%、风速 2.0 m/s 是夏季人体最舒适的小气候环境。以贵阳市主城区为例,夏季(6—8 月)温度、空气相对湿度和风速多年平均值分别为 23.0 ℃、76%～79%和 2.1 m/s。温度、空气相对湿度和风速综合分析表明:贵阳市非常符合避暑气候舒适度指标。

(5)紫外线辐射特征

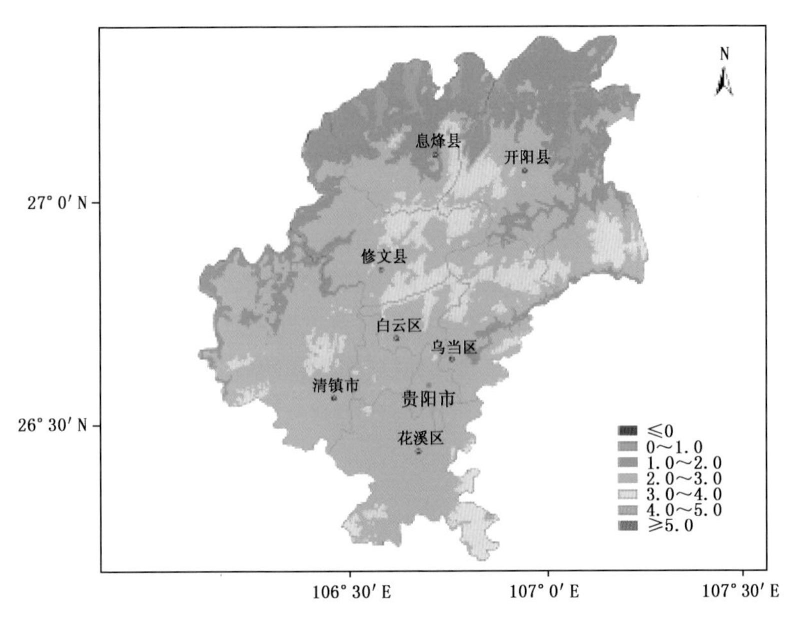

图 6.3　贵阳市 7 月平均风速(m/s)空间分布

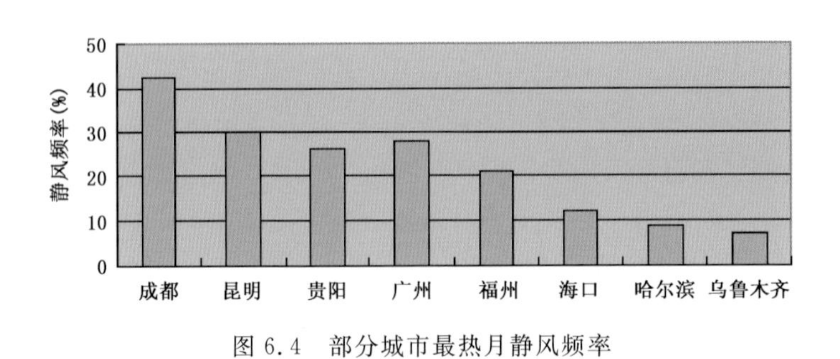

图 6.4　部分城市最热月静风频率

户外旅游，自然关心阳光中紫外线辐射强度以及可能对人体造成的不良影响。中国气象局根据紫外线辐射强度及其对人体的影响进行了等级划分(表 6.2)。

表 6.2　紫外线强度等级划分表

UV 辐射量(W/m^2)	级别	强度	对人体造成影响的时间(min)
0～5	1 级	很弱	100～180
>5～10	2 级	弱	60～100
>10～15	3 级	中等	30～60
>15～30	4 级	强	20～40
>30	5 级	很强	<20

图6.5为贵阳市2004—2005年7—9月(紫外线辐射最多时段)晴天、多云、阴天三种天气条件下紫外线辐射观测值。

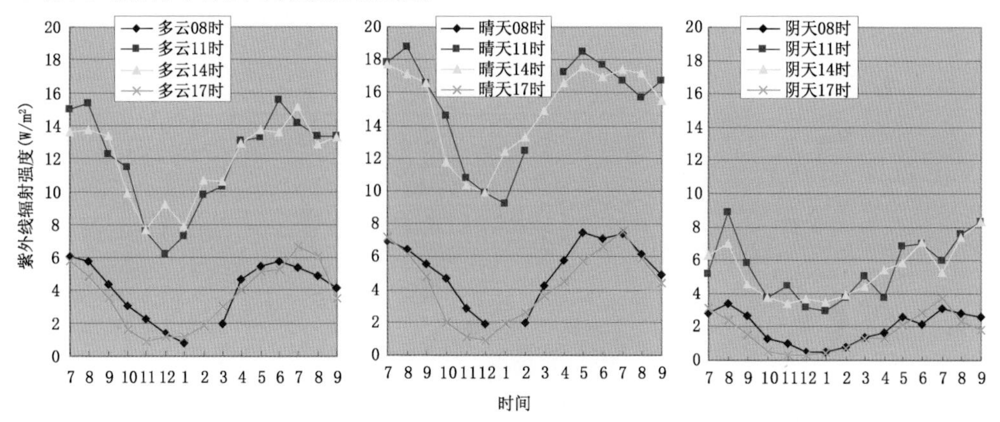

图6.5　贵阳市夏季(7—9月)不同天气条件下的紫外线辐射强度(W/m²)

晴天时,只在12—14时紫外线辐射强度约为19 W/m²(紫外线辐射强度正午接近强量级>15～30 W/m²的下限),其他大部分时间小于或等于15 W/m²(紫外线辐射强度在大部分时间为中等量级);多云时,所有时段均小于15 W/m²(紫外线辐射强度为中等及其以下量级);阴天时,所有时段均小于10 W/m²(紫外线辐射强度为弱等以下量级)。

7,8,9月贵阳市平均总云量分别为8.0,7.2,7.4成,即以多云天气和阴天为主。贵阳市只有在晴天时中午很短时间内紫外线强度达到4级,外出只需适当戴遮阳帽和太阳伞即可,其他绝大部分时间紫外线强度为弱和很弱,为3级和3级以下。可见,贵阳市夏季紫外线辐射弱,对人体的影响很小,户外旅游的舒适度高。

研究表明:到达地面的紫外线辐射强度受地理位置、云量、海拔高度、臭氧浓度、季节、天气状况、大气清洁度及太阳总辐射等因素的影响。一般来说,海拔越高,空气越稀薄,紫外线被散射越少,到达地面的紫外线辐射量就越大。但由于云对紫外线辐射的减弱作用十分明显,阴天时到达地面的紫外线辐射比晴空情况下减少30%～50%。贵阳市处于中国总云量最多的区域(图6.6),中低层大气中水汽含量较为充沛,近地面层空气相对湿度大,对到达地面的紫外线辐射衰减较强。

紫外线辐射弱,户外旅游舒适度高,这些明显优于其他避暑城市的条件是贵阳市适宜避暑旅游的最大优势之一。

(6)海拔高度对舒适度的影响

贵阳市地处云贵高原东侧,平均海拔高度在1 100 m左右。在高原,避暑气候和气候的舒适性除了受气温、湿度、风速、辐射影响外,在一定程度上还受到气压的影响。

因此,气压也应作为舒适性评价因子加以考虑。气压主要通过氧分压影响人体。随着海拔高度上升,空气变稀薄,氧分压随之降低。海拔高度达一定高度后因缺氧人体会产生不适。海平面氧分压为 212 hPa,海拔 3 000 m 高度只有 146 hPa,减少了 31%。长期生活在平原地区的人一般只能适应氧分压 20%的减少,超过此值会引起明显不适。

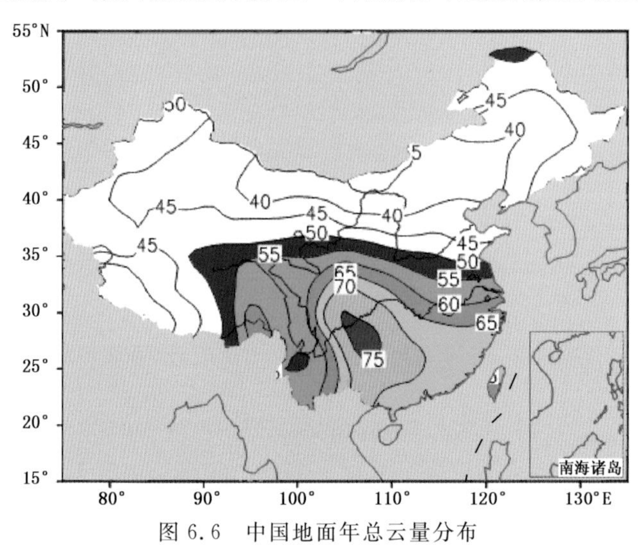

图 6.6 中国地面年总云量分布

据实验研究,最适合人类生存的海拔高度是 500～2 000 m,适合人类生存的大气压范围是 750～950 hPa。一般把海拔 2 000～2 500 m 作为运动员高原训练的最佳高度,而长期生活在平原的中老年人和孕妇到达这一高度则对其身体不利。海拔 500 m 以下因气压较高,空气密度较大,人体负担较重;海拔高于 2 500 m,大气压力较低,空气中氧含量减少,人体呼吸困难出现高山反应。一般认为,从平原地区一下子到高原,海拔 1 500 m 是对人体生理功能发生影响的临界高度。

从贵阳市与部分高原旅游城市的海拔高度(图 6.7)的比较可知:贵阳市的海拔高度在这些夏季较凉爽城市中位置最佳。贵阳市海拔条件有利于增大肺呼吸量和氧气的吸入量,增加动脉中的氧分压,增强人体血液循环系统的功能。因此,贵阳市海拔高度适中,是人们进行旅游、会议、避暑休闲和居住的理想之所。

(7)降水和夜雨

降水丰富、多夜雨使贵阳市的旅游气候和生态环境条件更加优越。贵阳市年降水量约 1 100 mm,夏季(6—8 月)约 500 mm。丰富的降水雨露滋润了环城林带,使森林茂盛,为各种动物提供了优良的天然栖息场所;也源源不断地为众多湖泊和河流提供了丰富的水源补充。夏季,虽然雨日多,但与东部平原地带炎热夏天午后降雨最多的情形不同,由于地形起伏较大,白天太阳辐射使地面和空气获得的热量不同,快

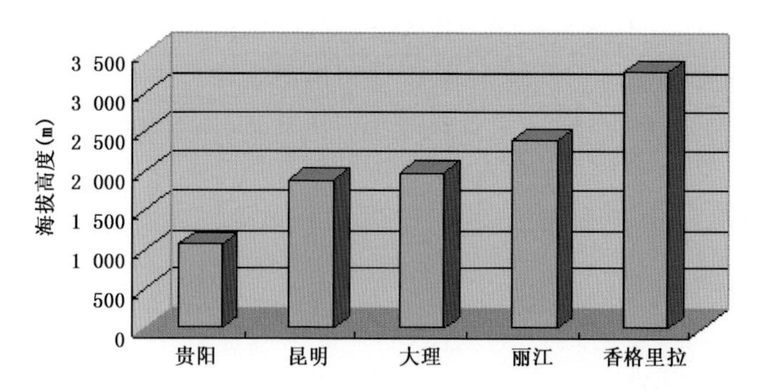

图 6.7　贵阳市与部分高原旅游城市海拔高度比较

要日落时，地面接收的短波辐射减少，夜晚向太空中释放的长波辐射增加，地面温度下降，随之气温也渐渐下降，密度较大的冷空气开始下沉，逐渐将山谷中原来的暖空气抬升，当抬升到一定高度水汽达到饱和时就会形成夜雨。

气象资料统计表明：贵州各地夜间降水现象普遍，年夜间降水量占年总降水量的60%以上，贵阳市约为 70%。一般说来，黎明之前贵阳市夜雨强度最大，待天亮降雨逐渐停止。夜雨就像一次天然“淋浴”，把由于白天人类活动产生、随上升气流带到空中的气溶胶和污染颗粒物洗涤干净。夜雨过后，清晨空气清新、能见度良好。这是长期以来贵阳市空气质量优良比例在全国省会城市中位居前列的重要原因之一。

6.2.2　避暑气候舒适度

(1)舒适度最佳指标

研究表明：夏季舒适度最佳指标为：气温 24.0 ℃、空气相对湿度 70%、风速 2.0 m/s。贵阳市各地除相对湿度略高 6%～9%外，其他指标均非常好，达到了舒适度最佳指标要求。由于天气是不断变化的，不可能保持恒定。因此，有必要计算在不同温度、湿度和风速组合条件下的舒适度指数。

(2)人体舒适度指数的计算和划分

根据第 4 章旅游气象舒适度公式(4.2)，计算了贵阳市各地、各月舒适度指数(表 6.3)，贵阳市夏季(6—8 月)舒适度指数(表 6.4)为舒适和很舒适。贵阳市区和息烽

表 6.3　贵阳市各地的舒适度指数

月份	1	2	3	4	5	6	7	8	9	10	11	12
贵阳市区	−3	−2	−2	−1	0	0	0	1	0	0	−2	−3
清镇市区	−3	−2	−2	−1	0	0	0	1	0	0	−2	−3
修文县	−3	−2	−2	−1	0	0	0	1	0	0	−2	−3
开阳县	−3	−2	−2	−1	0	0	0	1	0	0	−2	−3
息烽县	−3	−2	−2	−1	0	0	1	1	0	0	−2	−3

表 6.4 贵州省旅游气候舒适度标准

等级	舒适度指数 SD	分类	说明
−4	≤25	不舒适	很冷,感觉很不舒服,有冻伤的危险
−3	26～40	较不舒适	冷,大部分人感觉不舒服
−2	41～50	较舒适	微冷,部分人感觉不舒服
−1	51～58	舒适	凉舒适,大部分人感觉舒服
0	59～68	很舒适	舒适,绝大部分人感觉舒服
1	69～74	舒适	暖舒适,大部分人感觉舒服
2	75～77	较舒适	微热,部分人感觉不舒服
3	78～85	较不舒适	热,大部分人感觉不舒服
4	≥86	不舒适	闷热,感觉不舒服

春、秋两季多为很舒适,夏季为舒适。清镇、修文和开阳,春、秋两季为很舒适,夏季为很舒适和舒适。与公众多年来的感受相一致。

6.2.3 避暑气候比较优势

气候条件是旅游者选择游览目的地和路线的重要因素,尤其是那些夏季避暑和冬季避寒胜地,更是游人追逐的对象。世界各国为适应游客的这种心理需求和动向,有计划地布局了一些旅游气候适宜的中心城镇,从而改变了原来的旅游点区位面貌。随着旅游业的大规模发展,这种向避暑、避寒胜地发展的趋势还会有所加强。贵阳市最大的旅游气候优势在于夏季避暑旅游。

中国及世界著名避暑旅游城市的气候条件比较分析表明:贵阳市的避暑气候条件是中国最好的。在我国,夏季避暑气候资源条件较好的旅游城市主要分布在云贵高原的贵阳到昆明、丽江一线,东北沿松花江的哈尔滨到佳木斯一线,以及西部部分高原城市。国外避暑旅游地主要有意大利、瑞士和日本等地。比较夏季国内外主要避暑旅游城市气候特点(表 6.5、表 6.6),低纬度高原山地季风气候条件下,贵阳市夏季避暑旅游气候资源有如下特征:

表 6.5 国内外主要避暑城市夏季气候特点比较

序号	城市	最热月平均气温(℃)	夏季相对湿度(%)	夏季平均风速(m/s)	年日照时数(h)	年降水量(mm)	沙尘日数(d)	海拔高度(m)
1	贵　阳	23.7	76	2.0	1 254	1 127	0	1 071
2	兴　义	22.6	84	2.4	1 620	1 478	0	1 250
3	昆　明	20.0	81	1.7	2 070	1 011	0	1 892
4	大　理	20.1	81	1.6	2 284	1 079	0	1 991
5	哈尔滨	23.6	73	3.3	2 641	524	3	142
6	佳木斯	21.1	77	2.8	2 384	516	1	80
7	沈　阳	24.6	78	2.9	2 574	728	1.1	45
8	丹　东	23.2	86	2.5	2 544	1 028	0.1	14

续表

序号	城市	最热月平均气温(℃)	夏季相对湿度(%)	夏季平均风速(m/s)	年日照时数(h)	年降水量(mm)	沙尘日数(d)	海拔高度(m)
9	大连	23.9	83	4.3	2 765	648	0.2	92
10	长春	23.0	78	3.5	2 644	593	1.9	237
11	四平	23.6	78	2.8	2 786	657	0.9	350
12	承德	24.4	72	1.1	2 815	545	0.4	386
13	兰州	22.4	59	1.1	2 608	312	3	1 517
14	西宁	17.2	64	1.5	2 762	374	3	2 295
15	银川	23.4	62	2.0	3 040	186	10	1 110
16	札幌	21.7	77	2.5	1 805	1 131	—	17
17	佛罗伦萨	23.0	66	—	1 884	912	—	38
18	日内瓦	19.1	66	—	1 694	852	—	420

表 6.6 中国国内夏季凉爽城市气候条件比较

序号	城市	最热月平均气温(℃)	最热月平均湿度(%)	夏季平均风速(m/s)	年日照时数(h)	年降水量(mm)	沙尘日数(d)	海拔高度(m)
1	贵阳	23.7	77	2.0	1 254	1 127	0	1 071
2	六盘水	19.8	84	2.0	1 460	1 208	0	1 815
3	安顺	22.0	81	2.3	1 261	1 346	0	1 431
4	兴仁	22.2	82	1.7	1 587	1 324	0	1 379
5	毕节	21.8	78	1.1	1 263	952	0	1 511
6	昆明	20.0	83	1.9	2 070	1 004	0	1 892
7	大理	20.1	80	1.6	2 284	1 079	0	1 991
8	丽江	18.0	81	2.3	2 514	934	0	2 392
9	楚雄	20.8	75	1.3	2 361	816	0	1 772
10	思茅	21.8	86	1.0	2 050	1 546	0	1 302
11	拉萨	15.4	54	1.8	3 008	431	6	3 649
12	昌都	16.1	64	1.4	2 776	481	7.9	3 306
13	那曲	8.8	71	2.4	2 882	410	7.3	4 507
14	日喀则	14.5	53	1.5	3 233	414	8.6	3 836
15	榆林	23.4	62	2.5	2 886	410	13.8	1 157
16	承德	24.4	72	1.1	2 815	545	0.4	386
17	太原	23.5	72	2.0	2 676	456	3.3	778
18	大同	21.8	66	2.4	2 822	381	4.5	1 060
19	呼和浩特	21.9	64	1.6	2 971	419	8.4	1 063
20	海拉尔	19.6	71	3.1	2 805	351	13.0	610
21	锡林浩特	20.8	62	3.2	2 916	287	7.6	1 003
22	沈阳	24.6	78	2.9	2 574	728	1.1	45
23	丹东	23.2	86	2.5	2 544	1 028	0.1	14
24	大连	23.9	83	4.3	2 765	648	0.2	92

续表

序号	城市	最热月平均气温(℃)	最热月平均湿度(%)	夏季平均风速(m/s)	年日照时数(h)	年降水量(mm)	沙尘日数(d)	海拔高度(m)
25	长　春	23.0	78	3.5	2 644	593	1.9	237
26	四　平	23.6	78	2.8	2 786	657	0.9	350
27	哈尔滨	22.8	77	3.5	2 641	536	2.4	142
28	嫩　江	20.6	78	3.9	2 694	485	1.4	242
29	大　庆	22.9	74	3.5	2 658	436	1.5	140
30	牡丹江	22.0	76	2.1	2 559	536	0.3	241
31	马尔康	16.4	75	1.2	2 208	766	0.1	2 664
32	甘　孜	14.0	71	1.7	2 678	659	0	3 394
33	酉　阳	25.4	82	0.8	1 121	1 376	0	664
34	西　昌	22.6	75	1.3	2 445	1 003	0	1 591
35	延　安	22.9	72	1.6	2 440	543	3.1	959
36	兰　州	22.2	61	1.3	2 608	323	3.9	1 517
37	玉　门	21.5	45	3.5	3 280	63	11.7	1 527
38	酒　泉	21.8	52	2.3	3 056	86	14.7	1 477
39	天　水	22.6	72	1.2	1 974	538	1.0	1 200
40	西　宁	17.2	65	1.9	2 762	367	8.1	2 295
41	格尔木	17.6	36	3.5	3 091	40	15.4	2 808
42	阿勒泰	22.1	47	3.0	2 991	175	1.1	735
43	伊　宁	22.6	58	2.4	2 786	256	2.3	663

(1)夏季温度适宜

贵阳市夏季温度属于凉爽舒适型,除昆明、大理外,同一纬度无一城市能与贵阳市媲美,中低纬度的贵阳市与高纬度地区夏季温度非常接近,与意大利著名旅游城市佛罗伦萨相当,与著名的避暑胜地庐山可以相提并论。

(2)夏季湿度适中

人体生理感觉舒适的最佳空气相对湿度为70%左右。夏季,贵阳市空气相对湿度为75%左右,与国内外其他避暑旅游城市相比,夏季的空气相对湿度十分适宜。同纬度云南西部避暑城市的空气相对湿度略微偏高,我国西部避暑城市空气相对湿度太低,空气过于干燥。贵阳市夏季空气相对湿度比意大利的佛罗伦萨为佳,与日本的札幌相当。

(3)夏季风速有利

夏季,适当的和风会增加人体舒适度。夏季,贵阳市风速属于较理想状态,对旅游者身体散热、出行和活动十分有利。

(4)紫外线辐射最少

贵州省的紫外线辐射属全国最少的地区之一。贵阳市位于全国日照时数最低值区域，也是中国紫外线辐射最少地区。贵阳市紫外线辐射强度低，对人体影响小。贵阳市与佛罗伦萨、日内瓦、温哥华和札幌的日照时数较为接近，比中国东北和西部城市低很多。

(5)空气清洁，水质优良

贵阳市空气质量好，水质优良。多年气象资料统计显示：贵阳市年沙尘日数为零，降水量丰富，夜雨多，对天空有"清洗"作用，清晨空气清新宜人。空气质量近 10 年(2001—2010 年)来一直处于良好状况，年空气质量优良天数占全年总天数的 90%～96%，优于昆明、南宁和柳州、重庆等城市，尤其是夏季，二氧化硫(SO_2)、二氧化氮(NO_2)浓度最低。我国西部部分高原城市和东北哈尔滨等城市，夏季的避暑温度条件虽然比较好，但由于沙尘天气多、风沙太大，使空气质量受到影响。贵阳市年降水量高达 1 100 mm，充沛的天然降水进行循环和补充，众多的湖泊和水库作为城市水资源储备，使得多年来贵阳市水质优良。

(6)海拔高度适宜

贵阳市旅游目的地海拔高度均为 1 000～1 500 m，属于人体对大气压感觉最佳的位置。我国西南和西北避暑旅游带中，贵阳市的地理位置相对理想，适合所有年龄段旅游者。而西部一些避暑旅游城市的海拔偏高，对中老年游客有些影响。

(7)夏季温度低、建筑耗能少，发展低碳经济前景广

贵阳市素有"天然大空调"之称。夏季，日平均气温略低于 24.0 ℃，平均最高气温约为 28.0 ℃。自然通风条件较好，多云天气多、辐射低，居民建筑和大部分公共场所多依靠自然通风来调节室内温度，冷气、风扇等降温电气设备使用率低。与同纬度城市相比，贵阳市能够大量减少能源消耗，具有争取发展"绿色城市"的良好基础，走低碳经济发展的前景可观。

利用气候优势，贵阳市可以在建筑节能方面做大量工作，为发展低碳经济、建设生态文明城市做出表率。建筑设计师发现，世界各地不同文化背景的乡土建筑在相似气候条件下表现出来的建筑形态特征惊人的相似。这表明建筑空间结构不可避免地受到自然因素的影响，客观地理环境和自然气候让当地居民形成了独特的地域文化，同时也造就了建筑的地域特色。对建筑而言，气候作为重要的环境因素，深深地影响地域建筑文化。建筑设计师认为：气候无可置疑地成为建筑设计的基本出发点。贵州省传统乡土建筑适应气候环境的设计经验为现代建筑的气候设计提供了有益的启发和引导。传统乡土建筑从选址、规划、布局到建造使用过程中，多体现了对特定地方自然环境的良好适应性。如布依族石板石材建筑，苗族、侗族木结构房屋楼阁，高海拔地区土墙草屋顶结构等等。分析传统乡土建筑的环境设计策略可知：必须保持建筑气候设计明确的层次和严格的连续性，即建筑气候设计措施必须自上而下系统地贯穿于建筑选址、规划布局、单体设计于构造设计中。因地制宜依照气候环境特

征采用具有地方特色的建筑手法是传统乡土建筑的共同特点。现代城镇建筑结合气候设计策略可以针对贵阳市城市气候，结合新技术、新功能，依据现代环境控制技术对其做出理性分析与判断，提出适宜的解决对策，综合外界诸如技术、文化、资源等因素，将其有机地融入建筑设计中。

夏凉冬暖的贵阳市，开展建筑节能具有重要的意义和巨大的活力。目前，美国建筑法规对建筑节能有明确规定和要求，并将节能产生的经济效益中的一部分用来奖励建筑节能设计者。香港建筑署也早在1981年就编制了若干节能守则及指引。贵州省已于2006年制定并实施了第一部符合贵州省气候特点的《贵州省居住建筑节能设计标准》，要求新建居住建筑的保温隔热材料和采暖空调的能耗要在当前的能耗基础上节约50%。其中有关贵阳市气候特点的居住建筑节能设计标准为贵阳市城市建筑节能提供了依据。

(8)环城林带空气负氧离子高

贵阳花溪公园、市郊天河潭公园观测表明：林地和河流湖泊附近的空气负氧离子浓度均比较高。如花溪公园空气负氧离子浓度最低为546个/cm^3，部分观测点达到了对人体健康有益的等级（Ⅳ级），空气质量好（均为D级以上）；天河潭风景区空气负氧离子浓度水平达到了对人体健康有益的等级（Ⅳ级）以上，空气清洁度高。

上述八项气候、环境指标综合评定，为贵阳市奠定了论证并申报“避暑之都”的科学支撑条件。2007年6月，中国气象学会组织专家评审委员会在北京对贵阳市申报中国“避暑之都”的论证材料进行了评审。专家们一致认为：从气候条件、气候舒适度、气候比较优势等各方面分析，贵阳市具备了避暑城市的气候条件。贵阳市无论与同纬度城市相比，还是与中国和国外的著名避暑旅游城市相比，均具有“温度适宜、湿度适中、风速有利、紫外线辐射低、空气清洁、海拔适宜、夏季低耗能”的特点，是名副其实的中国“避暑之都”。因此，贵阳市获得了中国唯一的“避暑之都”金字招牌。

6.3 从“江南煤都”到“中国凉都·六盘水”的飞跃

六盘水市气象部门通过多年研究，在开展紫外线辐射、负氧离子浓度、道路温度等观测基础上，分析对比六盘水市夏季凉爽、湿润的气候优势，建立了六盘水市的旅游指数、体感指数、紫外线等级指数等多种判别指标，成功论证与打造“中国凉都”城市品牌，积极探索“经营气候资源”的发展之路，对地方经济社会发展产生了深远的影响。

本节分析了我国730个旅游城市气象站的逐日平均气温、逐日最高气温和逐日最低气温以及旅游气候指数资料，结合六盘水市气候特点制定了夏季避暑筛选指标，筛选出国内夏季避暑条件较好的17个台站，与六盘水进行比较，得出六盘水气候比较优势。

6.3.1　凉都六盘水的气候优势

(1)气温

六盘水市夏季温度条件对避暑旅游十分理想。夏季(6—8 月)六盘水市与 17 个典型旅游城市(图 6.8)气温对比分析结果表明:18 个城市中,昆明、昭通、六盘水 3 个城市夏季气温条件最低。这 3 个城市中,六盘水市出现了日平均气温连续 5 d 以上≥22.0 ℃的日数,年份和天数均比昭通少,年数与昆明持平,天数比昆明少。因此,六盘水市比昭通、春城昆明均凉爽、舒适。秦皇岛 6 月、昭通 7 和 8 月、昆明 6—8 月与六盘水 6—8 月达到凉夏要求,但秦皇岛 6 月与昭通 7 和 8 月均比六盘水热,整个夏季(6—8 月)只有六盘水能与春城昆明媲美。

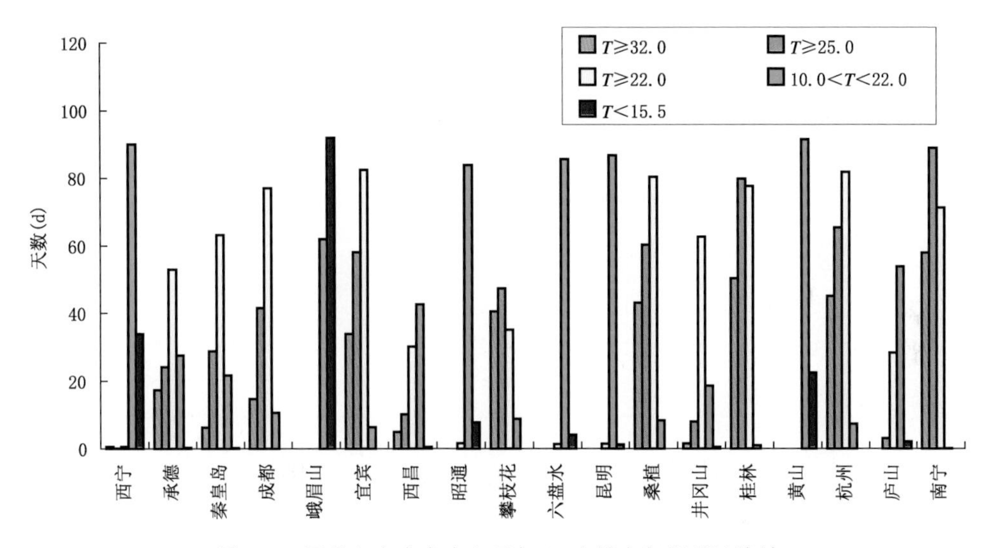

图 6.8　夏季六盘水市中心区与 17 个城市气温(℃)统计

(2)空气相对湿度

根据 30 年(1971—2000 年)平均值,六盘水、昆明、昭通夏季(6—8 月)月平均空气相对湿度分别为 83%,81%,78%,依次减小,历年平均空气相对湿度多介于 75%～90%之间,昆明在 67%～88%之间,六盘水市月、季平均空气相对湿度明显大于其他两地。空气相对湿度大、水汽条件好,有利于衰减紫外线辐射。六盘水市 7 月平均空气相对湿度空间分布见图 6.9。

(3)夏季舒适度条件

六盘水市夏季舒适、凉爽。对 18 个夏季避暑条件较好城市舒适度统计分析显示(图 6.10):六盘水与昆明夏季白天和傍晚舒适、凉爽时间均达到91 d,占整个夏季日数的 99%以上。

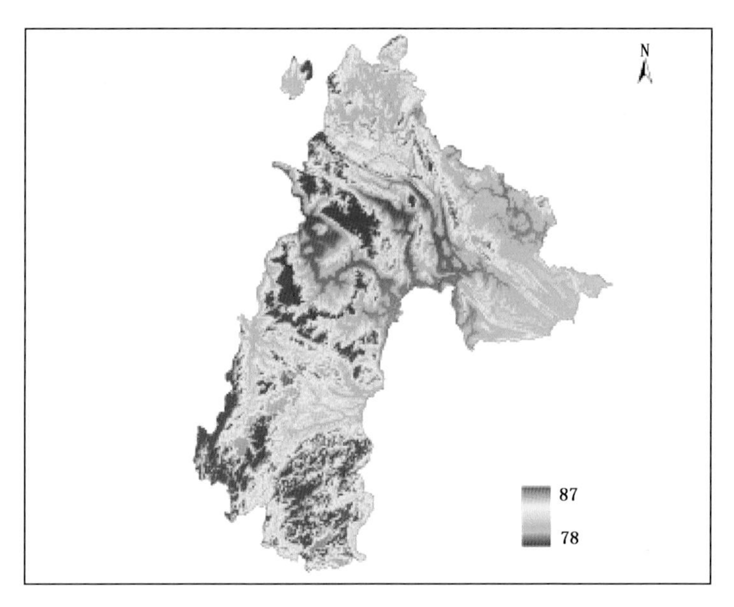

图 6.9　六盘水市 7 月平均空气相对湿度(%)空间分布

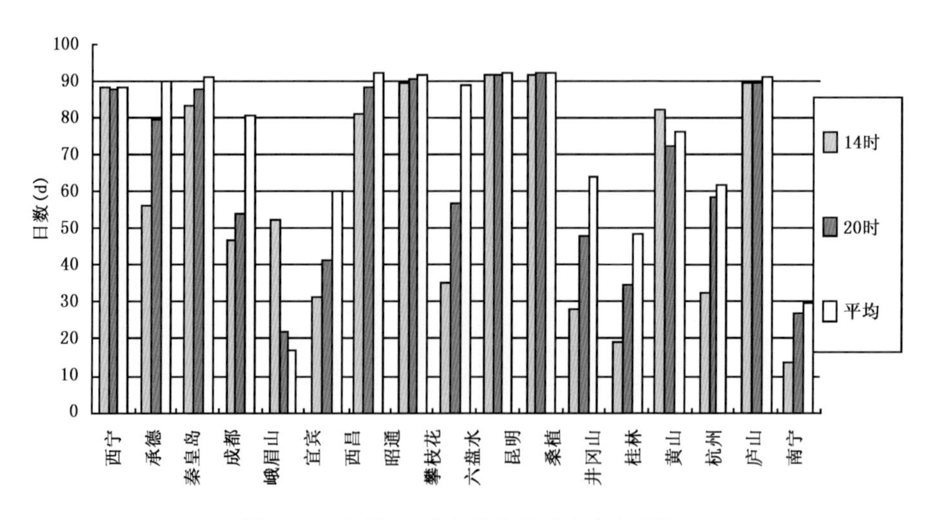

图 6.10　中国 18 城市夏季舒适度凉爽日数

(4)日照和紫外线条件

六盘水市紫外线强度低于云南。年平均阴天日数为 129.4 d,是昆明的 3 倍多,晴天(日照时数>2 h)日数远远少于昆明(图 6.11)。夏季晴天日数为 60 d,比春城昆明少。由于阴天日数比昆明多,晴天日数比昆明少,紫外线辐射比昆明弱。根据

2004 年昆明、六盘水紫外线辐射对比分析，测得六盘水市紫外线辐射瞬时值最强为 32 W/m^2。根据中国气象局紫外线指数分级，六盘水市紫外线强度只有 3 级，且时间短，外出只需戴遮阳帽、打太阳伞即可。

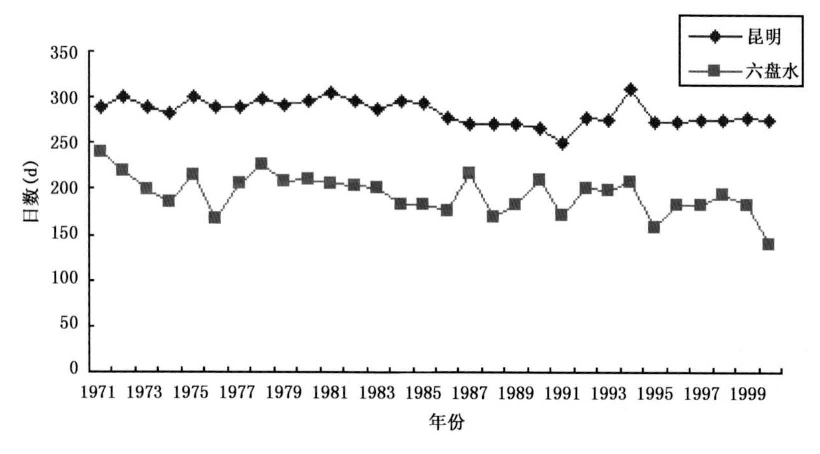

图 6.11 六盘水与昆明晴天(日照>2 h)日数比较

(5)空气质量

六盘水市空气质量好于周边城市。对 10 年(1994—2003 年)六盘水市空气总悬浮颗粒物(TSP)、二氧化硫(SO_2)、氮氧化物(NO_x)等污染观测数据对比分析(图 6.12)认为：空气质量逐年好转，2000—2003 年全年达到优良的天数由 86%递增到 97%，二氧化硫、二氧化氮年平均值达到《环境空气质量标准(GB 3095—1996)》一级标准，总悬浮颗粒物年平均值达到《环境空气质量标准(GB 3095—1996)》二级标准。

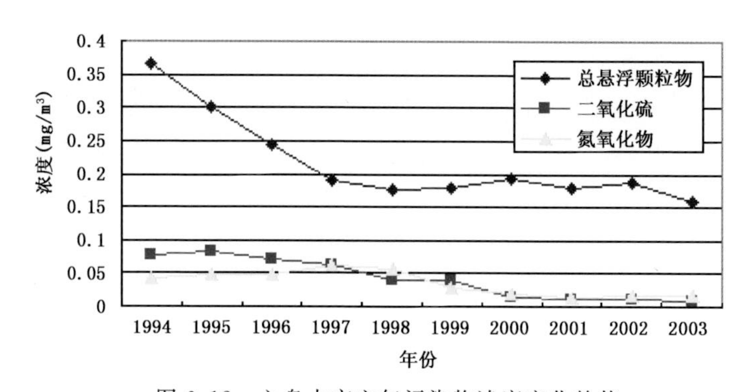

图 6.12 六盘水市空气污染物浓度变化趋势

六盘水市空气二氧化硫和二氧化氮的年平均值远低于云南省昆明市、广西壮族自治区南宁市和柳州市及重庆市等城市。降水 pH 年平均值为 7.47，未出现酸雨现象，也显著好于周边城市。

(6)空气负氧离子浓度

根据对六盘水市玉舍森林公园、窑上水库和凤池苑等地的空气负氧离子观测资料分析(图 6.13)，平均负氧离子浓度分布：玉舍森林公园 685 个/cm^3，窑上水库 656 个/cm^3，凤池苑 583 个/cm^3，极大值 1 677 个/cm^3(玉舍)，极小值 289 个/cm^3(凤池苑)。

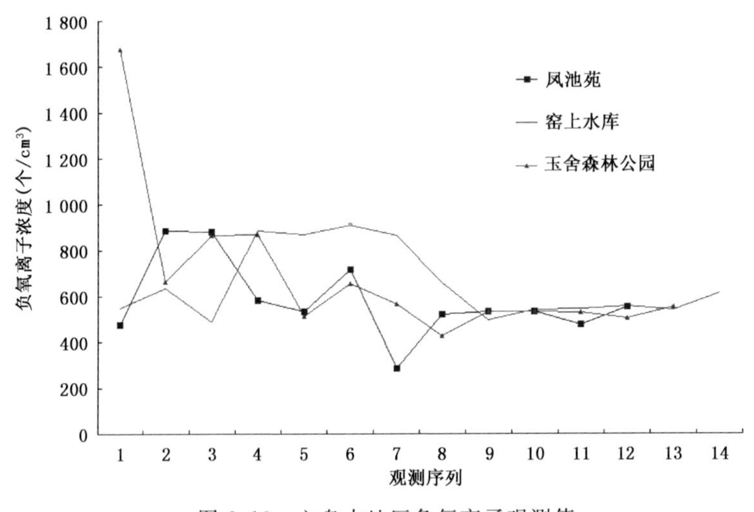

图 6.13　六盘水地区负氧离子观测值

观测到的空气负氧离子浓度与观测环境的植被、水体的关系呈正比，植被越茂盛，水体面积越大，测得的负氧离子浓度就越高，随着距城中心区距离的缩短，负氧离子浓度呈下降趋势。对比南昌、北京观测数据表明：六盘水市空气负氧离子浓度的平均值、极大值、极小值远高于江西南昌；负氧离子浓度平均值远高于北京市。

应用气温、紫外线辐射、空气相对湿度、日照时数、空气质量和空气负氧离子等气候和环境因素统计分析成果，以凉爽、舒适、滋润、清新、紫外线辐射适中等气候因素为支撑，气象部门提出了构建气候型旅游业的建议，建议把“消夏避暑”作为六盘水市旅游业发展的“拳头产品”。

基于上述研究成果，2005 年 8 月在北京，经中国气象学会组织的专家委员会评审，认定六盘水市夏季“凉爽舒适，滋润清新，紫外线辐射适中，具有唯一性，可称‘中国凉都’”。

现在，六盘水市“凉都”城市品牌已为公众认同。“凉都”多次入选“中国特色魅力城市”，在旅游业收入上取得了每年保持 30%以上的增量效应，成为贵州省旅游快速发展的新亮点。

6.3.2 “中国凉都”品牌带来的变化

(1)产业结构调整的放大效应

“中国凉都·六盘水”,通过论证与打造“凉都”品牌找到了资源开发和环境保护的最佳结合点,优化产业结构,拓宽发展路子,实现了“绿色GDP”增长。

“凉都”品牌的论证与打造,在两个层次上起到了积极的理念示范作用:第一,创新实践科学发展观的示范,以新的资源观为基础,首次探索和尝试以气候作为城市形象和核心价值,体现了贵州“公园省”生态环境的优势;第二,作为窗口示范拉动,让外界通过“凉都”了解六盘水,关注六盘水,建设六盘水。

(2)发展理念改变

“凉都”从形象提升为品牌,对六盘水市经济社会发展诸多方面产生了深远影响,为城市发展展示了新的未来,成为城市发展的“软黄金”。六盘水市40多年前的“三线建设”以煤炭为主开发矿产资源,形成了重要的工业原材料和能源基地,一直堪称“江南煤都”。但是煤炭资源是有限的,总有一天会枯竭;而气候资源可以循环使用,取之不尽、用之不竭。因此“煤都”有价,“凉都”无价。可以说“凉都”给六盘水市注入了新的时尚元素和发展动力,是从依靠能源为主发展经济向低碳经济转化的契机,对提高六盘水市的知名度和美誉度起到了积极作用,产生了立体和综合影响,虽一字之差,却带来了发展理念的根本性转变。

(3)促进了第三产业的发展

“凉都”品牌促进了六盘水市以避暑旅游为龙头的服务业的发展,“凉都”已经成为餐饮、酒店、文化娱乐等的新卖点。以高原气候和环境为依托,以“凉都”为品牌的农业也正在受益。保持了30%以上增长率的旅游业的发展拉动了六盘水市的第三产业,使其在总产值中的比重不断提升。基于扎实的工业化基础、合理的城镇化布局、公认的凉都品牌和独特的“立交桥”铁路枢纽,六盘水市的第三产业比重还将继续提升。

(4)城市形象改变

“凉都”的打造改变了城市建设的品位效应,在城市建设标准、文化内涵、建设速度、城市发展规模等方面,为六盘水市形象的改变提供了平台。城市社会心理的整合体现在不同的层面上,如市民的自豪感增强、文明程度提高,城市都市化进程加快、城市管理更加规范。

6.4 贵州高原“阳光城·威宁”

威宁彝族回族苗族自治县(以下简称威宁)地理气候独特。平均海拔为2 200 m,地势从东南向西北缓慢抬升,乌蒙山脉贯穿县境。高原面积占全县总面积的42.5%,河流沿岸均在海拔1 900 m以下的河谷地区,江河奔流,是“三江之源”(即乌江、牛栏江、横江的发源地)，属“两江”(长江、珠江)上游的支流。威宁高海拔、低纬度，立体气候突出，属于典型的亚热带湿润季风气候区。年平均气温 10.0～12.0 ℃，夏季平均气温 16.9 ℃，年平均降水量 960 mm，无霜期约 208 d，年平均日照时数 1 750 h。冬无严寒、夏无酷暑，气温日较差大、年较差小，加上日照多、光合有效辐射强，有利于树木、草和农作物干物质的积累。独特的气候条件造就了威宁农业和畜牧业产品的优良品质，雨热同季为植物生长创造了良好的环境条件。

独特的高原气候条件和地理特点还造就了威宁的优越生态环境。国家级自然保护区——草海位于威宁县城西南面，水域面积达 26 km^2，是一个完整的、典型的高原湿地生态系统，与青海湖、滇池并列为我国高原三大淡水湖。由于湖水对小气候的调节作用和高原气候特点，盛夏时节，当我国南方大部分地区烈日炎炎、潮湿闷热的时候，这里虽然也是阳光明媚，但平均最高气温仅有 22.0 ℃左右。威宁的湿度也非常适宜人居和户外活动。日照、温度和湿度条件的最佳组合加上优良的生态环境，使威宁成为我国西南不可多得的高原旅游胜地之一。

6.4.1　光照分析

(1)太阳辐射

威宁气象站 1961—1990 年 30 年观测资料表明：威宁多年平均年太阳总辐射量为4 697 MJ/m^2，最多为 5 198 MJ/m^2(1969 年)，最少为 4 262 MJ/m^2(1962 年)，均高于贵阳的平均值 3 592 MJ/m^2。优于贵州全省其他地区，也大于长江以南同纬度其他地区。因此，威宁的太阳辐射条件在贵州省是最有特色的。

从威宁月平均日照百分率和月平均太阳辐射的分布图(图 6.14)可以看出，威宁的日照百分率和太阳辐射的变化有很好的一致性，即太阳辐射随着日照百分率的增大而增大。

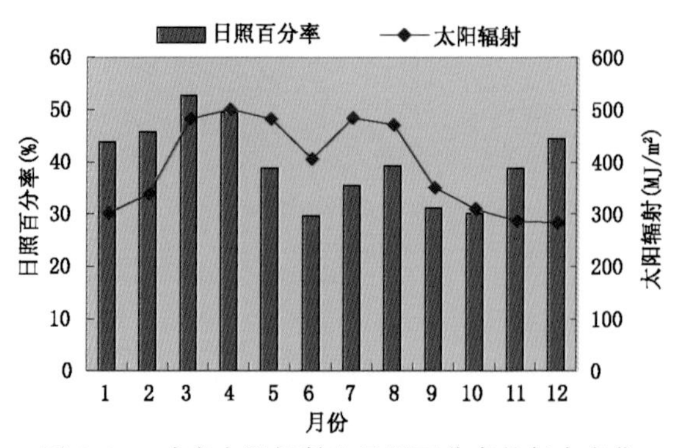

图 6.14　威宁太阳辐射和日照百分率的年内变化

威宁、贵阳和遵义 3 个辐射站多年观测资料结果表明(图 6.15)：威宁年太阳总辐射最高，变幅最小，每年减少仅约 2.69 MJ/m^2。遵义、贵阳的年减少倾向率分别为

28.48 和 30.46 MJ/m²。相比较而言，威宁的年太阳总辐射比较稳定，有利于太阳辐射能的开发和利用，有利于作物生长和农副产品品质等的稳定。

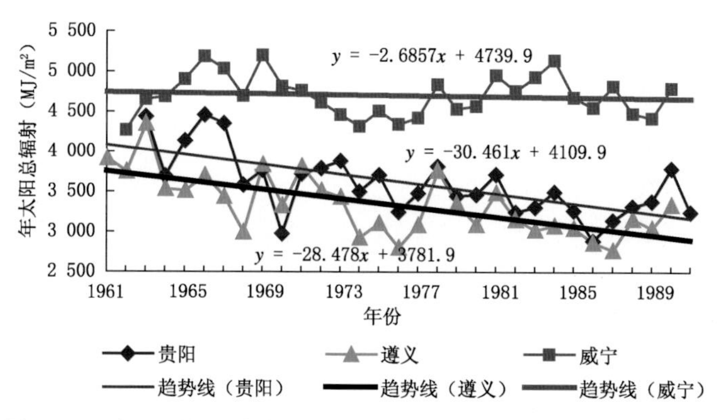

图 6.15　贵阳、遵义、威宁年太阳总辐射的时间分布(1961—1991 年)

(2)日照条件

威宁年平均日照时数为 1 750 h，为贵州省之冠，最多达 2 004 h，最少亦为 1 499 h。比贵州省日照时数最少的务川(990 h)平均多 760 h。冬天，威宁、盘县一带，几乎天天出太阳；遵义、务川一带，整月不见太阳直射却是常事。

威宁日照年变化与贵州省其他地、县不同(多出现双峰值特征)，呈现了三峰值特点，这主要是由于云贵准静止锋活动的位置变化造成的。威宁大部分时间均处在云贵准静止锋的锋面之前，冬季特别明显。一般锋前天气晴好，卫星遥感图像(图 6.16)可以清楚地反映这种准静止锋影响特征。

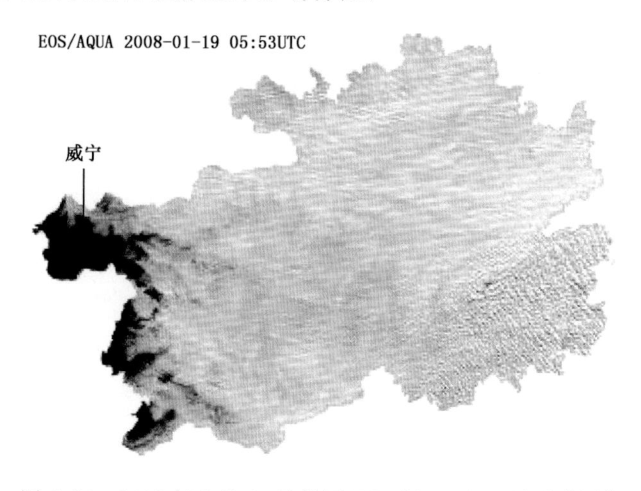

图 6.16　2008 年 1 月 19 日美国 EOS/AQUA 卫星遥感图像

威宁在 3，8，12 月分别出现 3 个日照高峰期(图 6.17)。日照时数最多的是 3 月，为 194 h；最少的是 10 月，为 104 h。冬、春和秋季日照充足，日照时数比邻近的毕节同期高了很多；春季相当于毕节夏季的日照时数，秋季和冬季接近于毕节的夏季，而夏季比毕节少，使人们在夏季受到曝晒的概率减少。

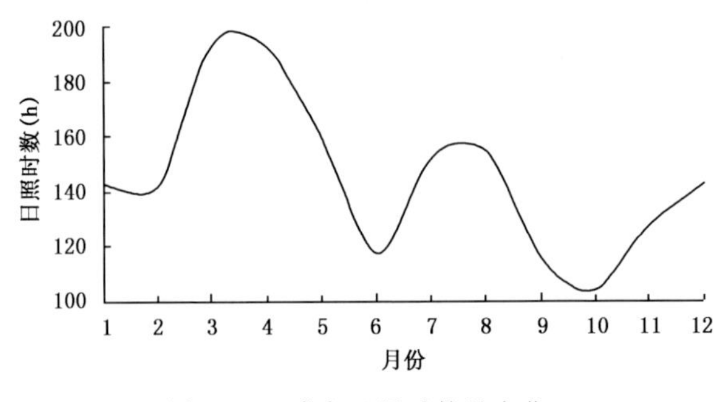

图 6.17　威宁日照时数月变化

威宁日照条件优势明显：在贵州省日照最充足、时间分布较为合理，特别是冬、春两季是贵州省日照条件最好的地区，与同纬度地区相比，是除云南之外我国南方最好的地区。

冬、春季是人们最需要阳光的时期，这时威宁能够提供足够的阳光，白天阳光使地面和建筑物表面的温度有一定的提高，户外活动舒适度得到提升。夏季当温度较高，人们不希望有太多日照时，威宁光照又比其他地方少，增加了凉爽的感觉。秋天来临，威宁较多的光照更为当地多姿多彩的美景增添了光彩。这种太阳辐射和日照时数在时间分布上的合理搭配，正好满足了当地人们生活和户外活动的需求，威宁十分适合旅游观光活动的开展。

威宁是贵州省太阳辐射最高、日照时数最多和日照百分率最大的地区，称之为贵州的“阳光城”当之无愧。

6.4.2　威宁其他气象条件分析

(1)气温

按一般季节划分，即 3—5 月为春季，6—8 月为夏季，9—11 月为秋季，12 月—翌年 2 月为冬季。威宁春季平均气温为 11.3 ℃、夏季为 16.9 ℃、秋季为10.8 ℃、冬季为 3.1 ℃。年平均气温为 10.5 ℃。月平均最高气温最大值为22.2 ℃，出现在 7 月；月平均最低气温最小值为－1.8 ℃，出现在 1 月。因此，凉爽是威宁的一大特色。

由图 6.18 可知，威宁最热月为 7 月，平均气温 17.6 ℃；最冷月 1 月，平均气温 2.0 ℃。威宁最热月平均气温为贵州省最低，比最高的沿河(27.9 ℃)低了约 10.0 ℃，是当之无愧的清凉之城；以最热月气温而论，只能算春天。根据气候学划分四季的标准,严格说来威宁是没有夏天的。图 6.18 为威宁各月平均、最高和最低气温分布图。

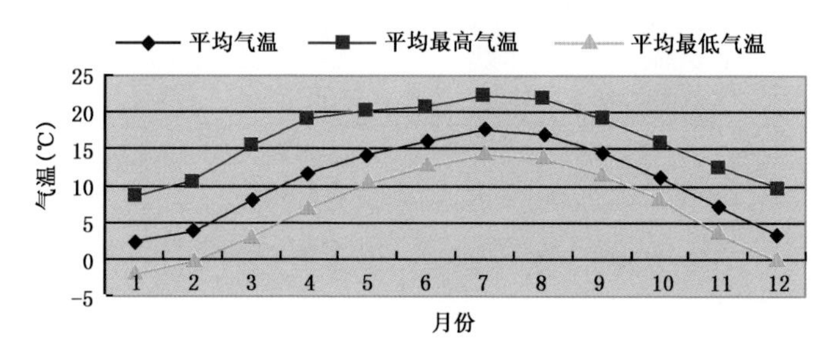

图 6.18 威宁月气温变化特征

将威宁夏季平均气温,夏季各月平均气温、月平均最高气温和月平均最低气温与昆明、六盘水、哈尔滨同期气象要素值比较,结果见图 6.19。由图 6.19 可见:威宁 6,7,8 月和夏季平均气温分别为 16.0,17.6,17.0 和 16.9 ℃,比昆明、六盘水、哈尔滨都低。

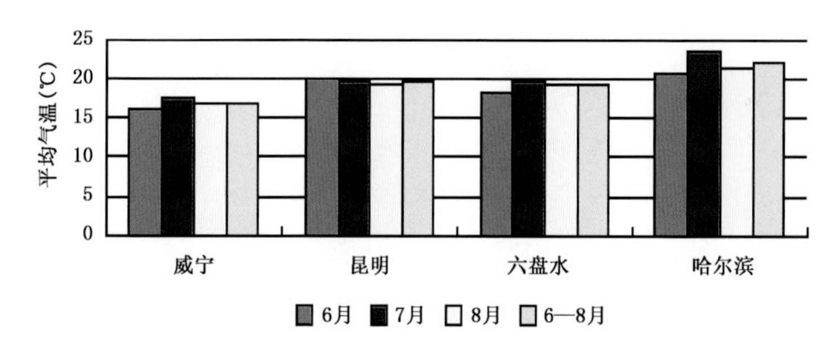

图 6.19 四个城市夏季(6—8 月)平均气温比较

一般情况下,最高气温出现在午后,对旅游和户外活动舒适感影响最大。夏季平均最高气温表征了夏季白天的高温程度。表 6.7 和图 6.20 表明:威宁 6,7,8 月平均最高气温分别为 20.7, 22.2, 21.9 ℃, 低于昆明、六盘水、哈尔滨。夏季, 威宁避暑

表 6.7 夏季平均最高、最低气温比较 单位:℃

	6 月		7 月		8 月		6—8 月	
	最高	最低	最高	最低	最高	最低	最高	最低
威 宁	20.7	12.8	22.2	14.5	21.9	13.9	21.6	13.7
昆 明	29.8	17.1	29.3	17.3	28.1	16.9	29.1	17.1
六盘水	22.6	15.1	24.4	16.6	24.3	15.7	23.8	15.8
哈尔滨	26.4	15.1	28.3	18.9	26.5	16.7	27.1	16.9

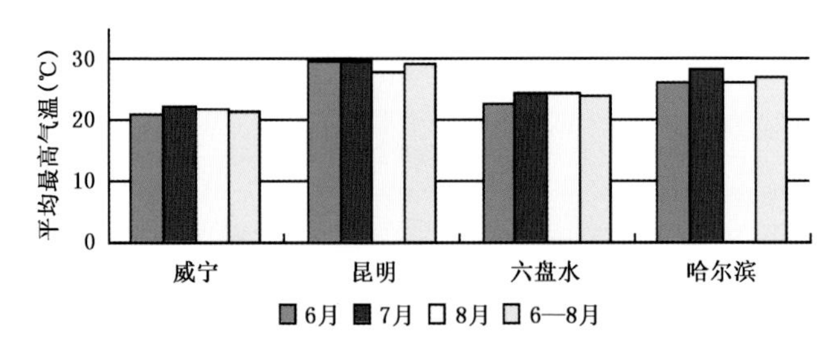

图 6.20　四个城市夏季(6—8 月)平均最高气温比较

温度条件十分优越。月平均最高、最低气温差值威宁 7.7～8.0 ℃,昆明 11.2～12.7 ℃,六盘水 7.5～8.6 ℃,哈尔滨 9.4～11.3 ℃。昆明、哈尔滨早晚温差较大,对旅游者着装有些影响。

(2)空气相对湿度

图 6.21 为威宁各月空气相对湿度分布特征。虽然威宁海拔较高,但与我国西部大部分高原地区冬、春季节的干燥气候不同,季风气候明显的威宁降水丰富,空气较为湿润。全年约有一半时间空气相对湿度保持在 70%～80%之间,其他时段在 85%左右。

研究表明:气温适中时,空气湿度变化对人体舒适感的影响较小;气温较高或偏低时,湿度变化对人体舒适感影响较大。气温介于 15.5～20.0 ℃之间,空气相对湿度明显升高时,即使达 80%以上,人体也会感觉舒适。威宁平均气温在 20 ℃以下,舒适度较高,特别是在冬、春两季不会使人们有过分干燥的不适感。

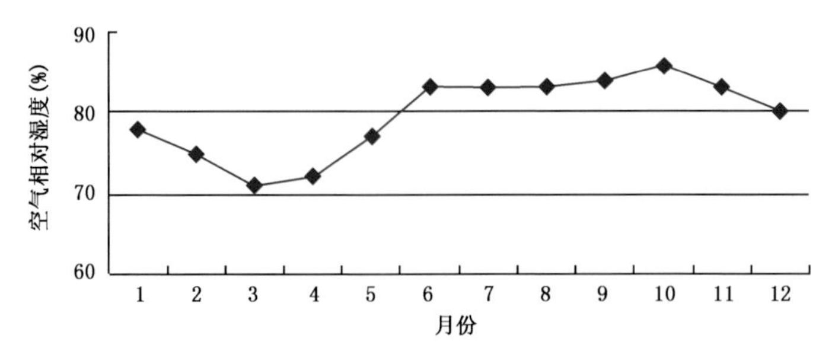

图 6.21　威宁月空气相对湿度分布特征

威宁夏季平均气温为 16.9 ℃,空气相对湿度为 83%,大部分时间属于舒适范围;月平均最高气温 21.9 ℃,有很短一段时间会出现人体散热量减退,皮肤温度比低温环境下稍微升高的现象,但仍属舒适的范围。

(3)降水和晴天日数

近 46 年(1961—2006 年)气象观测资料表明:威宁春季平均降水量 148.0 mm,

夏季500.0 mm,秋季210.0 mm,冬季31.0 mm。6月降水最多,为177.0 mm;12月最少;为7.0 mm。最大日降水量出现在1984年的7月23日,为105.9 mm。威宁大部分降水集中在植物生长发育期,与植物需水期同步,雨热同季,降水有效性较高。威宁年平均降水量为900.0 mm,1970年降水最多,为1 260 mm;1989年降水最少,为555.0 mm。虽然威宁的年降水量低于贵州省平均水平,与长江以北、淮河以南区域相当,但比我国西北地区多;且各月降水分布比较合理,雨季从4月份开始,10月份基本结束(图6.22)。

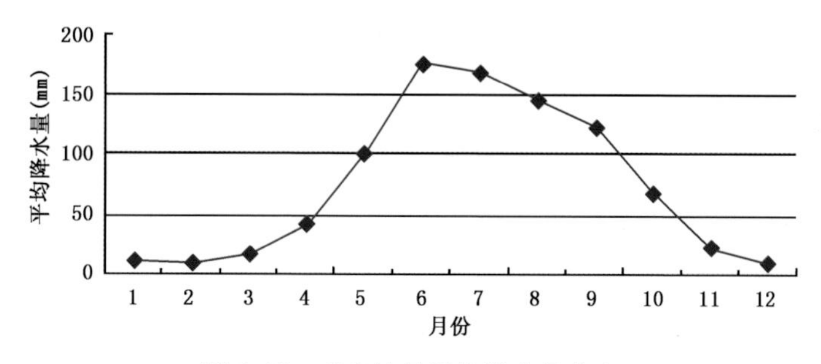

图6.22 威宁站月平均降水量分布

图6.23表明:1961—1980年,威宁晴天日数相对较多;20世纪80年代后,有一定调整,表现为相对较低;20世纪90年代后,晴天日数呈现较为明显的增多趋势,除1995和1996年的晴天日数在平均值以下外,其余年份晴天日数均多于平均值。

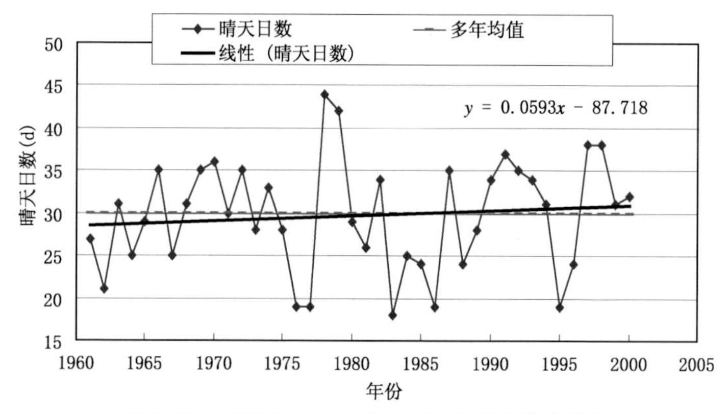

图6.23 威宁站1961—2000年晴天日数变化图

(4)空气条件

能见度的好坏基本上反映了一地的空气质量状况。如果把每月能见度大于2 km的天数占当月天数百分比作为衡量指标,百分比越大表示空气越好。威宁1980—2006年能见度观测资料(图6.24)表明:4—11月能见度条件非常好。由此推断空气质量应当比较好。

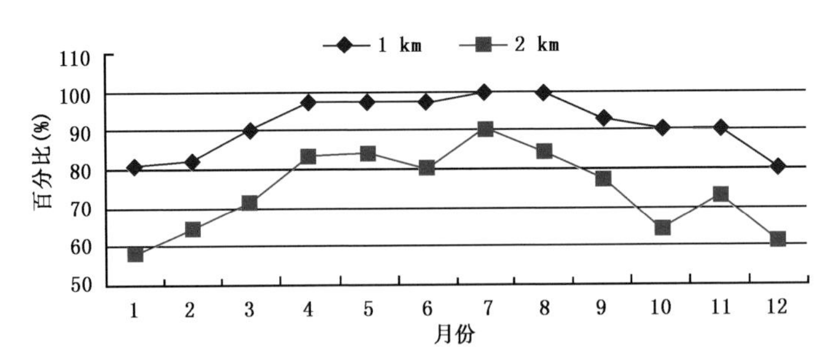

图 6.24　威宁站每月能见度大于 1 km 和大于 2 km 日数的百分比

综上所述，威宁阳光充沛、温度凉爽、湿度适宜、空气清新、海拔适中。威宁特有的高原气候特点和高原湿地的地理特征，使威宁这个阳光之城冬季候鸟聚集、春季阳光明媚、夏季天气凉爽、秋季风景优美，是人们居住、旅游休闲的好地方。

6.5　发展贵州避暑旅游的建议

由于全球气候变暖，世界避暑旅游逐渐向较高的山地发展，山地避暑城市、胜地有增多趋势。这种旅游布局发展趋势对贵州避暑旅游资源向海外拓展有极大的意义。在对贵州气候资源优势分析研究，并打造贵州多个避暑旅游品牌的基础上，结合当前全球避暑旅游产业发展趋势，提出发展贵州避暑旅游的若干建议：

6.5.1　论证与打造国际级避暑旅游中心

贵州喀斯特景观类型多样，山、水、林、洞齐全，有明显的高原性季风气候特点，四季皆适合人们户外旅游活动。省会贵阳地处国内南方夏季避暑旅游热点城市陆路进出的必经之地，是这条避暑旅游链上最重要的一环。因此，要做好“气候＋原生态＋喀斯特风景”这篇文章，使贵阳夏季气候成为吸引夏季避暑进入西南旅游市场的首选区位和中转站。把贵阳建成南方避暑旅游中心和旅游集散地，成为进出昆明、深圳、广州、长沙、重庆、成都、桂林和南宁的节点，使贵州丰富多彩的旅游资源、雄伟秀丽的喀斯特自然和地质景观、独特的少数民族风情能够满足不同层次国内外旅游者的需求。根据避暑气候特点，规划好贵州旅游方式和周边路线网络，增加游客在境内逗留的时间。借助现代媒体网络，通过各种政府和非政府组织渠道，选择采纳旅游发展机构的创意，大力开展以“避暑和生态”为主题的推荐推广手段，把贵阳、安顺等城市打造成为中国夏季旅游、会议中心。此外，还应与世界避暑旅游城市联手和接轨，提高贵州各避暑城市在海外的知名度，争取把贵州论证与打造成为国际级喀斯特避暑旅游中心。

贵州虽然不沿海，但距贵州主要境外客源地东南亚和港澳台地区较近，空中交通方便快捷，对热带和南亚热带客源有较大吸引力。贵阳夏季凉爽的气候和原生态的少数民族风情较少受到现代工业化的影响，具有原始古朴的风韵，符合当今国际旅游重返大自然、强调原生态的潮流，对欧美及日本游客具有很大的吸引力。应抓住以避暑之都为主题的推荐推广活动机会，及建设贵阳直通广州高速铁路、公路的机遇，以全球化的眼光、不失时机地在海外推出世界性喀斯特高原公园省。

6.5.2 突出避暑气候旅游特色、发展专题旅游

贵州夏季气候凉爽，推出以避暑为主题的专题旅游，打造以贵阳为中心，辐射安顺、水城、兴义等地区的省内避暑旅游链；推出以避暑为主题的专题旅游，突出避暑气候和原生态特征及地方风情个性，避免同质化。开辟喀斯特地质地貌科学考察生态游、以贵州植物为代表的特色中草药观赏游、以溶洞为代表的洞穴游、以立体气候为代表的高原少数民族风情游。此外，还要开辟一些针对欧美游客的项目，如洞穴探险，攀岩、野外漂流探险，不同民族文化生态、少数民族文化特色游，少数民族居家体验，民族工艺品制作体验，少数民族建筑特色游等。

6.5.3 加强对喀斯特生态环境和旅游区环境的保护

利用气候温和和生态保护技术，在旅游区内构建旅游设施工作中，要限制平顶建筑和用瓷砖装修外建筑墙面，鼓励修建采用具有贵州地方和民族特色的建筑风格与生态环保建材。提倡修建"生态饭店"、"生态旅馆"，就地取材修建冬暖夏凉的石板石墙建筑、土墙和瓦顶结构建筑，以及富含贵州民族风情的木屋竹楼。

6.5.4 加强旅游天气预测和气象服务

现代旅游发展和游客需求要求旅游气象服务也要体现"以人为本"。除了加强气象信息"12121"电话、手机短信服务之外，夏季旅游旺季提前通过各种媒体发布针对避暑活动的专用天气预报。除预报温度、湿度、风速外，还应包括气候舒适度指数、紫外线指数等内容，建立旅游综合气象服务系统，在机场、火车站、大型公共汽车枢纽站及时发布与避暑旅游相关的天气预报。还可以根据天气状况提供避暑旅游项目的建议和游程安排参考，对可能发生的灾害性天气提供预防与应对措施的咨询和指导。有针对性地进行避暑项目宣传和促销，以利于游客有效利用在避暑天堂的时间和空间，这将大大提高贵州省避暑的旅游生态和经济效益。

第7章　气候变化对贵州旅游气候资源的影响

当前,气候变化及其对人类环境的影响已成为全球科学界日益重视的重大科学问题。政府间气候变化专门委员会(IPCC)第三次评估报告(2001)和第四次评估报告(2007)指出:近百年来,全球气候发生了以变暖为主要特征的显著变化,全球气候变暖主要是由人类活动大量排放二氧化碳、甲烷、氧化亚氮等温室气体的增温效应造成的。在全球变暖的大背景下,中国近百年的气候也发生了明显变化。

近百年来,中国年平均气温升高了 0.5～0.8 ℃,略高于同期全球增温平均值。从地域分布看,西北、华北和东北地区气候变暖明显,长江以南地区变暖趋势不显著;从季节分布看,冬季增温最明显。1986—2005 年,中国连续出现 20 个全国性暖冬。中国年平均降水量变化趋势不显著,区域降水变化波动较大。中国年平均降水量 20 世纪 50 年代以后开始逐渐减少,平均每 10 年减少 2.9 mm, 1991—2000 年略有增加。从地域分布看,华北大部分地区、西北东部和东北地区降水量明显减少,平均每 10 年减少 20～40 mm,其中华北地区最为明显;华南与西南地区降水明显增加,平均每 10 年增加 20～60 mm。近 50 年(1951—2002 年)以来,中国主要极端天气气候事件频率和强度出现了明显变化。华北和东北地区干旱趋重,长江中下游地区和东南地区洪涝加重。1990 年以来,多数年份全国年降水量高于常年,出现南涝北旱的雨型,干旱和洪水灾害频繁发生。中国沿海海平面年平均上升 2.5 mm,略高于全球平均水平。中国山地冰川快速退缩,并有加速趋势。

贵州地处亚热带低纬度高原地区,气候复杂多变,灾害频繁,属于气候脆弱区,加之人为因素影响,近年来生态环境有恶化倾向。本章主要利用贵州近 50 年(1951—2000 年)气温资料及 55 年(1951—2005 年)降水资料,揭示贵州气候变化的若干事实,分析贵州未来气候变化情景、未来气候变化对旅游业的影响,为贵州旅游业可持续发展提出建议,为贵州社会经济建设提供科学参考,使社会各界对贵州气候变化有一个清醒而全面的科学认识。

7.1　贵州省气候变化事实

7.1.1　气温

气象观测资料表明:在全球变暖的大背景下,贵州省气温也发生了一些变化。主要表现为:

(1)气温升高

1951—2000年50年来(图7.1、图7.2),贵州省年平均气温升高了0.5 ℃,以1998年平均气温最高,比1971—2000年全省年平均气温偏高近1.0 ℃。

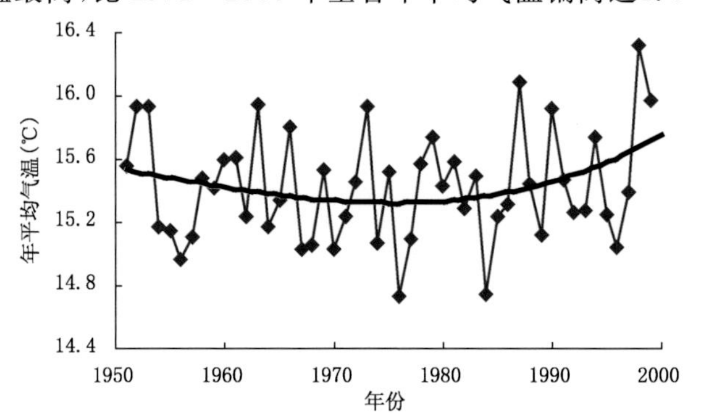

图7.1　1951—2000年贵州年平均气温变化

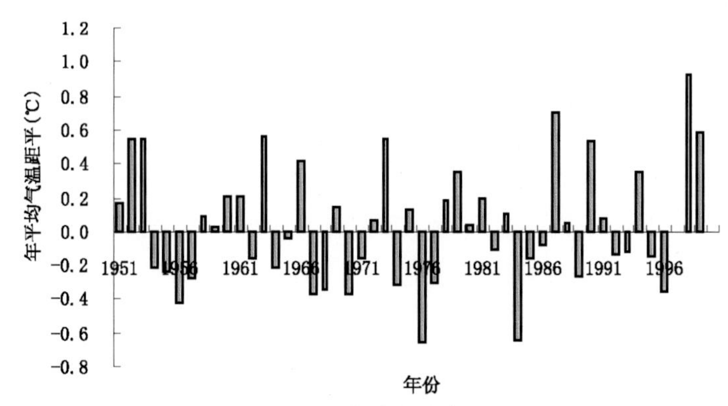

图7.2　1951—2000年贵州省年平均气温距平

年平均气温,20世纪60年代与50年代相比,西部偏低,东部偏高,西部为−0.25 ℃,东部为0.05 ℃,全省为−0.05 ℃;20世纪70年代与60年代相比,北部、南部偏低,其余各站偏高;20世纪80年代与70年代相比,除桐梓、镇远、榕江、毕节略低外,其余各站均略高;20世纪90年代与80年代相比,除贵阳、思南、罗甸略低外,其余各站略高;2001—2004年平均气温比20世纪90年代普遍偏高,毕节偏高最多，达 0.71 ℃。50 年来，年平均气温 20 世纪 90 年代最高，60 年代最低，两者之差西部为 0.23 ℃，东部为 0.07 ℃，全省为 0.14 ℃。

30 年年平均气温值，1971—2000 年年平均值最高，与 1961—1990 年相比，西部高0.08 ℃，东部高 0.05 ℃，全省高 0.06 ℃；与 1951—1980 年相比，西部高 0.03 ℃，东部高 0.05 ℃，全省高 0.04 ℃。

(2)气温季节变化

贵州省气温春、夏季增暖趋势不明显，甚至呈下降趋势；冬季及年平均气温呈上升趋势，冬季增暖趋势明显。

春季气温：20 世纪 60 年代与 50 年代相比，除贵州省西部四站为负值外，其余为正，铜仁偏高达 0.53 ℃；20 世纪 70 年代与 60 年代相比，除兴仁、盘县略高外，其余各站均低，桐梓偏低－0.37 ℃；20 世纪 80 年代与 70 年代相比，明显偏低，西部偏低幅度高于东部，西部偏低－0.45 ℃，东部偏低－0.28 ℃，威宁偏低最多，达－0.68 ℃；20 世纪 90 年代与 80 年代相比，除贵阳、罗甸偏低外，其余各站偏高，威宁偏高最多，为 0.62 ℃，西部偏高 0.58 ℃，东部偏高 0.39 ℃。全省春季气温 20 世纪 80 年代最低，60 年代最高，两者相差 0.45 ℃。

30 年平均值比较，即 1971—2000 年与 1961—1990 年、1951—1980 年相比，除思南和铜仁略高外，其余各站均低，即贵州省春季气温大部分地区呈下降趋势，只东北部升高。1971—2000 年与 1951—1980 年差值，威宁最大，为－0.43 ℃；其次是兴仁，为－0.35 ℃；第三是铜仁，为 0.18 ℃。东部与西部相比，西部降温趋势明显，西部为－0.31 ℃，东部为－0.11 ℃。

夏季气温：20 世纪 60 年代与 50 年代相比，除镇远偏高外，其余各站均偏低，罗甸偏低最多，为－0.53 ℃，西部为－0.27 ℃，东部为－0.34 ℃，全省为－0.28 ℃；20 世纪 70 年代与 60 年代相比，除湄潭、罗甸略低外，其余各站偏高，盘县偏高最多，达 0.21 ℃，西部为 0.14 ℃，东部为 0.04 ℃，全省为 0.06 ℃；20 世纪 80 年代与 70 年代相比，气温显著偏高，罗甸偏高最多，达 0.44 ℃，西部为 0.32 ℃，东部为 0.29 ℃，全省为 0.31 ℃；20 世纪 90 年代与 80 年代相比，气温显著偏低，思南偏低最多，达－0.74 ℃，西部为－0.13 ℃，东部为－0.35 ℃，全省为－0.28 ℃，偏低幅度东部比西部大。全省夏季气温 20 世纪 80 年代最高，90 年代最低。

30 年平均值，1971—2000 年与 1961—1990 年相比，除桐梓、思南、铜仁、镇远偏低外，其余各站偏高，盘县偏高最多，为 0.14 ℃，西部为 0.11 ℃，东部为－0.01 ℃，全省为 0.03 ℃。1971—2000 年与 1951—1980 年相比，除桐梓、镇远略低外，其余各站略高。

秋季气温：20 世纪 60 年代与 50 年代相比，西部偏低，东部偏高，镇远偏高最多，为 0.25 ℃，西部为－0.04 ℃，东部为 0.04 ℃，全省为 0.03 ℃；20 世纪 70 年代与 60

年代相比，除镇远略高外，其余各站均偏低，威宁偏低最多，为－0.46 ℃，西部为－0.27 ℃，东部为－0.21 ℃，全省为－0.21 ℃；20 世纪 80 年代与 70 年代相比，除镇远偏低外，其余各站普遍偏高，兴仁偏高最多，为 0.62 ℃，偏高幅度西部比东部大，西部为 0.49 ℃，东部为 0.3 ℃，全省为 0.34 ℃；20 世纪 90 年代与 80 年代相比，除遵义、桐梓、安顺偏高外，其余各站均偏低，盘县偏低最多，为－0.24 ℃；2001—2004 年比 20 世纪 90 年代普遍偏高，威宁偏高最多，为 0.69 ℃，西部为 0.3 ℃，东部为 0.31 ℃，全省为 0.31 ℃。50 年来，秋季气温 20 世纪 80 年代最高，70 年代最低。

30 年平均值，1971—2000 年最高，与 1961—1990 年相比偏高 0.02 ℃，与 1951—1980 年相比偏高 0.07 ℃。

冬季气温：20 世纪 60 年代与 50 年代相比，除铜仁、镇远、榕江略高外，其余各站均偏低，威宁偏低最多，为－0.5 ℃，西部为－0.36 ℃，东部为－0.07 ℃，全省为－0.16 ℃；20 世纪 70 年代与 60 年代相比，普遍偏高，盘县偏高最多，为 0.55 ℃，西部为 0.38 ℃，东部为 0.29 ℃，全省为 0.32 ℃；20 世纪 80 年代与 70 年代相比，普遍偏低，镇远偏低最多，为－0.67 ℃，西部为－0.15 ℃，东部为－0.26 ℃，全省为－0.21 ℃；20 世纪 90 年代与 80 年代相比，气温明显偏高，独山偏高最多，为 0.75 ℃，西部为 0.33 ℃，东部为 0.57 ℃，全省为 0.47 ℃，偏高幅度东部大于西部；2001—2004 年比 20 世纪 90 年代普遍偏高。50 年来，冬季气温 20 世纪 90 年代最暖，60 年代最冷，20 世纪 90 年代与 60 年代之差西部为 0.56 ℃，东部为 0.60 ℃，全省为0.58 ℃。

30 年平均值，1971—2000 年最高，与 1961—1990 年平均值相比偏高 0.19 ℃，与 1951—1980 年平均值相比偏高 0.18 ℃。

冬季增温最显著，1951—2006 年全省冬季平均气温升高 0.94 ℃，1997—2006 年 10 年中，8 年冬季气温偏高，6 年为暖冬。由于未达显著性标准，气温变化属于气候自然振动。

(3)周期变化特征

贵州省近 80 年(1921—2000 年)气温变化有一定的周期变化特征，见图 7.3。其中，各个季节也有不同的变化特征：

春季：15～20 年尺度能量最大，20 世纪 60 年代前振动突出；10 年尺度 20 世纪 20—40 年代振动突出。春季气温年代际变化特征比较明显(图 7.4)。

夏季：7～8 年尺度能量最大，20 世纪 40—50 年代振动突出；2～3 年振动 20 世纪 30—40 年代、70 年代明显；25 年左右大尺度变化 20 世纪 40 年代以来振动较为明显。夏季气温以年际变化特征比较明显(图 7.5)。

秋季：20～25 年尺度 20 世纪 70 年代前振动最为突出(图 7.6)。

冬季：全区域以 10 年尺度变化明显，6～7 年尺度变化 20 世纪 20—50 年代中期振动突出，3～5年尺度变化20世纪60—80年代振动突出(图7.7)。

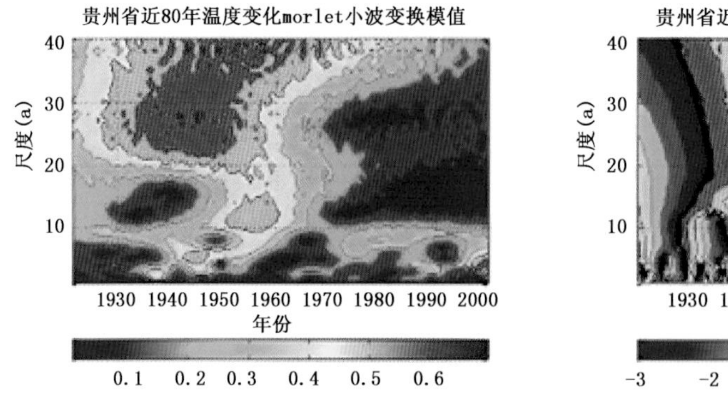

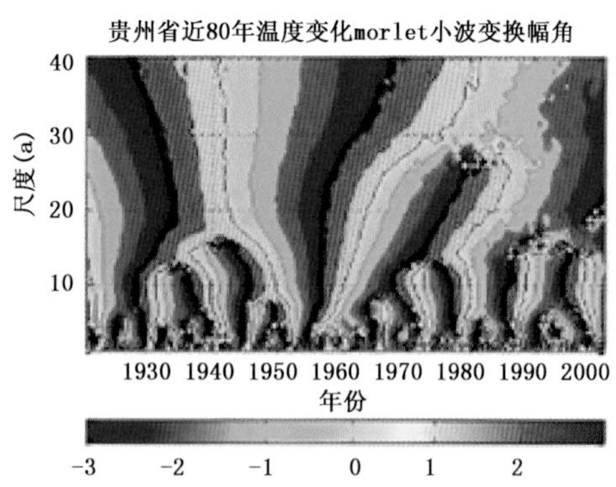

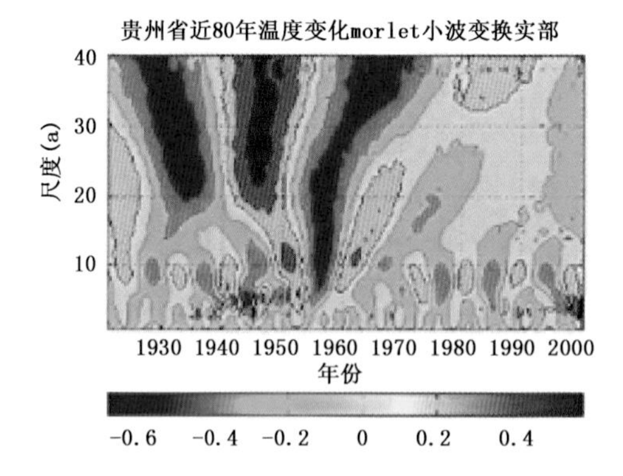

图7.3　贵州省近80年(1921—2000年)气温变化小波分析

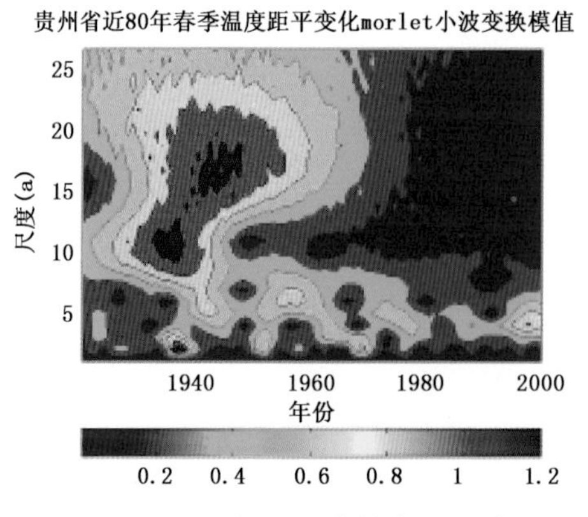

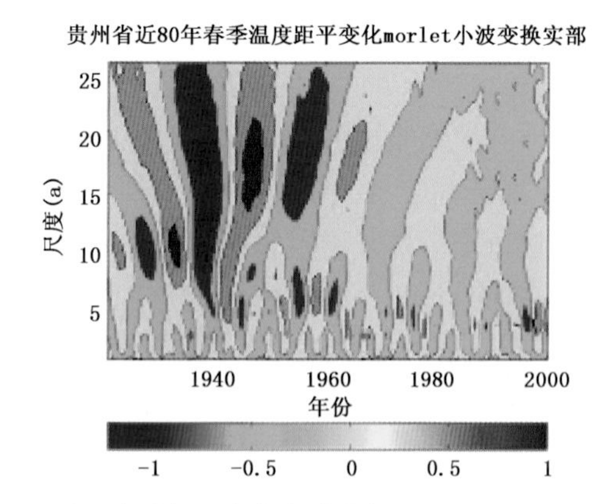

图7.4　贵州省近80年(1921—2000年)春季气温变化小波分析

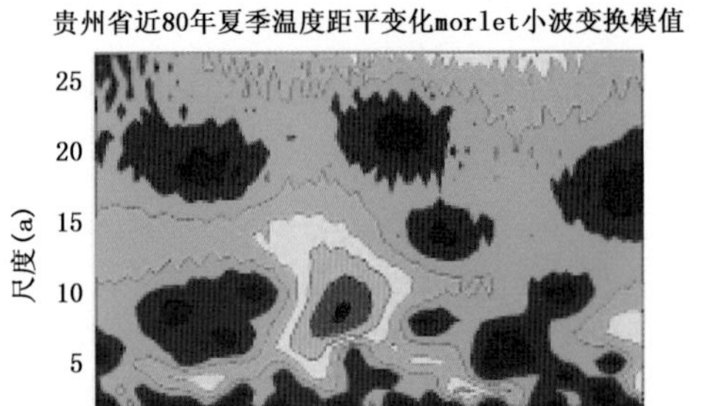

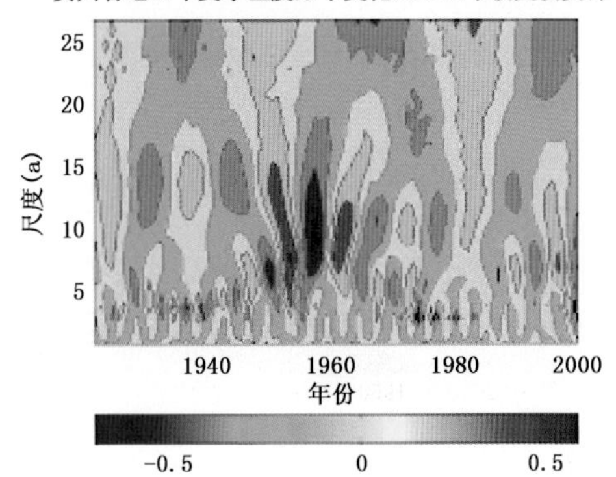

图7.5　贵州省近80年(1921—2000年)夏季气温变化小波分析

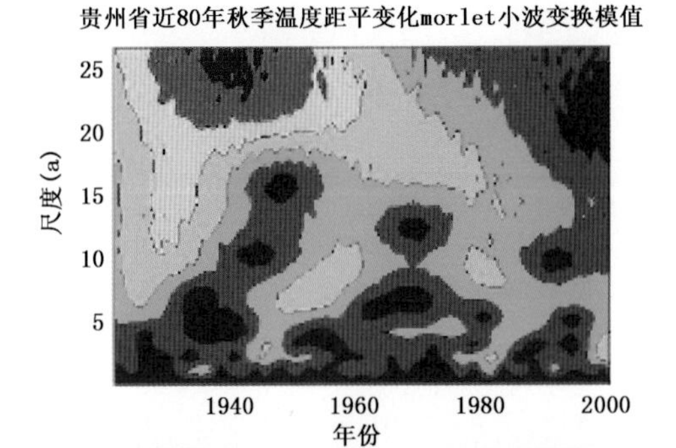

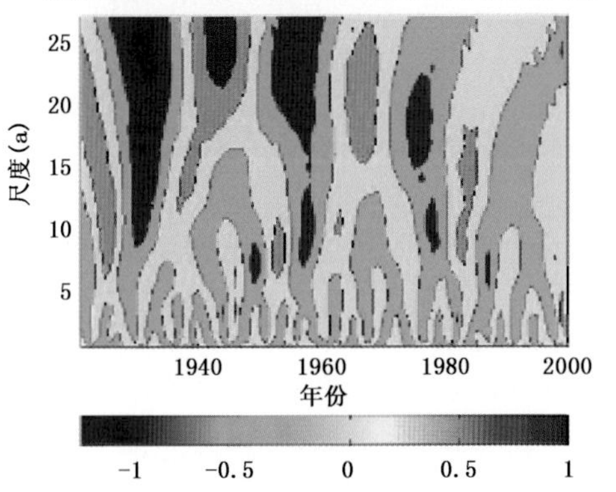

图7.6　贵州省近80年(1921—2000年)秋季气温变化小波分析

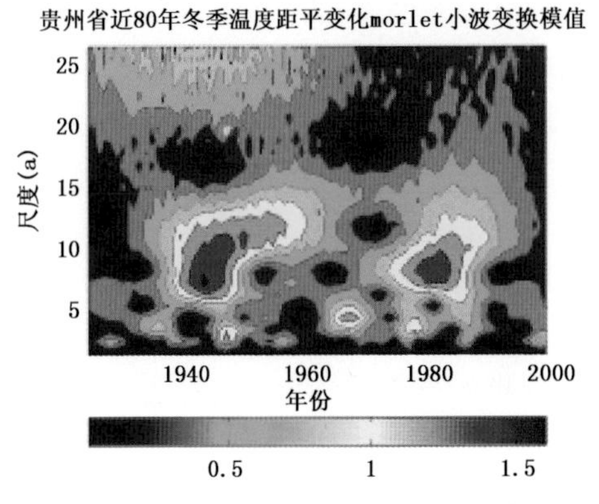

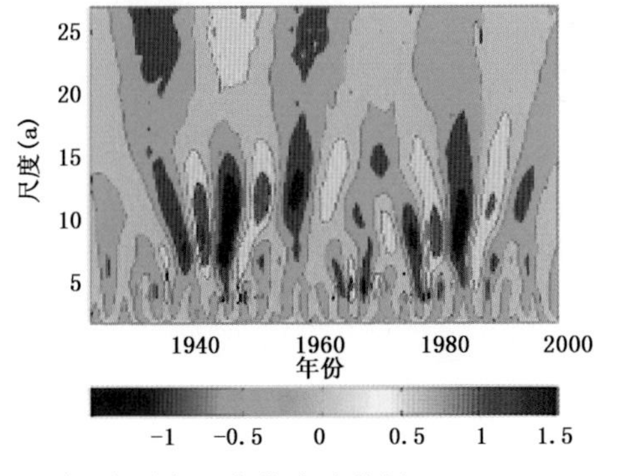

图7.7　贵州省近80年(1921—2000年)冬季气温变化小波分析

7.1.2 降水量

贵州省的年降水量呈现略有减少的趋势。1951—2005年,年降水量减少了48.0 mm(图7.8),且年际变化显著。20世纪60和70年代降水波动较大,80年代降水偏少,90年代明显偏多,进入21世纪以来降水偏少。从季节来看,春、秋季明显减少,冬、夏季略有增加。1951—2005年,春、秋季及年降水量呈下降趋势,夏、冬季降水量呈上升趋势。除春季降水明显减少外,其余各季及年降水量均未达显著性标准,属于气候的自然波动。夏季降水量占年降水量的比例最大,年际变化也最大,是年降水量变化的主要决定因素。

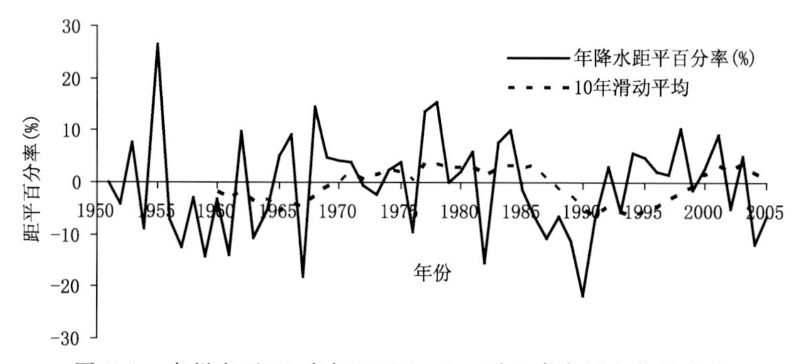

图7.8　贵州省近50多年(1951—2005年)降水量变化趋势图

(1)年降水量

20世纪60年代与50年代相比,除南部、西北部减少外,其余各站增多;20世纪70年代与60年代相比,除西北部为减少外,其余各站增多;20世纪80年代与70年代相比,降水明显偏少,贵阳偏少最多,为200 mm,西部偏少80.9 mm,东部偏少131.8 mm,全省偏少114.9 mm;2001—2004年比20世纪90年代明显偏少,偏少的幅度西部大于东部,安顺偏少最多,为300.8 mm,西部偏少155.4 mm,东部偏少69.7 mm,全省偏少98.2 mm。20世纪90年代年降水量最多,20世纪80年代最少,两者相差西部为83.6 mm,东部为135.3 mm,全省为118.1 mm。

30年平均值,1971—2000年与1961—1990年、1951—1980年相比,30年平均值变化不大。

(2)贵州降水各季趋势及变化强度

春季降水:20世纪70年代与60年代相比,除思南、兴仁、威宁偏少外,其余各站明显偏多,榕江偏多最多,为80.2 mm;20世纪80年代与70年代相比,除盘县、威宁外,其余各站降水显著偏少,铜仁偏少最多,为122.4 mm,偏少幅度东部大于西部,西部偏少17.3 mm,东部偏少71.3 mm,全省偏少53.3 mm;20世纪90年代与80年代相比,西部少,东部除遵义、思南偏少外,其余各站偏多,西部偏少27.4 mm,东部偏多13 mm，全省偏少 0.5 mm；2001—2004 年比 20 世纪 90 年代普遍偏多，贵阳偏多最多，为 119.8 mm。50 年来全省春季降水 20 世纪 70 年代最多，90 年代最少，90 年代与 70 年代之差西部为－44.7 mm，东部为－57.4 mm，全省为－53.8 mm。

30 年平均值，1971—2000 年与 1961—1990 年、1951—1980 年相比，春季降水均偏少，两者之差西部为－15 mm，东部为－11.6 mm，全省为－12.7 mm，西部为－14.5 mm，东部为－31.1 mm，全省为－25.6 mm。

夏季降水：20 世纪 70 年代与 60 年代相比，除安顺偏多外，其余各站均偏少，盘县偏少最多，为 70 mm，西部偏少 15.1 mm，东部偏少 21.2 mm，全省偏少 19.2 mm；20 世纪 80 年代与 70 年代相比，除西北部偏多外，其余各站均偏少，独山偏少最多，为 90.9 mm；20 世纪 90 年代与 80 年代相比，各站显著偏多，思南偏多最多，为 209.6 mm，西部偏多 89.5 mm，东部偏多 123.8 mm，全省偏多 112.3 mm；2001—2004 年与 20 世纪 90 年代相比，除桐梓外普遍偏少，贵阳偏少最多，为 210.8 mm，西部偏少 116.8 mm，东部偏少 77.2 mm，全省偏少 90.4 mm。50 年来，全省夏季降水 20 世纪 90 年代最多，80 年代最少。

30 年平均值，1971—2000 年与 1961—1990 年相比，降水增加，西部增加 21.5 mm，东部增加 20.4 mm，全省增加 20.8 mm；与 1951—1980 年相比，西部增加 8.5 mm，东部增加 8.9 mm，全省增加 8.7 mm。

秋季降水：20 世纪 60 年代与 50 年代相比，除南部偏少外，其余各站均偏多，盘县偏多最多，为 90.1 mm，西部偏多 57.4 mm，东部偏多 10.8 mm，全省偏多 26.3 mm；20 世纪 70 年代与 60 年代相比，除遵义、铜仁、镇远、威宁略少外，其余各站偏多，独山偏多最多，为 79.1 mm，西部偏多 8.4 mm，东部偏多 19.3 mm，全省偏多 15.7 mm；20 世纪 80 年代与 70 年代相比，除铜仁、镇远偏多外，其余各站显著偏少，独山偏少最多，为 90.9 mm，西部偏少 55.1 mm，东部偏少 25.1 mm，全省偏少 35.1 mm；20 世纪 90 年代与 80 年代相比，除贵阳、遵义、兴仁、盘县、安顺略多外，其余各站均偏少；2001—2004 年比 20 世纪 90 年代显著偏少，西部偏少 50.0 mm 以上，兴仁偏少最多，达 130.9 mm。50 年来，秋季降水 20 世纪 90 年代最少，70 年代最多。

30 年平均值，1971—2000 年与 1961—1990 年、1951—1980 年相比，秋季降水变化不大，最大也未超过 10.0 mm。

冬季降水：20 世纪 60 年代与 50 年代相比，除罗甸、安顺、兴仁、思南、铜仁、桐梓略多外，其余各站偏少，榕江偏少最多，达 11.8 mm；20 世纪 70 年代与 60 年代相比，除毕节外，全省偏少，兴仁偏少达 20.2 mm；20 世纪 80 年代与 70 年代相比，除威宁、毕节外，其余各站偏多，独山偏多最多，为 21.6 mm；20 世纪 90 年代与 80 年代相比，除铜仁偏少外，其余各站偏多，遵义偏多最多，为 15.7 mm；2001—2004 年除东北部、安顺偏多外，其余各站偏少，铜仁偏多 57.1 mm，毕节偏少 11.1 mm。冬季降水 20

世纪 70 年代最少，90 年代最多，两者相差西部为 9.0 mm，东部为 16.7 mm，全省为 14.1 mm。

30 年平均值，1971—2000 年与 1961—1990 年、1951—1980 年相比，冬季降水变化不大。

(3)代表站降水历年演变特点

选取铜仁、毕节、贵阳、遵义、罗甸分别代表东部、西部、中部、北部和南部地区，降水量历年演变特点如下：

年平均降水量：东部铜仁，1951—1954 年偏多，1955—1960 年偏少，1961—1980 年平均降水量在平均值附近振动，20 世纪 80 年代相对少雨，20 世纪 90 年代相对多雨，2000 年以来降水有下降的趋势。西部毕节，1951—1957 年相对较多，1958—1966 年相对较少，1967—1983 年略多，1984—1993 年相对偏少，1994 年以后相对偏多。中部贵阳，1951—1954 年偏多，1954 年最多，1955—1962 年相对偏少，1963—1979 年相对偏多，20 世纪 80 年代相对少雨，20 世纪 90 年代相对多雨，近几年来降水有下降的趋势。北部遵义，1951 年—20 世纪 60 年代前期降水在平均值附近振动，20 世纪 60 年代中后期—70 年代中后期降水偏多，1979—1981 年连续 3 年少雨，1982—1984 年连续 3 年比正常略多，1985—1995 年相对略少，1995 年以后降水相对偏多。南部罗甸，1951—1954 年偏多，1955—1964 年偏少，1965—1975 年在平均值附近上下波动，1976—1980 年相对偏多，1981—1989 年相对偏少，20 世纪 90 年代在平均值附近上下波动，近几年呈减少的趋势。

春季：东部铜仁，呈多—少—多的变化趋势，1951—1978 年以多为主，1979—2000 年以少为主，2001 年以后呈增加趋势。西部毕节，呈少—多—少变化趋势，1951—1968 年少，1969—1984 年多，1985 年以后呈减少趋势。中部贵阳，呈多—少—多的变化趋势，1951—1985 年偏多，1986—2000 年偏少，但 2000 年以后呈增加趋势。北部遵义，呈多—少的变化趋势，1951—1978 年以多为主，1979—2000 年以少为主，2001 年以后呈增加趋势。南部罗甸，呈少—多—少—多的变化趋势，1951—1968 年偏少，1969—1984 年偏多，1985—1999 年偏少，2000 年以后呈增加趋势。

夏季：东部铜仁，20 世纪 50 年代中期前呈准两年变化，一年多一年少，20 世纪 50 年代中期—90 年代前处于相对少雨阶段，20 世纪 90 年代处于多雨期，2000 年以后雨水略有减少。西部毕节，1951—1957 年多雨，1958—1966 年少雨，1967—1972 年降水逐年下降后，又逐步回升到 1977—1979 年多雨，20 世纪 80 年代少雨，20 世纪 90 年代以后多雨。中部贵阳，20 世纪 60 年代初期前为少雨阶段，20 世纪 60 年代中期—70 年代变化较大，20 世纪 80 年代少雨明显，20 世纪 90 年代处于多雨期，21 世纪由多雨向少雨过渡，准两年振荡明显。北部遵义，20 世纪 70 年代中期前变化较大，20 世纪 70 年代中期—80 年代雨水相对较少，这期间 1982—1984 年连续 3 年少雨,20 世纪 90 年代后进入多雨期。南部罗甸,1951—1965 年相对少雨,1966—1980 年多雨,1981—1986 年少雨,1987 年以后处于多雨期。

秋季:东部铜仁,存在着相对偏多期和偏少期,1951—1954 年偏多,1955—1960 相对少雨,1961—1969 年相对偏多,1970—1983 年降水变化较大,以多为主,1984 年以后为相对少雨阶段。西部毕节,1951—1962 年降水变幅较大,1963—1983 年 3～4 年的振荡明显,以多为主,1984 年以后为相对少雨阶段。中部贵阳,1952—1960 年偏少,1961—1971 年降水呈准两年振荡,1972—1983 年相对多雨,1984 年以后秋季处于相对少雨阶段。北部遵义,1951—1960 年呈准 2 年振荡,1960 年到谷底后上升,1962 年到峰值,连续下降 4 年,1967—1978 年处于相对多雨阶段,1979 年以后处于相对少雨阶段。南部罗甸,1951—1965 年呈准 2 年振荡,1965—1980 年变幅较大,1965 年峰值后连续下降 5 年,1970 年降到低谷后又连续上升 5 年,1978 年为一峰值,后又连续下降 2 年,1981—1984 年相对多雨,1985 年后处于少雨阶段。

冬季:东部铜仁,降水变化较大,1989 年开始进入一个相对多雨期。西部毕节,1951—1959 年降水偏多,1960—1978 年相对偏少,1979—1983 年偏多,1984 年以后处于少雨阶段。中部贵阳,1951—1972 年偏多,1973—1988 年相对偏少,1989—2004 年相对偏多。北部遵义,1951—1976 年偏多,1977—1990 年相对偏少,1991 年以后进入相对多雨阶段。南部罗甸,1951—1981 年降水偏少,1982 年升到平均值后连续下降 3 年到谷底后上升 2 年,但 2 年均在平均值附近,1988 年降到谷底后,进入一个相对多雨期。

7.1.3　日照和极端天气

贵州省日照时数呈现减少趋势。1961—2000 年,除黔东南州的锦屏、天柱和从江等少部分地区外,大部分地区日照时数明显减少(图 7.9)。20 世纪 80 年代减少最为明显,气候倾向率为－12.2～－144.3 h/10a。21 世纪以来减少逐步停止,部分台站日照时数出现增加趋势。

极端天气气候事件频率和强度变化明显。全省暴雨日数增多,降水强度增大;冰雹、雷电灾害增多,强度加大;霜冻、低温冷害等频率减少,程度趋强;干旱加剧,洪涝频发。

7.2　未来气候变化预测情景分析

气候变化影响自然生态环境、社会经济可持续发展。本节使用国家气候中心下发的未来气候变化预估数据集,应用高排放情景(SRES A1)、低排放情景(SRES B1)两种情景下的温度、降水模式集合平均值,研究贵州未来气候变化。

气候变化研究中,各个模式对不同地区的模拟效果不尽相同。研究表明,多个模式平均优于单个模式的效果。因此,利用国家气候中心下发的未来气候变化预估数

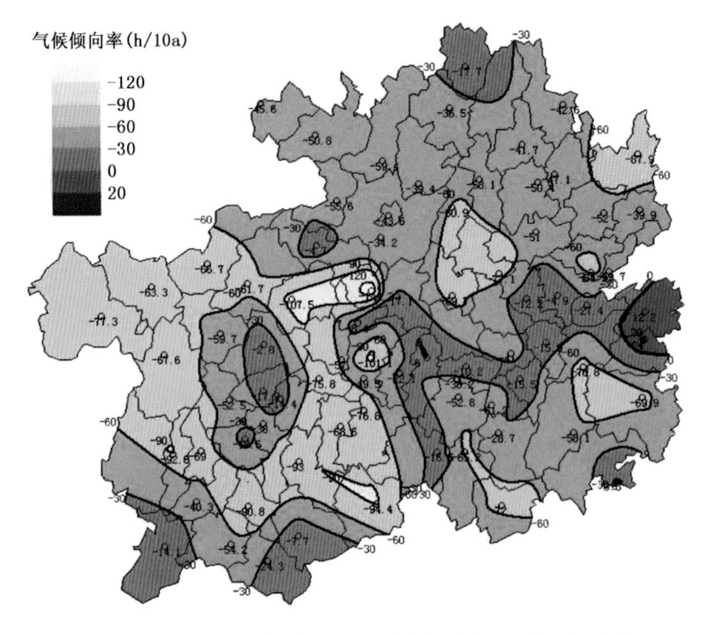

图 7.9　1961—2005 年全省日照时数气候倾向率空间分布

据集预估贵州未来 10～20 年气候变化，对参与 IPCC 第四次评估报告的 20 多个不同分辨率全球气候系统模式的模拟结果，经过插值降尺度计算，统一到同一分辨率下，检验东亚地区模拟效果，利用简单平均方法，对模拟效果较好的模式进行多模式集合，制成 1901—2099 年月平均资料。

7.2.1　未来气候变化预估数据集说明

数据单位：温度(K)、降水(mm/d)。

各个情景下，模式数量不同，文件中相对应地给出 20 世纪气候模拟试验(20C3M)的模式集合平均值。

时间段：

月平均资料

20C3M：　　1980.01—1999.12

SRES A1B：2001.01—2030.12

SRES A2：　2001.01—2030.12

SRES B1：　2001.01—2030.12

区域范围：

经度：LON　60°～149°E

纬度：LAT　0.5°～69.5°N

数据分辨率:1°×1°。

7.2.2 研究方法

用插值降尺度方法估算高排放情景(SRES A1B)、低排放情景(SRES B1)两种情景下,未来 20 年(2011—2030 年)贵州省月、季、年平均气温与降水的模拟值,相对 1981—1999 年平均。

选出离预估地点最近的 4 个模式网格点,通过双线性内插方法将这 4 个点上的模拟结果插到该点上,作为该点上的模拟值。双线性内插公式为:

$$\bar{a}_0(n) = b[a \cdot a(i-1,j) + (1-a) \cdot a(i-1,j+1)] + (1-b)[a \cdot a(i,j) + (1-a) \cdot a(i,j+1)] \tag{7.1}$$

其中双线性内插得到一个网格 4 个交叉点上的模式要素值,a 和 b 分别为预估点距离南北和东西网格线的最近距离(图 7.10)。

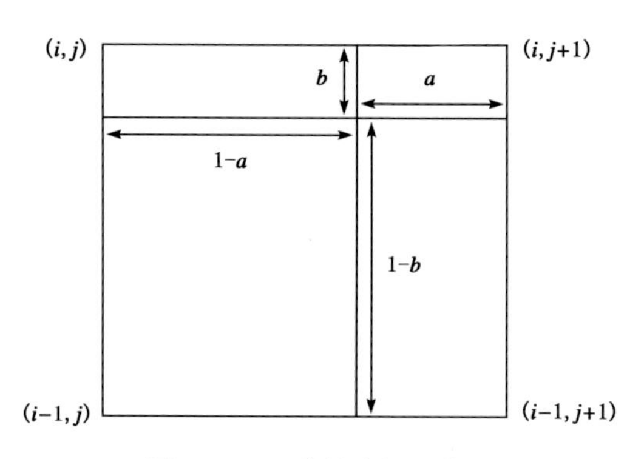

图 7.10　双线性内插示意图

未来气候变化有很大的不确定性,根据 IPCC 第四次评估报告对气候变化的预测,21 世纪末全球平均温度变化范围将是 1.8～4.8 ℃。中国气象局专家预估:到 2030 年,我国西南地区气温可能上升 1.6～2.0 ℃。

7.2.3 研究结果

贵州省气候变化研究表明,20 世纪 60 年代到 20 世纪末,贵州省年平均气温没有明显变暖趋势,但出现了冬暖夏凉更加明显的趋势。虽然夏季降水量有增多趋势,春、秋季降水量却有减少趋势。20 世纪 70—80 年代开始,日照时数和太阳辐射有减少趋势。太阳辐射和日照时数出现不对称变化,大部分地区减少,少部分地区略有增加。气温总体呈升高趋势,冬季增暖幅度更加明显。

用多种气候数值模拟模式研究结果表明,随着时间的推移,高原增暖幅度可能呈增加趋势,与全球气候变化趋势一致。由于地貌类型极其复杂、气候类型多样、局部差异明显,各地气温增暖幅度差异较大。降水量空间、时间分布不均匀,局部差异大,变化趋势不明显。

在两种排放情景下，应用多种气候预测模式集合预测，贵州省7个避暑旅游城市2011—2030年20年气候可能变化情况的定量预估如下（表7.1）：

SRES B1（低排放）情景下，2011—2030年贵州省主要避暑城市年平均气温相对于气候基准时段增加倾向率为0.12～0.29 ℃/10a，平均为0.20 ℃/10a。

SRES A1B（高排放）情景下，2011—2030年贵州省主要避暑城市年平均气温相对于气候基准时段增加倾向率为0.14～0.26 ℃/10a，平均为0.21 ℃/10a。

表7.1　两种排放情景下贵州省主要避暑旅游城市年平均气温变化预估

	B1情景温度变化(℃/10a)	A1B情景温度变化(℃/10a)
水城	0.18	0.18
毕节	0.19	0.26
遵义	0.29	0.21
安顺	0.20	0.19
贵阳	0.22	0.26
都匀	0.24	0.23
兴义	0.12	0.14
平均	0.20	0.21

图7.11为贵州省主要避暑城市2011—2030年气温变化预估，多种模式模拟结果表明：高排放情景对贵州平均气温增加的影响较大。由此，建议20年内把贵州省CO_2排放控制在中低水平之内。

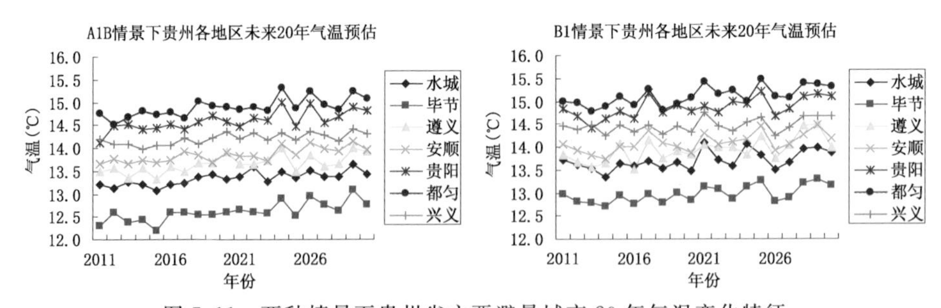

图7.11　两种情景下贵州省主要避暑城市20年气温变化特征

表7.2表明：SRES B1（低排放）情景下，2011—2030年贵州省主要避暑旅游城市年平均降水量相对于气候基准时段气候倾向率为−27.73～13.26 mm/10a，平均为−9.9 mm/10a；SRES A1B（高排放）情景下，2011—2030年贵州省主要避暑旅游城市年平均降水量相对于气候基准时段气候倾向率为−15.16～5.51 mm/10a，平均为−5.90 mm/10a。

表7.2 两种排放情景下贵州省主要避暑旅游城市年平均降水量变化预估

	B1情景降水变化(mm/10a)	A1B情景降水变化(mm/10a)
水城	−17.53	−15.16
毕节	−5.68	−12.50
遵义	13.26	5.51
安顺	−12.21	−2.36
贵阳	−9.10	−4.15
都匀	−10.28	−3.05
兴义	−27.73	−9.61
平均	−9.90	−5.90

多种模式模拟结果表明:两种排放情景下,贵州主要避暑旅游城市年平均降水量变化不大(图7.12)。

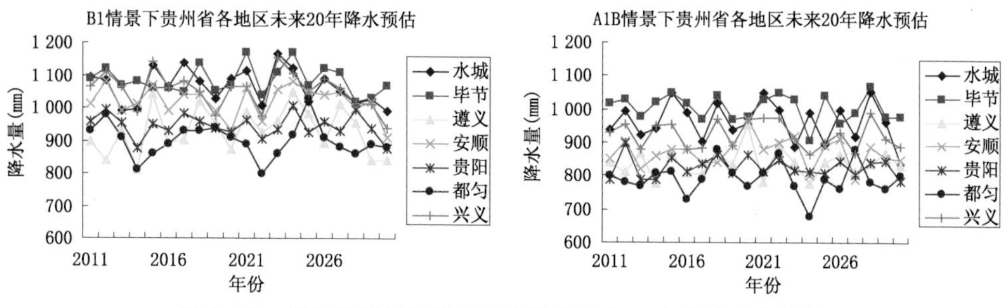

图7.12 两种情景下贵州省主要避暑城市20年降水变化特征

7.3 未来气候变化对旅游业的影响

植被、动物等自然资源分布与气候要素有着十分紧密的联系,未来气候变化必将对自然资源产生非常重要的影响。自然资源的变化又将对社会经济和公共安全产生深远影响。气候变化还将增大异常天气气候事件发生的频率及强度,气象灾害事件增多,将对贵州省的旅游业产生深远影响。

7.3.1 气候变化对贵州省旅游生物资源的影响

气候变化对云贵高原旅游生物资源影响较大。如云南松林是我国西部偏干性亚热带地区的典型代表群系。随着全球气候变暖,今后几十年内气温升高、降水增加,但新增降水远不能补偿由于气温升高而引起的蒸发强度增加所需要的水分。受其影响,云南松的分布面积将可能减少221.77万hm^2,分布的海拔上限将可能升高。贵州高原地区植被环境的变化,必然对该地区野生动物物种的分布产生影响。如松林分布区域的变化会导致其间野生动物分布区的变化。森林生态被损坏将使其间丰富的野生动物分布及生物多样性受到影响，野生动物物候、繁殖、种群大小、群落组成与结构等也会受到影响。由此，气候变化对生物的影响将威胁高原地区的生物物种多样性。从而对贵州省的旅游生物资源产生不利影响。

7.3.2 贵州省气候变化对人体健康的影响

贵州省部分地区气温夏季增暖趋势不明显，甚至可能下降，冬季增暖趋势明显。冬暖夏凉的气候变化可以增加人们居住的舒适感。然而，气候变化的潜在影响大多对健康不利。极端天气气候事件频发会导致死亡率、伤残率、传染病发病率和心理异常的增加，并对公共卫生基础设施造成破坏。

气候变暖尤其是冬季气温升高，有利于疟原虫、血吸虫、蚊虫、钉螺等传染媒介的生存和繁衍，扩大疟疾、登革热、血吸虫病等传染性疾病的传播范围，延长传播时间，增加传播强度。气候变暖也会影响水资源分布、温湿度变化、微生物繁殖。贵州省非媒介传染病的发病率可能会增加。这些会对旅游者选择贵州省为旅游目的地时产生一定影响。

7.3.3 贵州省气候变化对旅游业的影响

气候变化对贵州省旅游资源的影响有利也有弊，对气候资源而言，利大于弊。夏季气温无明显变化，冬季气温呈明显升高趋势，气温舒适度提高，适宜旅游时间延长，可使旅游旺盛期延长。气候变化使得贵州省避暑旅游优势更加明显，可以促进旅游等经济活动发展。

贵州省作为我国的“天然植物基因库”和“动物王国”之一，气候变化对生物物种多样性具有威胁。一方面，贵州省有很多珍稀物种，它们种群较少，对环境变化的适应能力差。气候变化很可能导致珍稀物种灭绝，这种损失是无可挽回的。另一方面，物种多样性损失会使贵州省旅游环境质量下降，影响旅游收入。旅游业是综合性很强的产业，包括吃、住、行、游、购、娱六大要素，需要依靠农业、工业、第三产业中众多行业支持和配合才能自下而上发展。经济状况的衰退将导致发展旅游业所必需的产业支柱被削弱，使旅游业缺乏必要的支持。

气候变化对人体健康的影响将导致旅游安全系数降低，使旅游安全事故增加，导致贵州省旅游业的直接经济损失。气候变化导致的极端天气气候事件的频发和传染性疾病的传播也将使人们对外出旅游产生恐惧心理，减少人们对旅游的心理需求。由于气候变化影响，全球各地会蒙受经济损失，导致经济衰退，使整个世界剩余购买力下降，对旅游的支付能力降低，贵州省的旅游客流量可能受到一定影响。

7.4 贵州省旅游业可持续发展建议

贵州省拥有得天独厚的旅游资源，也是“十一五”以来国家重点发展旅游业地区之一。随着经济发展,旅游业在国民经济中占有越来越重要的地位,对整个地区经济的影响逐渐深远。面对气候变化对贵州省旅游业的可能影响,应该积极采取合理可行的措施,适应、减缓气候变化对旅游业可能造成的损失,使旅游业能够持续、健康地发展。本着可持续发展的原则,对贵州省应对气候变化的旅游业提出以下对策:

7.4.1 保护生态环境,保护旅游资源

生态旅游资源是贵州省旅游业发展必不可少的依托基础和凭借条件,旅游资源一旦遭到破坏几乎是不可能恢复的,无论对自然还是经济造成的损失都无法弥补。旅游资源与生态环境的保护程度将直接反映出旅游业的发展水平。因此,要积极采取保护措施,保护高原的绿色生态环境,以维护旅游业的根基。

7.4.2 合理开发和利用旅游资源

旅游资源的开发利用状况直接制约着旅游业的发展规模和水平。旅游目的地的旅游环境容量是有限的,过度开发和利用旅游资源,会造成旅游超载,使旅游地自然生态环境退化甚至破坏,使旅游者在旅游地的体验质量下降。过度开发利用虽然可以带来暂时的经济效益,但那是短命的效益,从长远角度考虑是得不偿失的。高原地区旅游开发和利用,应在保证旅游生态环境质量得到保障的前提下,合理规划进行。

7.4.3 加强旅游安全保障措施,加强旅游安全法规建设

旅游区应提高旅游场所和设施的本质安全度,保障旅游安全投入;加大旅游安全宣传教育力度;建立旅游安全应急救援机制,应对突发气象灾害事件。旅游安全事故给旅游业带来的损失是巨大的,旅游区不仅需要对旅游事故做出巨额赔偿,而且若旅游区的安全信誉度降低,会影响以后的经济效益。

7.4.4 建设贵州为旅游避暑大省,建立“云贵避暑旅游协作区”

旅游业发展实践表明,旅游客源的流向往往指向具有高旅游资源密度的旅游产业聚集带。由于省区界限的制约,使避暑旅游资源密集分布、特色明显和具有建立旅游品牌集群的云贵高原,旅游产业彼此孤立地发展。针对该问题,亚太环境保护协会、中国城市竞争力研究会、香港中国城市研究院等联合机构的专家首次提出建立“云贵避暑旅游协作区”的构想。“云贵避暑旅游协作区”的建立将能够充分利用本地区的各种避暑旅游资源,使其规模化、规范化并易于管理与治理,打造该区旅游品牌,提高该区对旅游客源的吸引力,提高旅游经济效益。

7.4.5 优化能源结构,以减轻该地区人类活动对区域气候变化的干扰

经济水平的提高及高原城市化进程的加快,往往导致过多地使用矿物燃料,排放大量 CO_2 和其他温室气体,对贵州局部地区气候造成影响,如城市热岛效应、水资源短缺和空气质量恶化等;同时也会加剧气候变暖的步伐。目前,贵州省的城市化水平

还不高，如果能及早控制城镇矿物燃料使用量，优化能源结构，开发如风能、水能及太阳能等新能源，保护好高原的绿色生态环境，将对该区旅游业乃至整个区域的经济发展大有益处。

第 8 章　贵州省旅游气象预报服务

8.1　旅游气象服务的重要性

气象事业是为经济建设、国防建设、社会发展和人民生活服务的社会基础性公益事业，气象服务是气象事业的立业之本，是气象事业的重要组成部分。气象服务学是研究气象服务理论和技术方法的技术学科，是为发展气象服务业服务的应用学科。因此，气象服务学的定位必须首先阐明气象服务业的定位。

8.1.1　气象服务是气象事业的立业之本

在 20 世纪 90 年代初，中国气象局根据国际大气科学的新进展和我国国民经济发展对气象事业的新需求，及时制定了“气象事业发展纲要(1991—2020 年)”和“气象事业发展十年规划(1991—2000 年)”，1996 年又制定了“气象事业发展第九个五年计划”和“全国气象事业发展规划(1996—2010 年)”。这些规划和计划对气象业务技术体制都做了明确的规定，其中也包括对气象服务的业务技术体制的原则规定。例如，在“气象事业发展第九个五年计划”的目标中明确规定“基本建立起以基本气象业务系统为依托，现代化程度较高的气象服务系统。逐步形成与经济快速发展、社会全面进步和社会主义市场经济体制建立相适应的气象综合服务体系，大力发展全方位、多层次服务，积极培育、建立稳定的多元气象信息技术市场，加速气象科技辐射和成果转化。”明确气象服务是气象事业的重要组成部分，是气象工作的出发点和归宿，是气象事业的立业之本。气象服务技术既是气象基本科技的延伸，又是气象基本科技的发展；气象服务业务分系统是整个气象业务系统的窗口和出口。

不仅如此，从国家和社会大系统的角度考虑，气象行业是一个科技服务行业，也就是说，气象事业在国民经济中的地位实际上是通过气象服务来体现的，或者说，气象服务在国民经济中的地位也就是气象事业在国民经济中的地位。随着气象科学技术的迅速进步，天气预报越来越准，气象信息的使用价值也越来越高，气象服务效益也越来越明显。研究表明：20 世纪 80 年代我国的气象投入/效益比为 1：(15～20)，到 20 世纪 90 年代初上升为 1：(38～40)。随着气象服务效益的不断提高，气象事业在社会大系统中的作用和地位也进一步得到认可，气象信息服务业也将在知识经济体系中发挥重要的作用。

随着社会经济发展和气象科技进步，气象对经济的影响也越来越明显，气象服务在国民经济建设中的地位越来越高，作用越来越重要，气象行业已经成为国家重要的科技服务行业。目前，气象已经为农业、电力、矿产、医疗、建筑、交通、体育、旅游等多行业开展服务，为国民经济的快速增长以及满足广大公众的特殊要求做出了重大贡献。

8.1.2 开展旅游气象服务的必要性

旅游业是人类社会发展到一定阶段的产物，是伴随社会生产力发展而产生及发展起来的新兴经济部门。今天，旅游业已经成为我国一个新兴的外向型经济产业，在国民经济中占据着独特的地位。气象与人们的生产、生活休戚相关，现代旅游业的发展催生出了旅游气象这一边缘科学。

2000 年以来，气象学、森林学、地理学者纷纷开展了与旅游有关的研究工作，直接服务于旅游业的研究领域，不仅可以为旅游区的规划设计、合理利用旅游资源提供科学依据，而且可以向旅游者提供尽可能丰富和完善的旅游服务。

气象条件是影响旅游安全和旅游质量的重要因素。气象灾害导致旅游者死亡、旅游设施损毁事故时有发生，不利天气条件往往会对旅游者交通出行、景区观赏等产生不利影响，越来越多的旅游者根据天气来安排自己的出行计划，气象信息已经成为旅游者出游必需的公共服务信息，成为旅游经营者和各级旅游部门防范气象灾害的重要依据。提高旅游气象服务能力是提高旅游服务水平和质量的重要内容。

为贯彻落实《国务院关于加快发展旅游业的意见》〔国发(2009)41 号〕和《国务院关于加快气象事业发展的若干意见》〔国发(2006)3 号〕，中国气象局与国家旅游局于 2010 年 7 月 7 日签署《关于联合提升旅游气象服务能力的合作框架协议》(以下简称《协议》)，深化旅游、气象部门的合作，进一步提高气象为旅游服务的质量和效益，为旅游者、旅游经营者和各级旅游部门提供更加精细化、针对性更强的气象服务。

根据《协议》，双方将建立持续高效的联合观测、信息共享、合作研发和沟通交流机制，促进旅游气象观测、预报和服务技术的发展，不断提高旅游气象服务的能力。双方将联合加强旅游气象观测系统建设；联合做好节假日旅游气象预报服务；联合加强旅游景区气象灾害防御工作；联合加强和规范旅游气象信息的发布；加强双方技术合作，提高旅游气象预报服务质量；联合建立旅游气象服务示范区。游客将享受更加精细化、针对性更强的旅游气象服务。

8.2 气象条件对旅游的影响

旅客主要包括团队(即旅行社)与散客两类，通常旅行团队出行计划是提前制定的，但散客常根据天气预报来决定是否出行，相比较而言，其行为与天气变化关系较为明显。本节着重介绍气象条件对游客旅游的影响，并结合景区进行调查分析。

8.2.1　温度和降水

(1)气温

气温反映某一地区的冷热程度。在一年四季中，贵州游客每年夏季最多，春季高于秋季，冬季(12 月—翌年 2 月)最少(图 8.1)。春暖花开时人们脱下冬衣出去踏青赏花，夏天郊游纳凉，秋日登高。春季，当日最高气温稳定通过 10 ℃以后，游客数明显增多，且游客数曲线与气温曲线几乎平行；当气温稳定通过 15 ℃以后，游客数与气温关系不再明显；秋季，游客数随气温一路下滑，当气温下降至 10 ℃以下后，游客数也下降。当最高气温高于 30 ℃，特别是高于 35 ℃时，气温高、辐射强的因素将影响旅游的舒适度，如果有繁茂的植物足以遮阴，景点的小气候将有所改善，但对旅游仍有影响。气温过高，则可能使人产生热痉挛、脱水和中暑等急性病症，持续的酷热还使人烦躁。持续高温在贵州东部、南部部分地区及赤水河谷地带夏季时有出现。冬季气温低，人体舒适度较差，寒冷会造成老人、小孩等体弱者生病，急剧的降温会使人体的机能发生紊乱，从而引起各种疾病的发生，对没有提防的人造成冻伤，甚至死亡，使游客减少出行计划。贵州冬季不算寒冷，但在部分高寒山区或极端低温年会出现低温雨雪及凝冻天气，影响交通出行。

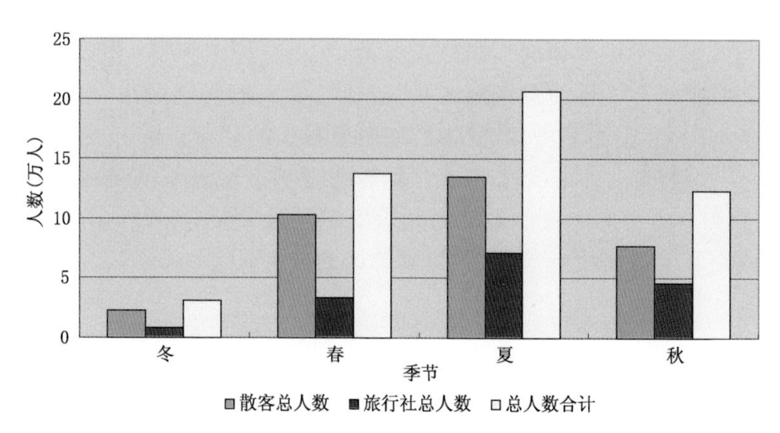

图 8.1　2012 年天河潭景区游客人数的季节分布

(2)降水

适度的降水可以净化、湿润空气，形成溪流、瀑布和水潭，有利于植物生长，绿化、净化景观，改善游客的心情。因此，适度的降水有利于旅游出行，雨过天晴后更适宜旅游，特别是夜间下雨白天天晴时(即所谓昼晴夜雨)，不仅不会影响游客出行，还会对旅游更加有利。

一日中20时至次日08时的降雨量为夜间降水量。贵州各地夜雨量占总降水量的比例均在50%以上,以兴仁—六枝—惠水一带和赤水—金沙—遵义—湄潭一带夜雨最多,达65%以上,其中六枝、安顺一带达70%左右。省内夜雨最少的地区分布在东南部和东部边缘地区,夜雨量占55%左右,其次是西部边缘地区,夜雨量占60%左右。省内其余地区夜雨量占60%~65%。各季中,以春季夜雨量所占百分比为大,冬季次之,夏季最小。因此,贵州夜雨对旅游十分有利。

在贵州微量降水(0.0 mm)主要出现在冬季,若气温在0 ℃以上,不论降水在白天还是夜晚,都不会影响人们的出行,所以微量降水对旅游没有什么影响。降水一旦大于0.1 mm,就会影响游客的舒适度,明显影响游客出行数量,小雨、中雨对游客数的影响差别不大。大雨和暴雨对旅游的影响是显著的,强降水过程或持续性降水就会影响旅游出行及心情,甚至迫使旅游中断,可能造成人员伤亡等事故。2012年7月22日,贵州省中国青年旅行社有限公司的旅游团由于湘黔铁路某处滑坡,整个行程延迟了二十几个小时。贵州南江大峡谷旅游有限公司规定:如果水位过高超出警戒水位的话,就会关闭漂流项目;如果水量偏大一些的话,就会缩短漂流的行程,且每条漂流艇增派安全员随船护航。强降水在山区还可能引发泥石流和滑坡,致使景区被迫关闭。持续的强降雨天气让部分计划来贵州的旅游团队不得不推迟或取消。此外,暴雨还给人们造成了严重的心理压力,旅游者纷纷改变原来的旅游计划,旅行社也相应地调整旅游线路。

(3)贵阳天河潭景区数据的气候分析

利用2012年贵阳天河潭景区游客月分布图(图8.2)可以看出:全年游客人数呈现夏季多,冬季少,春季明显增加,秋季后期明显减少的分布特点;全年景区散客或团队游客均在7月最多,1月最少;6和9月均有明显游客数量下降的情况且散客数量下降明显。6和9月游客出行变化可能与学校临近期末考试和刚刚开学孩子需要收心,而且这两个月又分别接近暑假、黄金周等因素有关。

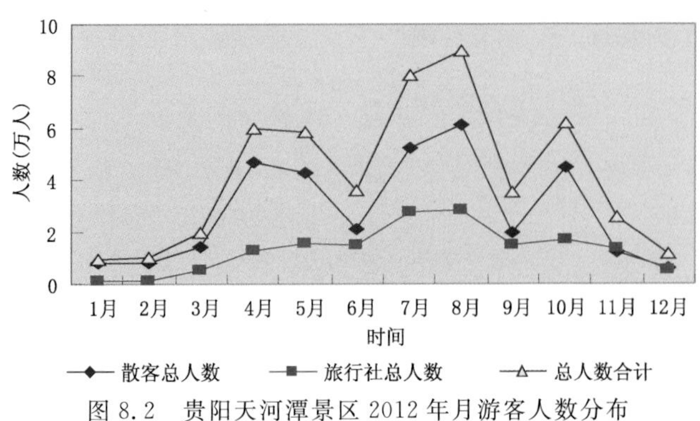

图8.2　贵阳天河潭景区2012年月游客人数分布

利用表8.1中数据进行分析，发现在天河潭景区当月降水量小于60 mm时，温度越高，游客越多(图8.3)；在温度相近的月份，降水越多，游客越少(图8.4)。

表8.1 2012年天河潭景区游客人数与气象要素

月份	散客总人数(人)	旅行社总人数(人)	总人数合计(人)	温度(℃)	降水(mm)
1	8 281	1 133	9 414	1.9	19.6
2	8 446	1 679	10 125	3.7	23.1
3	14 039	5 368	19 407	11.1	45.7
4	46 676	12 868	59 544	18.1	40.2
5	42 804	15 683	58 487	20.3	273.2
6	21 021	15 161	36 182	20.6	354.7
7	52 166	28 169	80 335	23.4	191.8
8	61 498	28 275	89 773	23.6	136.1
9	19 844	15 193	35 037	19.0	133.2
10	4 5029	17 069	62 098	16.8	60.0

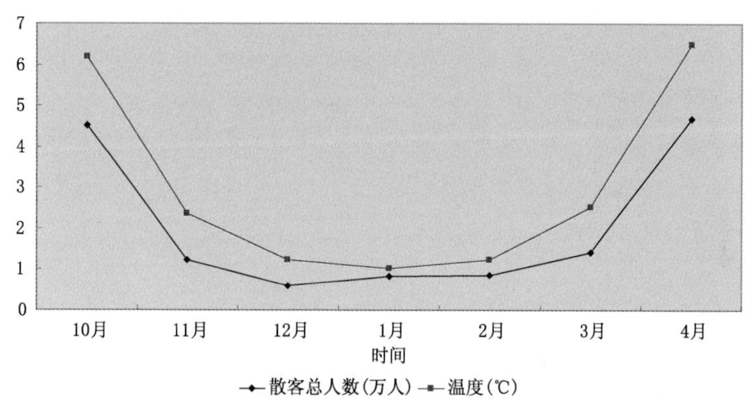

图8.3 非汛期天河潭景区温度与游客的关系图

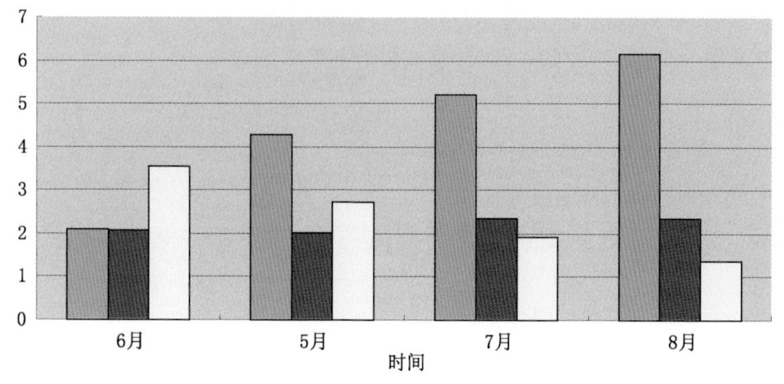

图8.4 天河潭景区降水与游客的关系图

8.2.2 气象灾害

(1)凝冻

贵州的凝冻是指大气中水雨滴、云雾滴及水汽在地面物体上凝结、凝华成冰的气象灾害,为贵州冬季的主要灾害。

从1965—2005年共40年资料来看,全省只有4个县没有出现过凝冻,分别是赤水、望谟、罗甸和荔波;7个县平均每年凝冻日数不足1 d,它们是道真、沿河、印江、册亨、三都、榕江和从江。从年凝冻日数地区分布看,年平均凝冻日数明显最多的有4个县(市),它们是威宁、大方、开阳和万山,年平均凝冻日数分别是48,32,26和26 d。而赫章相对周围县(市)来说,凝冻日数较少。凝冻多发地区可划分为3个部分:西部高原地区、中部地区、东部地势较高地区。其中西部高原地区主要集中在毕节地区;中部地区主要集中在贵阳地区;东部地势较高地区则比较分散,主要集中在海拔高度相对较高地区。

长时间持续的凝冻,增加旅游景观,成为季节性旅游品种,但凝冻不仅危害越冬作物、森林树木,还给交通运输、有线通信、输电线路等造成重大危害,对旅游业产生重大不利影响。如2008年1月12日—2月,严重的凝冻灾害给贵州经济发展造成了重大损失。灾害期间,大部分景区、旅游企业和乡村旅游村寨的水、电、通信、交通和各种旅游配套设施均遭受严重损坏。1—2月,作为贵州支柱产业的旅游业总收入比2007年同期下降8.14%。

(2)降雪

降雪主要发生在我国的北方广大地区,贵州降雪日数较少,降雪强度相对来说也比较弱。全省87个站点的年平均降雪日数变化较大,区域性明显。总体来说,西北部的毕节地区中西部、贵阳地区、铜仁、凯里北部及遵义北部地区偏多,年平均降雪日数在10 d以上。贵州省降雪集中区域有4个:最大的在毕节地区中西部,其余还包括北部习水、中部开阳和瓮安及东部万山。这些区域的年平均降雪日数都在15 d以上,其中以大方的20 d为最多。降雪偏少的地区为贵州省南部和赤水,年平均降雪日数都在3 d以下,其中南部边缘的望谟和册亨及北端的赤水河谷年平均降雪日数仅为1 d。其余地区年平均降雪日数大多在5～13 d之间。贵州省中部、东部和遵义地区略多,东北边缘和南部地区略少。

由于暴雪,路面积雪,使高速公路和机场关闭,当然这些也是一种景观,所以应趋利避害。

(3)强风危害

地面大风是在一定的环流和天气形势下发生的。按大风形成的原因可把我国地面大风大体归纳为以下几种:冷锋后偏北大风、高压后部的偏南大风、温带低压发展时的大风、台风大风、龙卷风、雷暴大风。不同地区不同季节受大风的影响有所不同。

强风或大风可能对旅游设施、旅游建筑物、旅游景观、通信线路和交通车辆造成损坏。1994 年 11 月 30 日凌晨 3 时 10 分，贵阳市北郊白云区都拉营乡国营都溪林场及其附近地区遭受到一场罕见的雷雨大风袭击，都溪林场及其周围地区的树木顷刻被毁，一部分树木被连根拔起，而更多的松树则被大风拦腰折断，风灾现场留下大片折断的树干和一根根齐刷刷的树桩，灾情十分奇特且严重，特称为“都溪风灾”。这次风灾共波及都拉营乡的都溪、尖坡、冷水、都拉、奔土、小河 6 个自然村，1 个林场（都溪林场），1 个大型车辆厂（铁道部贵阳车辆厂），2 个乡镇工厂（白云化工厂、冷水砖瓦厂）。其中以都溪林场和贵阳车辆厂灾情最重，经济损失最大。此外，都拉营乡大坡上的个人承包林场的幼龄树损失也不小。风灾路径为一全长约 10 km、宽约 300～500 m 的狭长地带，风灾持续约 10 min。大风发生时伴有阵雨、冰雹、雷击和球状闪电等天气现象。据目击者反映，11 月 29 日傍晚，在都溪林场上空曾出现过漏斗状云，凌晨球状闪电触地时，有震耳欲聋的巨响，天空闪电发出耀眼光芒。风灾使国营都溪林场和都拉营乡的个人承包林地共约 500 亩* 马尾松毁于一旦，在都溪林场所辖范围内，包括老鸦塘东侧东西宽 100 m、南北长 54 m 的松树几乎全部被折断或被扭断，羊奶坡北侧长 100 m、宽 43 m 的一片松林内约有 50 棵高约 20 m 的成材树被折断，水堰坝两侧的一片狭长的山丘林地是都溪林场的主要林区，树木被折断最多，损失最重。在风凰哨，有长 150 m、宽 60 m 的狭长地带所有成材树木几乎全被吹倒、折断。贵阳市车辆厂是这次风灾的最大受害者，全厂有 6 000 m^2 的厂房受到严重损坏，该厂物资处库房旁边一棵直径 40 cm 的大杨树被连根拔起，地磅房的钢管被神奇地截断，一辆装有 50 t 钢材的货车被强风吹离原地 20 m 以上（沿铁轨滑行），全厂被风吹毁的门窗、玻璃计 1 200 m^2，损失约 60 万元。都溪风灾是局地强对流风暴所为。

（4）雷暴

雷暴是由强大的积雨云所引起的伴有闪电、雷鸣和强阵雨的局地风暴。没有降水的闪电、雷鸣现象，称为干雷暴。雷暴过境时，气象要素和天气现象会发生剧烈变化，如气压猛升、风向急转、风速大增、气温突降等，随后出现倾盆大雨。强烈的雷暴甚至带来冰雹、龙卷等严重灾害。

通常把只伴有阵雨的雷暴称为一般雷暴，把伴有暴雨、闪电、大风、冰雹、龙卷等严重火害性天气之一的雷暴称为强雷暴，两者都是由强烈的积雨云形成的，这类积雨云称为强雷暴云。雷暴活动具有一定的地区性和季节性，一般是低纬度多于中纬度，中纬度多于高纬度。低纬度地区常年高温多雨，空气处于暖湿不稳定状态，容易形成

---

* 1 亩$=\frac{1}{15}\text{hm}^2$，下同。

雷暴;中纬度地区,夏半年近地层大气增温、增湿,大气层结不稳定增大,同时天气系统活动频繁,雷暴次数也较多;高纬度地区气温低,很难形成雷暴所需的大量能量,因而雷暴甚少。同纬度而言,雷暴出现次数一般是山地多于平原,内陆多于沿海。

打雷和闪电是同时发生的,是由于带异种电荷的云层或云层与大地之间的一种放电现象,当带异种电荷的云层相互间的距离由于运动而缩小到一定距离时,正负电荷间的强大电势差将空气击穿而发生瞬间放电,放电时产生的放电火花就是闪电,同时放电时产生的声音就是雷声。同时,当带电云层运动时,地面相对应的地方产生感应电荷,若云层与地面或地面高大物体间距离较小,则云层与物体间的空气被击穿而发生瞬间放电产生雷电。输电、通信线路,以及电子终端设备、高耸的建筑物等易遭到雷击。同时雷击也会伤人。海南岛年雷电日数为 120 d 左右,为全国之首;贵州高原丘陵地带次之;我国西北地区最少。

贵州省 1—12 月均有雷暴发生,雷暴天气主要集中在 4—9 月,月平均雷暴日数超过 7 d,最高可达 13 d,占全年雷暴总日数的 80%左右,这与贵州省夏季太阳辐射增强,对流性天气增多有关。其中 6,7,8 月为最多,占全年雷暴总日数的 65%;以 1 和 12 月最少,共占年雷暴总日数的 0.4%。从 2000—2007 年贵州省雷暴灾害统计资料分析,1—10 月均有雷暴灾害发生,主要发生在 4—8 月,占年雷暴灾害总次数的 84.63%。雷暴灾害最早发生在 1 月。雷暴灾害发生的最高峰在 7 月,占年雷暴灾害总次数的 24.06%;次高峰在 4 和 5 月,分别占年雷暴灾害总次数的 20.11%和 18.3%。

贵州省年雷暴日数区域分布呈现东北部弱、中部以南和西南部强的特征,年雷暴日数平均为 51.6 d,属于高雷暴区。贵州省的黔西南州、六盘水及黔南州的罗甸境内是雷暴的高值区,年雷暴日数大多在 70 d 以上,最高值在普安,年平均雷暴日数为 85 d;雷暴低值区在雷山、剑河一带,年平均雷暴日数最少,为 46 d。按年平均雷暴日数>40 d 即为多雷区的有关规定,贵州省境内均属于多雷区的范围。地闪次数与雷暴日数除铜仁、黔东南州外,其他地区二者基本吻合。

(5)冰雹

冰雹灾害是一种局地性和季节性强的灾害,来势凶猛,持续时间短,是以砸伤、砸毁为主的气象灾害。它的直接砸伤力直接取决于雹块的大小、质量、速度。半径为 3~9 cm,重约 0.1~3 kg,末速度达到 30~60 m/s,能直接砸毁飞机、汽车,造成人员伤亡。

贵州省一年中,四季均可降雹,但四分之三的降雹日集中在 2—5 月。春季各地降雹日占全年的 64%,冬季占 14%,夏、秋两季各占 11%。12 个月中,以 4 月份降雹日最多,占全年的 27%;3 月次之,占 20%;5 月再次之,占 17%。成灾冰雹主要出现在这三个月内。雹日之中,贵阳以西地区多集中于 20 时以前的下午降雹,贵阳以东地区则出现 20 时以后的夜间降雹。

据统计，贵州省各地年平均降雹日数在 0.2～3.6 d 之间，西部地区在 2.0 d 以上，晴隆最多，为 3.6 d，水城次之，为 3.0 d。北部、东北部、东南部河谷和南部边缘地带年平均降雹日数在 1.0 d 以下。最少的赤水、仁怀分别为 0.2 和 0.3 d，省内其余地区年平均降雹日数在 1.5 d 左右。

降冰雹时常伴有大风和暴雨，有可能对交通、旅游设施、游客的人身安全带来危害。

8.3　贵州省旅游气象预报方法

8.3.1　旅游气象舒适度指数预报

根据贵州省旅游气象舒适度地方标准(DB52/556—2009)，将欧洲中期天气预报中心(European Centre for Medium-Range Weather Forecasts，ECMWF)数值预报产品中温度、湿度以及风速的格点资料插值到各旅游景点，对相应的预报数值进行人工修正，最后代入贵州省旅游气象舒适度标准模型(式(8.1))，得到各旅游景区的舒适度指数：

$$SD = 1.8T - 0.55(1.8T - 26)(1 - RH) - 2.5\sqrt{V} + 32 \qquad (8.1)$$

式中 SD 为舒适度指数；T 为气温(℃)；RH 为空气相对湿度(%)；V 为风速(m/s)。

8.3.2　旅游气象着装指数预报

天气变化是影响着装的重要因素，穿衣的厚薄是人们御寒防暑的主要措施之一，人们外出旅游时，根据旅游景区的温、湿度以及风速的大小选择恰当的着装是快乐旅游的基础。因此，向旅游景区提供旅游气象着装指数预报是十分必要的。舒适度等级标准建立时充分考虑了气温、湿度以及风速，基本能代表人体体感温度，因此，着装指数主要是根据舒适度等级而展开。对应舒适度等级(SD_i)，气象着装指数(D_i)也确定了相应的 9 个等级，见表 8.2。

$$D_i = SD_i + 5 \qquad (8.2)$$

表 8.2　气象着装等级预报

着装等级(D_i)	着装提醒
1	穿棉衣裤、冬大衣、皮夹克，戴帽子、手套等
2	穿厚呢子外套、厚毛衣、薄棉衣等
3	穿风衣、毛衣、毛料套装等
4	穿风衣、薄毛衣、春秋套裙、套装等
5	穿西服套装、夹克衫、春秋套裙、牛仔衫裤等
6	穿单层薄衫裤、长袖 T 恤、薄套装等
7	穿衬衫、棉质衫裤、套裙、连衣裙等
8	穿衬衫、短套装、真丝衣裙等
9	穿短衫、短裙、薄 T 恤衫等

8.3.3 旅游气象指数预报

户外旅游活动往往受到天气条件的显著影响。如暴雨常引起洪涝，造成道路坍塌、滑坡落石，甚至引发山洪暴发、泥石流等地质灾害，直接给旅游交通、游客带来危害。雷暴是一种严重的灾害性天气，会给置身于高山、空旷等环境中的游客带来生命威胁；大风可吹倒电线杆和树木，也会给交通及游客带来危险。因此，根据降雨(雪)、凝冻以及夏季高温等天气现象或要素对旅游活动的条件适宜程度，将旅游气象指数分为5级，表征如下：1级——非常适宜旅游；2级——天气对外出旅游影响不大；3级——对外出旅游有一定的影响；4级——不太适宜外出旅游；5级——不适宜外出旅游。具体概念模型见表8.3。

表 8.3 旅游气象指数等级预报

天气条件		等级	旅游提示
天气现象	温度条件		
雪	无凝冻	4	气温低，不太适宜外出旅游，但可以外出欣赏雪景
	有凝冻	5	天气寒冷，不适宜外出旅游，不过，却可以外出欣赏雪景
凝冻(无雪)	$T_{max}>0$ ℃	4	气温低，路面上有凝冻，不太适宜外出旅游
	$T_{max}\leqslant 0$ ℃	5	天气寒冷，路面上还有凝冻，不适宜外出旅游
小到中雨	$T_{max}\leqslant 5$ ℃	4	天气偏冷，还有小雨为伴，不太适宜外出旅游
	5 ℃$<T_{max}\leqslant 10$ ℃	3	天气偏凉，有小雨，对外出旅游有一定的影响
	$T_{max}>10$ ℃	2	有小雨，外出旅游时请携带雨具
中到大雨	$T_{max}\leqslant 10$ ℃	4	降雨较大，气温偏低，不太适宜外出旅游
	$T_{max}>10$ ℃	3	降雨较大，对外出旅游有影响，请携带好雨具
大到暴雨以上		5	天公不作美，降水大，不适宜外出旅游
阴天	$T_{max}\leqslant 5$ ℃	3	天气冷，对外出旅游有影响，请注意防寒保暖
	5 ℃$<T_{max}\leqslant 15$ ℃	2	天气偏凉，对外出旅游影响不大
	15 ℃$<T_{max}\leqslant 28$ ℃	1	天气舒适，是外出旅游的好时机
	$T_{max}>28$ ℃	3	气温偏高，对外出旅游有影响，请注意防暑降温
多云或晴天	$T_{max}\leqslant 7$ ℃	2	天气偏冷，但对外出旅游影响不大
	7 ℃$<T_{max}\leqslant 28$ ℃	1	天气晴好，是外出旅游的好时机
	$T_{max}>28$ ℃	4	天气晴热，不太适宜外出旅游，若需外出时，请注意防晒，注意防暑降温

8.3.4 紫外线强度预报

紫外线指数是对紫外线照射强度由弱到强进行分级，是衡量某地正午前后到达地面的太阳紫外线辐射对人体皮肤(或眼睛)可能损坏的程度指标,它主要与纬度、季节、平流层臭氧、云量、海拔高度、地面反照率和大气污染状态等诸多因素有关。

为了分析紫外线的可预报性,预先选出 850,700,500 hPa 的 24 h 变高、24 h 变温、空气相对湿度、温度、高度以及地面 24 h 变压和海平面气压实况资料,通过相关性检验,发现紫外线辐射量与 850 hPa 相对湿度(RH)和海平面气压(P)呈现负相关、与 850 hPa 温度(T)呈现正相关,并且相关性相当好,其中与 850 hPa 相对湿度、850 hPa 温度的相关系数基本上通过了 $\alpha=0.01$ 的显著性检验。由此采用这几个因子进行紫外线强度预报。

紫外线强度存在季节差异,为使预报更客观有效,对 1—12 月采取分组方式进行研究,分别是:① 5—8 月;②3,4,9 月;③2,10 月;④1,11,12 月。分别对相关性较好的 3 个因子按不同的月份组合进行逐步回归分析,设紫外线辐射量为 Q;r 是方程的判定系数,即相关系数的平方,r 越大表示拟合优度越大,自变量对因变量的解释程度越高。建立预报方程如下:

5—8 月:该组可表征夏半年,其紫外线辐射量相对较大。逐步回归分析得出关系式如下:

$$Q=-0.085RH+0.648T-0.026P+267.788,\quad r=0.739 \tag{8.3}$$

式中 RH 为 850 hPa 空气相对湿度(%);T 为 850 hPa 温度(℃);P 为海平面气压(hPa)。

3,4,9 月:考虑到尽管 3,4,9 月太阳直射赤道附近,紫外线辐射较强,但其相关性因子较少。关系式如下:

$$Q=-0.142RH+0.288T+16.603,\quad r=0.711 \tag{8.4}$$

式中 RH 为 850 hPa 空气相对湿度(%);T 为 850 hPa 温度(℃)。

2,10 月:考虑到 2,10 月太阳直射南半球,靠近赤道,紫外线辐射量相对较小,且相关因子较为相似。关系式如下:

$$Q=-0.148RH+0.147T+12.363,\quad r=0.723 \tag{8.5}$$

式中 RH 为 850 hPa 空气相对湿度(%);T 为 850 hPa 温度(℃)。

1,11,12 月:该三个月太阳直射南半球,靠近南回归线,也是紫外线辐射量最小的时段,相关因子也较为相似。关系式如下:

$$Q=-0.099RH+0.256T+17.19,\quad r=0.671 \tag{8.6}$$

式中 RH 为 850 hPa 空气相对湿度(%);T 为 850 hPa 温度(℃)。

将 2005 年 10 月(10 月 1 日缺值,按 10 月 2—31 日共 30 d 统计)欧洲中期天气预报中心的数值预报数据与其对应月份的方程进行效果检验。该方程的紫外线指数等级预报评分与人工主观预报的评分比较接近(图 8.5)。图中的差值是预报值减实况值,差值越接近零表明预报效果越好。该月预报相对实况比较平缓,在 30 组数据中，有17组预报等级完全与实况相符，准确率达56.7%。但8—12日效果不好，预报值与实况值的差异较大，但趋势还是与实况相一致的。因此，认为该预报方程对四级以上的紫外线指数不可预报，尤其是在紫外线突然出现增大时。改进的办法为：如果预报值与其他气象因子之间不吻合，可结合紫外线预报与云图、气象因子的预报等做出综合预报，从而提高紫外线的预报准确率。

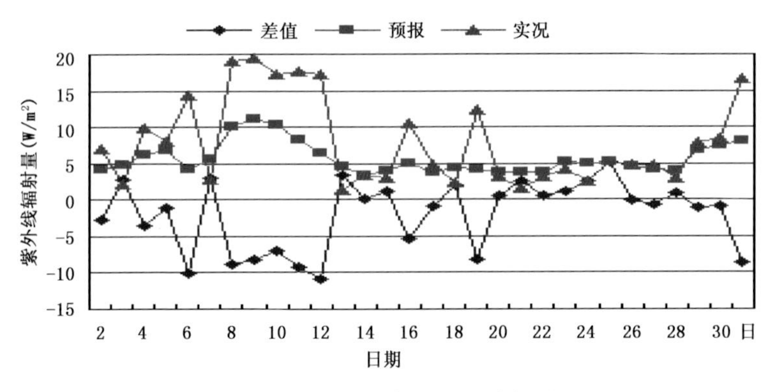

图8.5 紫外线辐射量误差分析图

为解决紫外线强度的自动化预报问题，我们采用了国际公认的预报准确率较高的欧洲中期天气预报中心、日本数值预报中心的数值预报格点要素场，按经纬度插值到各旅游景区，代入预报公式并根据中国气象局紫外线辐射强度等级划分标准（表8.4），即可得到紫外线等级预报结果。

表8.4 紫外线辐射等级划分标准

级别	紫外线辐射量（W/m²）	紫外线指数	紫外线强度	防晒建议
一级	<5	0,1,2	最弱	可以不采取措施
二级	5～9.9	3,4	弱	外出戴防护帽或太阳镜
三级	10～14.9	5,6	中等	除戴防护帽和太阳镜外，涂擦防晒霜（防晒霜SPF指数应不低于15）
四级	15～29.9	7,8,9	强	除戴防护帽和太阳镜外，涂擦防晒霜（防晒霜SPF指数应不低于30），减少外出活动
五级	>30	>10	很强	尽量不外出，必须外出时，要采取一定的防护措施

8.4 旅游气象预报服务系统

为使研究成果应用到业务实际工作，更好地为贵州旅游发展服务，依托多年研究成果研发了贵州省旅游气象预报服务系统，以满足各地游客的信息化要求。

该系统充分考察了各旅游景区的地形地貌，实现了与公众关注度较高的旅游舒适度预报、紫外线强度预报，以及是否利于旅游出行的旅游气象指数预报等。

8.4.1 系统功能与流程

贵州旅游气象预报服务系统以气象业务系统为依托，根据旅游气象服务的需要，进行高起点、高水平、高效益的软件二次开发。系统集信息采集、信息加工、专业气象预报、产品数据库管理以及产品服务共 5 个功能子系统于一体。在向公众发布常规的温度、降水等天气预报的基础上，将贵州省旅游气象舒适度指数、旅游气象着装指数等应用于实际预报业务；建立紫外线强度预报模型，并将数值预报产品应用于紫外线强度等级预报中；在国内首次拓展出天气要素对旅游影响程度的旅游气象指数预报。该系统简洁、流畅，通过人机交互操作系统，自动加工成不同的旅游气象服务产品，实现多媒体自动化服务方式。通过电视、广播、手机短信、“12121”声讯平台、互联网和报纸等向公众发布。丰富的气象服务产品和发布方式满足了社会公众和旅游行业的不同需要。旅游气象预报服务系统流程见图 8.6。

8.4.2 信息采集

信息采集子系统包含两部分内容：一是旅游景点地理信息采集；二是气象信息采集。地理信息采集主要包括旅游景区所属行政区、经纬度、海拔高度以及地形地貌等要素，这不仅有助于掌握该地区的气候背景，也是后期气象信息加工时，数值预报产品插值应用的地理基础。如草海位于贵州省西部的威宁，不仅是冬季贵州省凝冻日数最多的地区之一，也是贵州省的“阳光城”，由于数值预报产品仅能提供 850 和 700 hPa(高度分别相当于 1 500 和 3 000 m)上的温度、湿度场，而草海的海拔高度为 2 170 m，由此对景区进行温度预报时需要根据温度递减率公式进行插值，以使预报结果更精确、更符合当地实际。

8.4.3 预报产品信息加工

中国气象局 2008 年《中国公众气象服务评估研究报告》的调查结果表明，各地区开展的各种气象指数预报中，关注度最高的是着装指数，达 76%；其次为舒适度指数和紫外线指数。为提高旅游服务层次，促进贵州省旅游气象服务向“精、专、全”发展，在加工实时监测资料、旅游景区天气预报的基础上，还开展了旅游气象舒适度指数预报、旅游气象着装指数预报、紫外线强度预报、旅游气象指数预报等。为完成上述预报，构建了预报产品制作系统(图 8.7)，能快速、准确地制作旅游气象预报服务产品。

气象监测资料加工指将全省自动观测站逐小时发布的包含温度、风、雨量等的天气要素的报文进行自动转化；旅游天气预报加工则是将发布的各旅游景区天气预报报文转化为旅游景区的天气现象、最高气温、最低气温、相对湿度以及风等天气要素

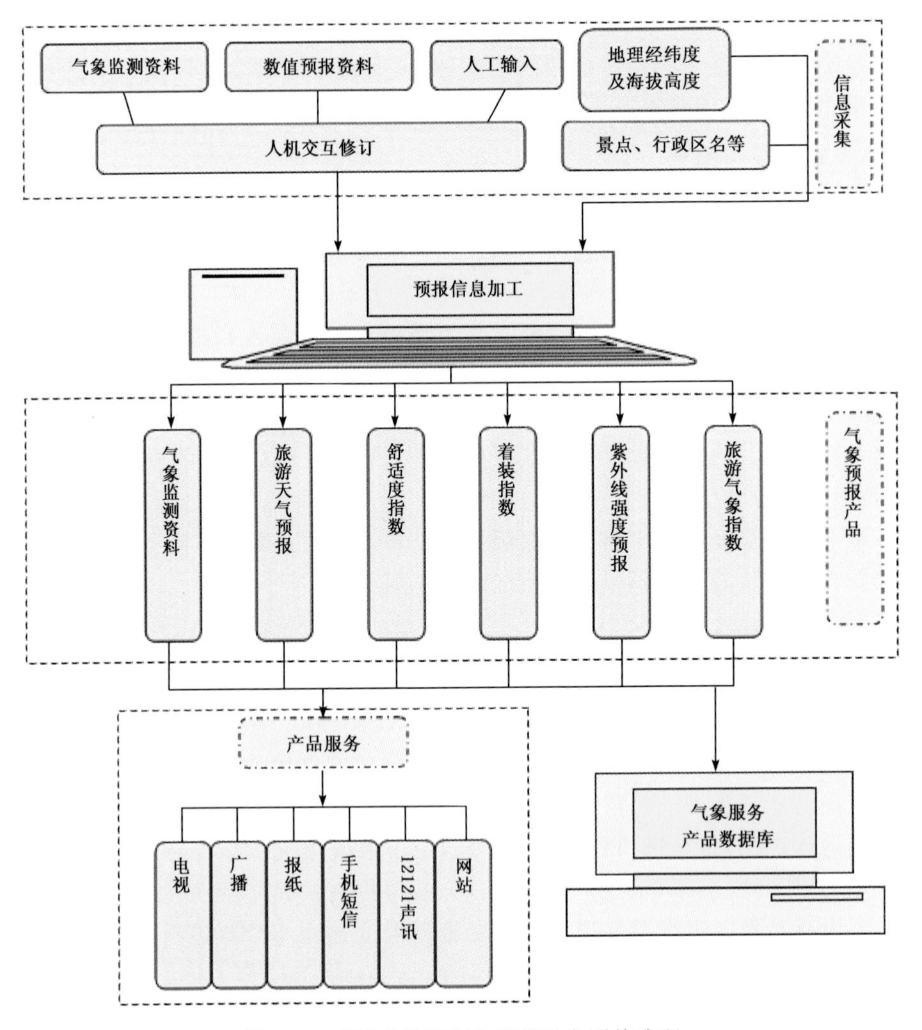

图 8.6 贵州省旅游气象预报服务系统流程

的预报。

应用 VB 语言构建了预报产品制作系统。系统主要功能有:报文资料处理、“12121”产品制作、短信产品制作、气象影视产品制作、旅游气象产品制作、报纸和电台等其他产品制作、邮件发送等。

制作的旅游气象产品主要有三类:天气要素预报类,含省内各县市 24 和 48 h 预报、省内主要旅游景点 24 和 48 h 预报、省内主要旅游景区预报等;旅游气象产品类,含紫外线强度、体感舒适度、着装指数、旅游气象指数等;气象监测数据,含逐小时温度、雨量、相对湿度等。

公共气象服务

农气素材　报文处理　报文上传　环境指数预报　产品制作　退出

中央报文传输
地区报文传输
✔ 报文查看
报文保存
短信报文处理

序	站名			地区 fp
1	毕节		10000 21419 30301 40000 51421 60301 90402 A0000 B1518 C0301 D0000 E1526	57707 00302 10000 21419 30301 40000 51421 60301 70000 81524 90402 A0000 B1518 C0301 D0000 E1526=
2	赫章		10000 21521 30301 40000 51422 60301 90402 A0000 B1519 C0301 D0000 E1527	58598 00302 10000 21521 30301 40000 51422 60301 70000 81525 90402 A0000 B1519 C0301 D0000 E1527=
3	威宁		10000 21322 30301 40000 51323 60301 70000 81324 90402 A0000 B1218 C0301 D0000 E1325	56691 00301 10000 21322 30301 40000 51323 60301 70000 81324 90402 A0000 B1218 C0301 D0000 E1325=
4	大方	57708	57708 00302 10000 21318 30301 40000 51320 60301 70000 81323 90402 A0000 B1317 C0301 D0000 E1425	57708 00302 10000 21318 30301 40000 51320 60301 70000 81323 90402 A0000 B1317 C0301 D0000 E1425=
5	金沙	57714	57714 00302 10000 21620 30301 40000 51624 60301 70000 81625 90402 A0000 B1719 C0301 D0000 E1727	57714 00302 10000 21620 30301 40000 51624 60301 70000 81625 90402 A0000 B1719 C0301 D0000 E1727=
6	纳雍	57800	57800 00302 10000 21521 30301 40000 51523 60301 70000 81624 90402 A0000 B1618 C0301 D0000 E1626	57800 00302 10000 21521 30301 40000 51523 60301 70000 81624 90402 A0000 B1618 C0301 D0000 E1626=
7	黔西	57803	57803 00302 10000 21621 30301 40000 51623 60301 70000 81624 90402 A0000 B1618 C0301 D0000 E1626	57803 00302 10000 21621 30301 40000 51623 60301 70000 81624 90402 A0000 B1618 C0301 D0000 E1626=
8	织金	57805	57805 00302 10000 21620 30301 40000 51623 60301 70000 81624 90402 A0000 B1618 C0301 D0000 E1626	57805 00302 10000 21620 30301 40000 51623 60301 70000 81624 90402 A0000 B1618 C0301 D0000 E1626=
9	水城	56693	56693 00401 10000 21524 30401 40000 51423 60101 70000 81425 90401 A0000 B1321 C0301 D0000 E1422	
10	六枝	57807	57807 00401 10000 21825 30401 40000 51723 60401 70000 81726 90801 A0000 B1723 C0301 D0000 E1723	
11	盘县	56793	56793 00401 10000 21927 30101 40000 51828 60101 70000 81928 90104 A0000 B1825 C0301 D0000 E1825	
12	遵义	57713	57713 00302 10000 21721 30302 40000 51722 62108 70000 81621 90302 A0000 B1723 C0302 D0000 E1823	57713 00302 10000 21721 30302 40000 51722 62108 70000 81621 90302 A0000 B1723 C0302 D0000 E1823=
13	桐梓	57606	57606 00302 10000 21720 30302 40000 51721 62108 70000 81620 90302 A0000 B1722 C0302 D0000 E1822	57606 00302 10000 21720 30302 40000 51721 62108 70000 81620 90302 A0000 B1722 C0302 D0000 E1822=
14	赤水	57609	57609 00302 10000 21923 30302 40000 51923 62108 70000 81823 90302 A0000 B1924 C0302 D0000 E1924	57609 00302 10000 21923 30302 40000 51923 62108 70000 81823 90302 A0000 B1924 C0302 D0000 E1924=
15	习水	57614	57614 00302 10000 21619 30302 40000 51620 62108 70000 81519 90302 A0000 B1621 C0302 D0000 E1721	57614 00302 10000 21619 30302 40000 51620 62108 70000 81519 90302 A0000 B1621 C0302 D0000 E1721=
16	道真	57623	57623 00302 10000 21722 30302 40000 51722 62108 70000 81721 90302 A0000 B1723 C0302 D0000 E1823	57623 00302 10000 21722 30302 40000 51722 62108 70000 81721 90302 A0000 B1723 C0302 D0000 E1823=
17	正安	57625	57625 00302 10000 21722 30302 40000 51722 62108 70000 81721 90302 A0000 B1723 C0302 D0000 E1823	57625 00302 10000 21722 30302 40000 51722 62108 70000 81721 90302 A0000 B1723 C0302 D0000 E1823=
18	务川	57634	57634 00302 10000 21722 30302 40000 51722 62108 70000 81721 90302 A0000 B1723 C0302 D0000 E1823	57634 00302 10000 21722 30302 40000 51722 62108 70000 81721 90302 A0000 B1723 C0302 D0000 E1823=
19	仁怀	57710	57710 00302 10000 21721 30302 40000 51721 62108 70000 81620 90302 A0000 B1722 C0302 D0000 E1822	57710 00302 10000 21721 30302 40000 51721 62108 70000 81620 90302 A0000 B1722 C0302 D0000 E1822=

图8.7　预报产品制作系统之报文处理

最后，通过气象影视、手机短信、贵州气象在线(www. gzqx. gov. cn)、“12121”声讯台、贵州都市报、电视台(贵州省电视台《百姓关注》栏目、贵阳电视台)、广播电台(省交通广播台、省经济台、市交通广播台、市新闻台和都市台)等媒体向公众发布旅游气象预报服务产品。

8.4.4　预报产品数据库

为了便于迅速、准确地查询、管理各类气象产品，建立了基于Sybase数据库系统的公共气象服务产品数据库。该数据库采用Windows Server 2003(操作系统)＋Sybase 12.5(数据库)＋Apache 2.2(Web平台)＋Php(开发语言)平台方案，是基于贵州省气象内网以web方式建立的一套气象资料收集、分检、查询系统，是贵州气象系统内部的资料共享平台，具有操作简单、查询方便等特征。其中，电视、手机短信、12121声讯所含旅游气象类数据表共20个，其结构见表8.5—表8.7所示。

表 8.5 数据表 zyt_ys_sn24:(影视——省内旅游景区 24 h 预报)

字段名	字段类型	描述
id	numeric	序列号自增长
dtime	Char(10)	时间(yyyymmddhh.)
station	Char(5)	区站号
weather	Char(5)	天气现象代码
xx2	Char(5)	现象代码 2
temperature	Char(5)	温度代码
xx4	Char(5)	现象代码 4

表 8.6 数据表 zyt_dx_lyjd:(短信——旅游景点预报)

字段名	字段类型	描述
id	numeric	序列号自增长
dtime	Char(10)	时间(yyyymmddhh.)
station	Char(20)	景点名
content	text	预报内容

表 8.7 zyt_12121_hsly:(12121 声讯——红色旅游景区预报)

字段名	字段类型	描述
id	numeric	序列号自增长
dtime	Char(10)	时间(yyyymmddhh.)
station	Char(22)	站名
flag	Char(4)	标志位,区分北线、东线、西线
content	text	预报内容

8.5 旅游气象预报发布平台

气象服务是科学研究和技术开发的出发点和归宿。从 2008 年中国气象局问卷调查结果(图 8.8)可以看出,电视是公众获取气象信息的最常用渠道,达 71%;手机短信排名第二,占 14%。贵州省以电视、手机短信为主体,拓展了报纸、网络、"12121"声讯、广播电台等气象服务渠道,为公众提供高质量、全方位、多层次的旅游气象服务产品。

8.5.1 电视产品

电视天气预报是公共气象服务的重要窗口之一,是人们了解各地天气、安排外出的行动指南。贵州省气象局现拥有完全数字化的演播室制作平台和优秀的影视制作人员,每天制作 8 套电视节目,分别在贵州省电视台和贵阳市电视台黄金时段播出。气象部门提供的电视服务产品在贵州卫视开辟的《多彩贵州天气导航》栏目播出(图

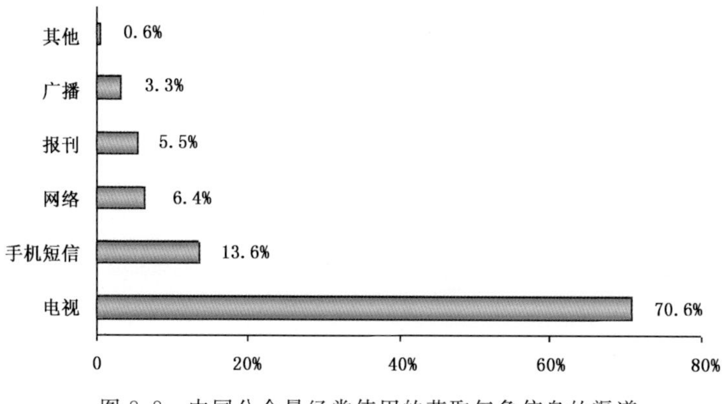

图 8.8 中国公众最经常使用的获取气象信息的渠道

8.9—图 8.11)，重点介绍近期天气对旅游的影响、省内著名景区及全国主要景区天气预报，同时还介绍各个景区的气候特点、风土人情等等。项目制作发布的紫外线强度预报、旅游气象指数预报以及著名景区天气预报在贵州卫视的《气象快讯》、《天气预报》，贵州五频道的《5 播天气》、《5 看天气》，贵阳一台三台的《天天说天气》以及数字电视频道播出。

从贵州电视台官方网站——贵视网(http://www.gzstv.com)上可以看出(图 8.12)，天气预报栏目长期收视率排名稳居第二，达 7%左右。由此可见，打造优质旅游气象电视平台，有效地将旅游气象服务与电视艺术表现相结合，不仅能扩大服务范围，也能充分展示贵州山美水美的旅游资源。

图 8.9 《多彩贵州天气导航》主持人介绍民族风情

图 8.10 《多彩贵州天气导航》片头

图 8.11 《多彩贵州天气导航》空气质量及紫外线强度预报

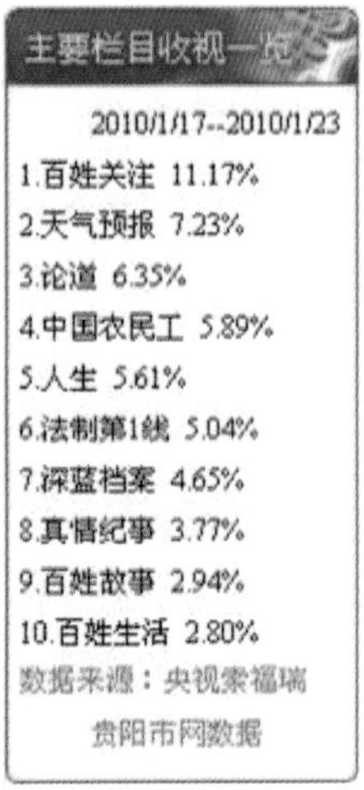

主要栏目收视一览

2010/1/17--2010/1/23

1.百姓关注 11.17%

2.天气预报 7.23%

3.论道 6.35%

4.中国农民工 5.89%

5.人生 5.61%

6.法制第1线 5.04%

7.深蓝档案 4.65%

8.真情纪事 3.77%

9.百姓故事 2.94%

10.百姓生活 2.80%

数据来源：央视索福瑞

贵阳市网数据

图 8.12 《贵州电视》栏目收视率排行，天气预报栏目收视率排名第二

8.5.2 手机短信产品

手机气象短信是近几年发展起来的一种具有新闻性的通俗化、人性化的气象信息传播方式，它具有权威性、专业性、及时性、可存储性以及传输速度快、覆盖面广等优点，越来越受到人们的欢迎。目前，贵州省气象部门除针对旅游业向公众提供全省84个县(市)的常规天气预报外，还提供全省30个重点旅游景区的天气预报(图8.13)，起到了较好的服务效果。

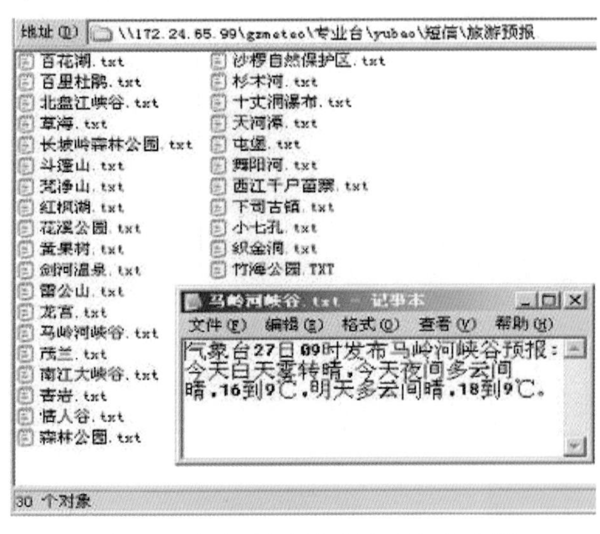

图 8.13 气象手机短信旅游景区天气预报

8.5.3　网络产品

因特网技术为开展旅游气象公众服务提供了良好的平台。Internet 资源服务大多采用的是客户机/服务器模式，即在客户机与服务器中同时运行相应的程序，使用户通过自己的计算机，获取网络中服务器所提供的资源服务。在贵州气象信息网(www.121net.com.cn)上，网页设计时采用 Dreamweaver 等图形化的、所见即所得的网页开发工具，灵活运用 HTML、DHTML、Java、JavaScript、VBScript 等设计语言和数据库技术，实现动态网页功能，将旅游气象服务预报及相关指数预报数据存储在 Internet 的服务器平台上，采用超文本与超媒体技术，以多媒体形式向用户展示丰富的旅游气象服务信息，用户在 Internet 上进行简单的操作即可获取所需的旅游气象服务信息(图 8.14—图 8.16)。

图 8.14　旅游气象服务产品网络发布主页

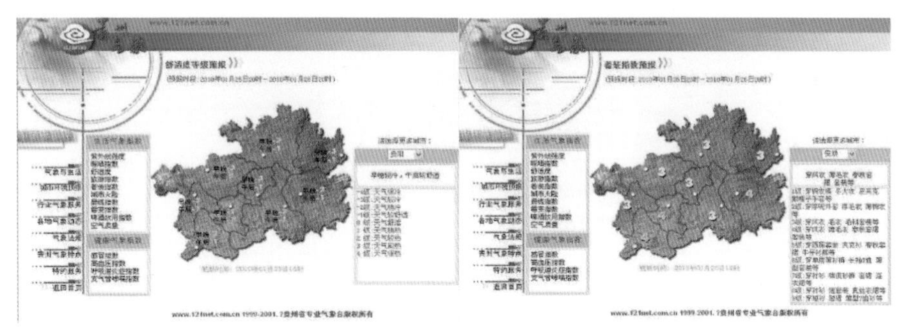

图 8.15　舒适度指数和着装指数预报网页

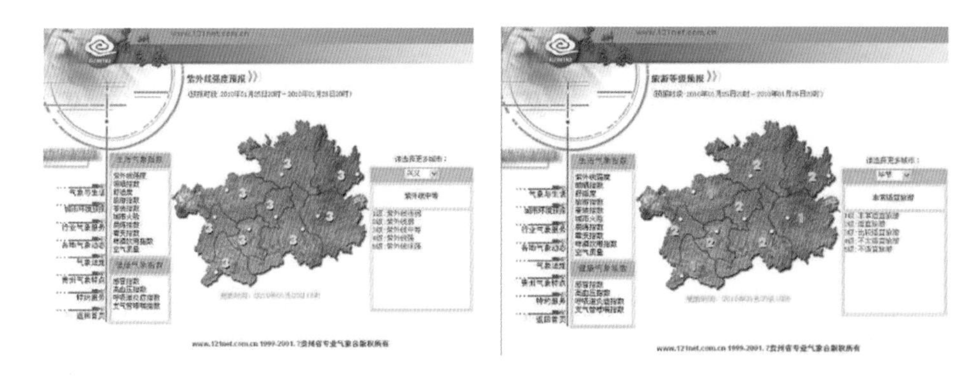

图 8.16　紫外线预报及旅游气象等级预报网页

目前,网站向公众提供的气象信息内容包括:省内外主要城市及景区天气预报,全省自动气象站监测资料,紫外线、舒适度等气象指数预报,以及电视天气预报栏目的视频等等,基本满足了人们旅游出行的需求。

8.5.4　报纸

气象部门在《贵州都市报》开辟《气象新闻》固定宣传版面(图 8.17),开设了省内旅游景点 48 h 天气预报、气象指数预报等栏目,还发布全省天气趋势、全省主要城市 48 h 天气预报、省内高速公路 24 h 天气预报及全国主要城市天气预报等。经过几年的尝试和探索,进一步拓宽了气象信息发布渠道、加大了对气象灾害新闻及气象科普知识等的宣传力度,从而为广大读者提供了更便捷的服务。

B16 气象新闻

明晚　强冷空气入袭

全省主要城市 48 小时天气预报

全国主要城市 48 小时天气预报

贵阳市气象指数预报

世界主要城市 24 小时天气预报

图 8.17　《贵州都市报》旅游气象专栏

8.5.5　声讯(12121)

公众可通过“12121”气象信息答询系统随时了解天气变化,可使用固定电话或手机直接拨打。在服务内容上体现了天气预报专业、全面、及时的特点。公众拨打此号码不仅能够及时了解省内外著名旅游景区天气预报,还可以自主选择收听与旅游息息相关的各类气象资讯,如次日紫外线强度预报、舒适度指数预报等,同时还可以选择收听旅游景区沿线的天气预报(图 8.18)。

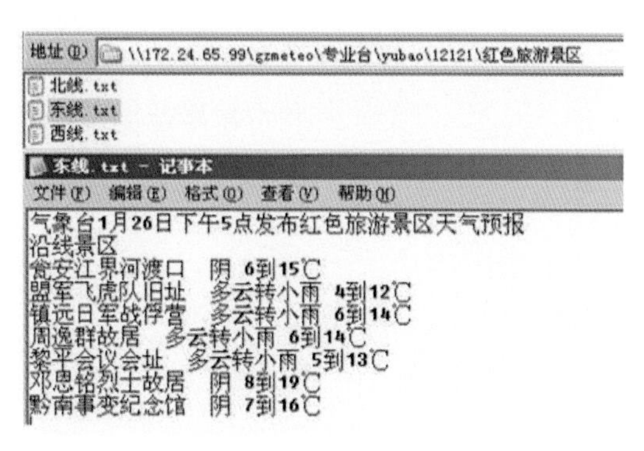

图 8.18　声讯红色旅游景区沿线天气预报

8.5.6　广播电台

尽管从广播电台获取天气预报的人数相对电视、手机、网络等新兴媒体要少,但广播电台天气预报仍是获取天气预报的渠道之一,对于部分司机、学生以及老人而言,广播电台还是主要渠道之一。目前,贵州省气象部门通过与省、市共 6 个广播电台合作,向公众发布地(州、市)及旅游景区天气预报(表 8.8)。

表 8.8　播报天气预报的广播电台及播报频次

电台名称	调频	播报天气预报频次
贵州旅游广播电台	FM97.2	每天 3～4 次
贵州交通广播电台	FM95.2	每天 3～4 次
贵州经济广播电台	FM98.9	每小时 1 次
贵阳交通广播电台	FM102.7	每小时 1 次
贵阳新闻广播电台	FM88.9	每小时 1 次
贵阳女人广播电台	FM104.2	每天 4 次

经过多年的建设和发展,贵州省旅游气象预报服务系统正在逐步完善。首先,预报准确率不断提高,服务内容丰富、针对性强。市民不仅可获取旅游景区常规监测资料和天气预报外,还可获得舒适度指数、着装指数和自主开发的紫外线强度预报,以及是否适宜外出旅游的旅游气象指数预报等。其次,该预报服务系统采取结构系统

化、模块化分解的基本思路，将各个模块进行集成，形成信息加工、产品数据库管理以及自动化服务综合集成的业务系统。第三，系统覆盖面正不断扩大，公众可通过电视、手机短信、"12121"声讯电话、网站、广播电台、报纸、电子显示屏等手段，获取各种气象服务产品。

贵州省旅游气象预报服务系统的建设将气象科研研究成果应用到实际旅游预报服务业务应用中，已取得显著成效，不仅为旅游中的出行安全提供各种个性化、人性化的服务项目，还为贵州省旅游业创造了一个全面而系统的旅游文化背景资源，延长了贵州旅游的生命周期，增强了贵州旅游的市场竞争能力。为贵州省旅游业创造了良好的气象旅游环境和服务环境，力争让所有来黔旅游的游客"向往贵州、走进贵州、怀念贵州、宣传贵州"，为促进贵州旅游业的发展做出了重要贡献。

第 9 章　品牌打造的经济效益、社会效益和生态效益

9.1　国内外旅游效益计算方法简介

经济效益是指人们在生产活动中投入与产出的比较。旅游经济效益是指人们在旅游经济活动中，对旅游产品投入与产出的比较，包括旅游微观经济效益和宏观经济效益。

旅游微观经济效益是指旅游企业和部门在经营旅游产品过程中投入与产出的比较，即指向游客提供直接服务的旅行社、交通运输部门、旅馆、餐馆、游览点、娱乐场所等企业，提供单项旅游产品时对物化劳动、活劳动的占用和耗费与企业所获得的经营成果的比较，即旅游企业的产品成本与销售收入的比较。影响旅游微观经济效益的因素众多，从旅游企业控制能力角度，影响因素分为两类：第一类，旅游企业可以控制的内部因素；第二类，旅游企业不可控的外部因素。这两类因素都会对旅游微观经济效益产生影响。

旅游宏观经济效益是指旅游经济活动中，社会投入的活劳动、物化劳动及自然和社会资源的占用和消耗，与旅游业及全社会效益的比较。指旅游产业在旅游经济活动中，以尽可能少的劳动与资源的占用和耗费，获得尽可能多的经济效益、社会效益和生态效益。旅游宏观经济效益体现了旅游产业自身的直接效益，即由旅游产业带动引起的国民经济相关产业部门的间接效益，以及社会经济发展和生态环境改善的间接效益等组成。旅游宏观经济效益涉及面很广，内容丰富，研究旅游宏观经济效益必须对旅游产业及相关的社会、经济和生态环境等进行分析研究。评价旅游产业对整个国民经济发展的贡献，不能从单方面或单指标进行评价，还需要使用多方面、用多种指标进行综合评价。评价主要包括以下三个方面：

9.1.1　对旅游产业自身经济效果的评价

对旅游产业自身经济效果的评价，是旅游宏观经济效益评价的主要内容，通过分析比较旅游业满足社会需要的程度及发展旅游业所消耗的社会总劳动量，来评价旅游宏观经济效益。旅游业满足社会需要的程度，主要指通过对旅游业及相关产业的

投资,最大限度地满足旅游市场需求,通常用接待旅游者数量、旅游收入、接待设施规模等指标来体现。发展旅游业所消耗的社会总劳动量,主要指用于提供食、住、行、游、购、娱等多种旅游产品。在基础设施、接待设施、游乐设施及旅游服务等方面所花费的全部物化劳动和活劳动消耗,通常用旅游投资及经营成本来反映。分析旅游产业投资经济效果,就可以对投入和产出进行比较,用单位接待能力投资额、劳动生产率、资金利税率、投资效果系数及投资回收期等主要指标来反映。

9.1.2 对旅游产业社会经济效果的评价

旅游业是一个综合性经济产业,它对社会经济的促进作用主要表现在对社会的促进及相关产业的带动方面。对社会经济的促进可以通过旅游创汇指标、提高就业机会以及人们收入水平增加等指标来反映。对国民经济相关产业的带动则可通过计算旅游产业同其他相关产业的关联性、带动系数等指标,反映旅游业的重要作用。通过上述两方面的比较,可以评价旅游业关联带动功能的强弱。

9.1.3 对旅游产业社会非经济效果的评价

旅游业对社会经济影响效果不仅体现在经济效果方面,还体现在非经济效果方面,即无形的收益。但对社会文化影响、环境保护、生态平衡、污染治理等方面的测量,无法以准确的量化数据来反映,只能根据某些主观判断来评价。

目前我国常用的旅游经济效益评价指标主要有:(1)国际、国内旅客数;(2)人均停留天数;(3)旅游总收入;(4)国际、国内旅游收入;(5)饭店接待人数、城市接待旅游者人数;(6)客房数;(7)平均客房出租率;(8)固定资产原值;(9)固定资产现值;(10)营业收入;(11)营业税金及附加;(12)利润总值;(13)全员劳动生产率;(14)人均实现税利;(15)利润率;(16)旅游就业人数;(17)旅游总人次数;(18)旅游人均花费;(19)旅游投资效果系数;(20)旅游投资回收期;(21)旅游带动系数等。

由于旅游业经济带动性强,除旅游业效益、旅游消费促进相关产业发展外,还拉长了旅游产业链,不同地区各种自然和社会因素又影响旅游业经济变化情况。因此,旅游业对社会经济增长的贡献评价是十分复杂的,迄今为止尚未有统一的旅游宏观经济效益的标准综合评价方法和评价体系,更没有气候与旅游经济效益相关性的评价方法。

旅游业和相关行业的经济效益具有所谓的乘数效应,是指经济活动中某一变量的增减所引起的经济总量变化的连锁反应程度。旅游乘数是指旅游花费在经济系统中(国家或区域)导致的直接、间接和诱导性变化与最初的直接变化本身的比率。该理论被公认为旅游对相关行业经济发展最具权威性的评估方式之一。据世界旅游组织测算,旅游收入每增加 1 元,可带动相关行业增收 4.3 元。目前,杭州旅游业界对杭州市的比率基本认同在 1∶7,即旅游业获得 1 元的利润,可带动相关行业产生 7

元的经济效益。

增长速度是日常社会经济工作中经常用来表示某一时期内某动态指标发展变化状况的动态相对数。即把两个时期的发展水平抽象成为一个比例数，表示某一事物在这段对比时期内变化的方向和程度。

$$增长速度 =（某指标报告期数值 - 该指标基期数值）/ 该指标基期数值 \times 100\% \quad (9.1)$$

9.2　经济效益

旅游是旅行游览活动，是一种复杂的社会现象，涉及政治、经济、文化、历史、地理、法律等各个社会领域。旅游业投入少、效益好、创汇多，直接带动与其高度相关的金融、信息、餐饮、交通等产业的发展，增加就业，推动产业结构优化，促进国际经济交往，是当今世界发展最快、前景最为广阔的朝阳产业。

我国的旅游业是在党的十一届三中全会实行改革开放政策以后才起步的新兴产业。虽然我国旅游资源十分丰富，名山大川和历史文化名城较多，但由于改革开放前对旅游业长期缺乏投资，以致我国的旅游业设施较为落后。随着改革开放政策的不断深入，经过努力追赶，有了令人瞩目的发展，已成为全球旅游业发展最快的地区。贵州省在“十一五”后期，最大限度地整合资源，挖掘潜力，突出重点，以建设优秀旅游目的地为目标，努力推进产品的整体升级，提高三个比重（高端游客占客源的比重、省外游客在黔花费的比重、乡村旅游和购物消费占旅游消费的比重），实现了旅游总收入保持 20%以上的增长和全省旅游总量在全国的排位稳步上升两个目标，对我国旅游业的发展做出了积极贡献。据世界旅游组织预测，到 2020 年，中国将成为世界第一大旅游目的地和第四大旅游市场。随着全面建设小康社会的推进，我国人均 GDP 将实现跨越式增长，旅游已经成为居民消费结构转型的重要内容，旅游消费需求逐年大幅度提升。

9.2.1　贵州省旅游业发展变化分析

(1)贵州省旅游业变化

贵州省“十一五”以来旅游业得到较大发展，经济效益明显。根据贵州省统计局、国家统计局贵州调查总队编著的《贵州六十年(1949—2009)》的统计资料显示，贵州全省旅游总收入和旅游总人数的变化逐年递增(图 9.1、图 9.2、表 9.1)，特别是 2005 年以来，贵州省旅游总收入和旅游总人数持续快速增长，旅游事业蓬勃发展，经济效益明显。2000 年贵州全省旅游总收入达到 62.94 亿元，接待总人数 1 998.39 万人次，其中国内游客 1 980.00 万人次，入境游客 18.39 万人次。2005 年贵州全省旅游总收入为 251.14 亿元，接待总人数 3 127.08 万人次，其中国内游客 3 099.46 万人次，入境游客 27.62 万人次。到了 2009 年，贵州全省旅游总收入达到 805.25 亿元，接待总人数 10 439.95 万人次，其中国内游客 10 400.00 万人次，入境游客 39.95 万人次。

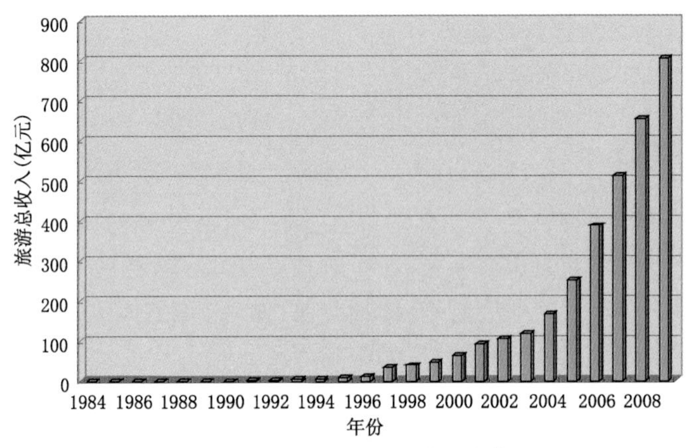

图 9.1 贵州省旅游总收入变化

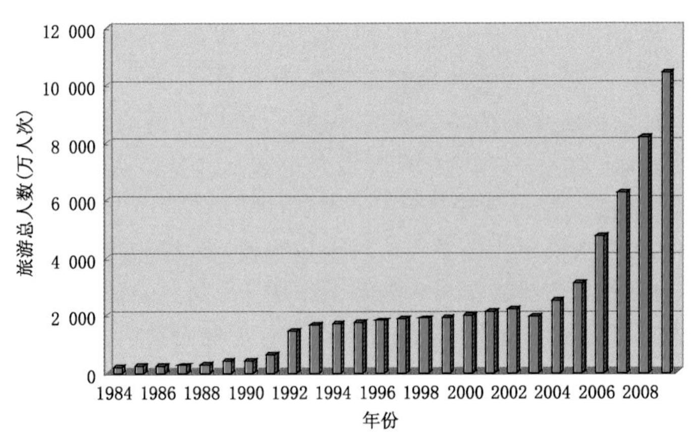

图 9.2 贵州省旅游总人数变化

贵州省旅游总收入、旅游总人数 2005—2009 年增长速度(表 9.2)，均超过全省国内生产总值(Gross Domestic Product，GDP)增长速度，旅游业对贵州省 GDP 的贡献较大。

近年来，贵州省旅游业迅猛发展(表 9.3、图 9.3)，贵州省旅行社个数从 2002 年的 131 个增加到 2008 年的 218 个；旅行社职工人数从 2005 年的 1 925 个增加到 2008 年的 5 215 个；星级饭店个数从 1999 年的 49 个增加到 2008 年的 279 个。酒店从整体规模到档次布局都更符合市场要求，不仅省会贵阳，五星级酒店也落户到县

表 9.1　贵州省旅游总收入、旅游总人数

年份	旅游总人数（万人次）	较上年增长率（%）	入境人数（人次）	较上年增长率（%）	国内人数（万人次）	较上年增长率（%）	旅游总收入（亿元）	较上年增长率（%）	外汇收入（万美元）	较上年增长率（%）	国内旅游收入（亿元）	较上年增长率（%）
1985	245.53	19.88	11 263	9.89	244.40	19.92	0.09	28.57	61.95	290.61	0.04	0.00
1986	249.50	1.62	14 021	24.49	248.10	1.51	0.09	0.00	100.19	61.73	0.05	25.00
1987	263.18	5.48	18 820	34.23	261.30	5.32	0.12	33.33	137.22	36.96	0.07	40.00
1988	298.68	13.49	23 646	25.64	296.32	13.40	0.24	100.00	162.54	18.45	0.18	157.14
1989	398.85	33.54	13 666	−42.21	397.48	34.14	0.23	−4.17	136.75	−15.87	0.18	0.00
1990	401.64	0.70	24 112	76.44	399.23	0.44	0.28	21.74	180.90	32.29	0.19	5.56
1991	634.08	57.87	37 453	55.33	630.33	57.89	0.82	192.86	307.35	69.90	0.66	247.37
1992	1 433.76	126.12	76 293	103.70	1 426.13	126.25	2.58	214.63	686.13	123.24	2.21	234.85
1993	1 657.50	15.61	102 483	34.33	1 647.25	15.50	5.17	100.39	1 049.45	52.95	4.29	94.12
1994	1 712.08	3.29	120 809	17.88	1 700.00	3.20	6.07	17.41	2 109.63	101.02	4.28	−0.23
1995	1 764.10	3.04	136 459	12.95	1 750.45	2.97	9.59	57.99	2 897.73	37.36	7.18	67.76
1996	1 812.53	2.75	125 344	−8.15	1 800.00	2.83	11.69	21.90	3 811.95	31.55	8.53	18.80
1997	1 865.02	2.90	150 234	19.86	1 850.00	2.78	33.78	188.96	4 429.10	16.19	30.81	261.20
1998	1 895.13	1.61	151 342	0.74	1 880.00	1.62	39.12	15.81	4 831.18	9.08	35.14	14.05
1999	1 926.70	1.67	166 995	10.34	1 910.00	1.60	48.30	23.47	5 501.54	13.88	43.75	24.50
2000	1 998.39	3.72	183 898	10.12	1 980.00	3.66	62.94	30.31	6 092.23	10.74	59.95	37.03
2001	2 120.55	6.11	205 466	11.73	2 100.00	6.06	91.46	45.31	6 873.23	12.82	75.81	26.46
2002	2 223.15	4.84	228 091	11.01	2 200.34	4.78	106.43	16.37	7 950.63	15.68	99.86	31.72
2003	1 942.91	−12.61	77 045	−66.22	1 835.21	−16.59	116.75	9.70	2 893.91	−63.60	114.36	14.52
2004	2 503.47	28.85	231 023	199.85	2 480.37	35.15	167.59	43.55	8 020.27	177.14	161.02	40.80
2005	3 127.08	24.91	276 194	19.55	3 099.46	24.96	251.14	49.85	10 141.36	26.45	242.83	50.81
2006	4 747.89	51.83	321 411	16.37	4 715.75	52.15	387.05	54.12	11 515.66	13.55	377.79	55.58
2007	6 262.89	31.91	430 021	33.79	6 219.89	31.90	512.28	32.35	12 917.55	12.17	504.04	33.42
2008	8 190.23	30.77	395 359	−8.06	8 150.69	31.04	653.13	27.49	11 697.37	−9.45	643.82	27.73
2009	10 439.95	27.47	399 500	1.05	10 400.00	27.60	805.23	23.29	11 040.00	−5.62	797.69	23.90

城。各种品牌的经济性酒店异军突起，满足了不同层次的游客需求。2011 年 2 月，贵阳市的五星级酒店有 5 家，到 2014 年，贵阳市的五星级酒店将达 20 家。“农家乐”等旅游方式也得到快速发展，为社会提供了大量就业岗位，提高了人民生活水平。

表 9.2 贵州省旅游总收入、旅游总人数 2005—2009 年增长速度与同期 GDP 增长速度比较

单位：%

	旅游总人数	旅游总收入	全国 GDP	贵州省 GDP
增长速度	234	221	83	96

表 9.3 贵州省旅行社、旅游定点星级饭店情况

年份	旅行社个数（个）	较上年增长率（%）	国际旅行社个数（个）	较上年增长率（%）	国内旅行社个数（个）	较上年增长率（%）	职工人数（人）	较上年增长率（%）	星级饭店个数（个）	较上年增长率（%）
1999									49	—
2000									62	26.53
2001									80	29.03
2002	131	—	12	—	119	—			88	10.00
2003	142	8.40	12	0	130	9.24			123	39.77
2004	154	8.45	12	0	142	9.23			148	20.33
2005	168	9.09	14	16.67	154	8.45	1 925	—	177	19.59
2006	181	7.74	16	14.29	165	7.14	2 085	8.31	214	20.90
2007	177	−2.21	17	6.25	160	−3.03	2 215	6.24	227	6.07
2008	218	23.16	18	5.88	200	25.00	5 215	135.44	279	22.91

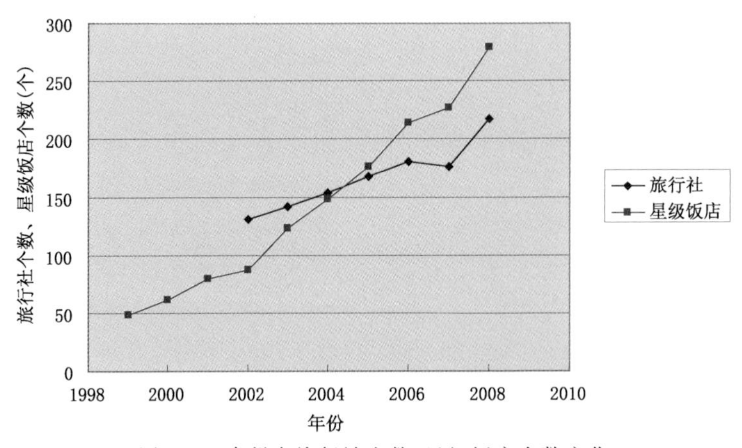

图 9.3 贵州省旅行社个数、星级饭店个数变化

(2)贵州省各地(州、市)旅游业变化

贵州省各地(州、市)旅游总收入和总人数都有不同程度的增长(表9.4),发展速度迅猛。"中国凉都·六盘水"和"阳光城·威宁"等以气候优势命名的大旅游品牌,遵义市的红色旅游,以及黔东南州的民族风情和自然风光游等特色旅游也极大地推动了各地(州、市)旅游事业的蓬勃开展,取得了令人瞩目的业绩。2009年,黔南州实现接待旅游者1 930.67万人次,同比增长22%;实现旅游总收入106亿元,同比增长29%。

表9.4　各地(州、市)旅游总收入、总人数

年份	贵阳市		遵义市		安顺市		铜仁地区		黔西南州	
	总收入(万元)	总人数(万人次)	总收入(万元)	总人数(万人次)	总收入(万元)	总人数(万人次)	总收入(万元)	总人数(万人次)	总收入(万元)	总人数(万人次)
1997	58 400	869.56	14 853	60.01		95.28	2 000	17.00	19 086	10.82
1998	205 100	899.41	18 843	70.00		104.80	1 963	16.45	27 888	14.41
1999	230 300	960.92	24 881	85.00		115.29	2 287	20.63	32 579	16.93
2000	304 700	998.63	31 524	99.03	27 000	121.80	3 200	25.00	7 900	21.83
2001	360 300	1 005.44	41 557	120.07	30 000	126.00	6 400	32.00	11 600	38.60
2002	416 200	1 016.37	45 025	130.07	33 340	139.72	8 600	43.00	15 400	52.38
2003	387 400	923.85	60 224	150.08	34 271	141.59	10 471	49.99	15 700	61.25
2004	487 000	1 166.42	82 419	210.13	63 013	264.20	17 680	68.82	19 000	71.55
2005	603 800	1 458.82	151 054	323.32	113 648	480.66	72 500	102.10	41 000	130.50
2006	845 400	1 853.67	478 550	764.56	370 769	739.05	138 995	197.70	101 500	274.60
2007	1 252 800	2 326.23	552 233	782.58	538 813	956.60	178 800	247.70	141 500	210.46
2008	1 872 900	2 625.85	817 175	1 086.00	829 732	1 123.24	249 100	406.54	228 516	395.95
2009	2 948 500	3 288.47								

年份	毕节地区		黔东南州		黔南州		六盘水市	
	总收入(万元)	总人数(万人次)	总收入(万元)	总人数(万人次)	总收入(万元)	总人数(万人次)	总收入(万元)	总人数(万人次)
1997		29.3	6 000	62.00			740	7
1998		37.96	6 900	71.00			455	8
1999		43.71	1 000	111.00			890	11
2000	9 800	53.87	14 000	128.00		146.98	2 925	12
2001	15 459	71.23	22 400	147.33		152.00	3 245	12
2002	17 200	114.54	30 690	179.79	77 010	172.50	10 500	77
2003	17 427	117.42	29 900	193.21	112 200	180.71	6 483	50
2004	19 611	132.63	131 000	245.65	143 500	221.80	15 300	103
2005	22 567	144.94	175 000	302.12	192 000	291.72	19 100	137
2006	63 664	184.52	472 900	634.64	469 700	812.57	66 100	201
2007	171 544	428.80	607 100	883.61	617 400	1 137.90	98 771	232
2008	501 394	835.43	835 800	1 388.37	822 899	1 580.06	117 525	195
2009					1 060 000	1 930.67		

图 9.4 为贵州省各地(州、市)旅游总收入变化图,由图可看出各地(州、市)旅游总收入呈逐年增加变化趋势,且增幅越来越大。

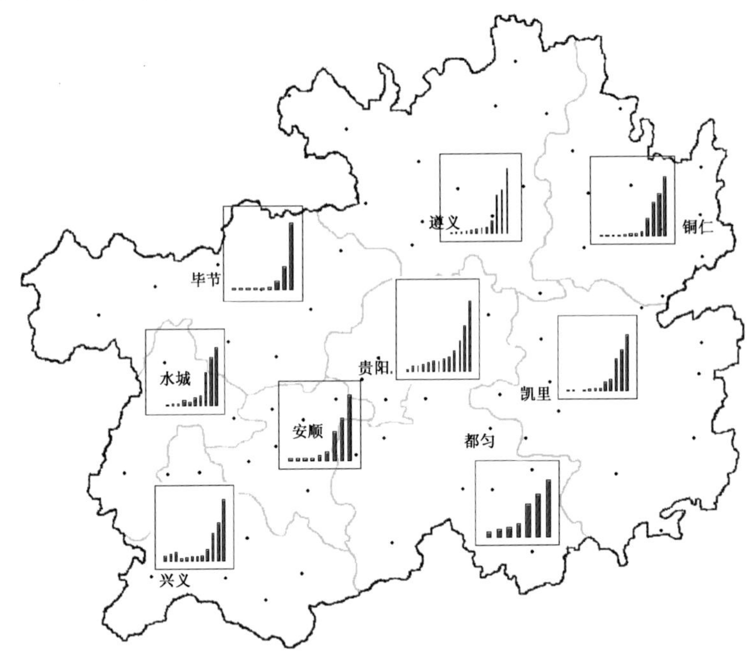

图 9.4　贵州省各地(州、市)旅游总收入变化

表 9.5 表明:贵州省各地(州、市)旅游总收入、旅游总人数 2005—2008 年增长速度均较快,如安顺旅游总收入、旅游总人数增长速度均达 630%,其他各地(州、市)旅游总收入均在 122%以上,超过全省 GDP 增长速度。

表 9.5　各地(州、市)旅游业增长速度　　单位:%

	贵阳	遵义	安顺	黔东南州	铜仁	黔南州	黔西南州	六盘水	毕节
总收入	388	441	630	378	244	329	457	515	122
总人数	125	236	630	360	298	561	203	42	676

注:贵阳市、黔南州的数据是 2005—2009 年,其余数据是 2005—2008 年。

(3)贵州省避暑气候旅游品牌地旅游业变化

贵州省避暑旅游是一种新的生态理念,已成为贵州省品牌,提升了贵州省知名度,吸引了国内外游客,同时促进了贵州省经济文化发展,扩大了就业,有利于生态环境保护,有利于加快推进社会可持续发展。

1)贵阳市旅游业变化

贵阳市旅游业的增长幅度较大(图 9.5、图 9.6)。1997 年贵阳市旅游总收入仅有 5.84 亿元，接待总人数 869.56 万人次；2000 年分别达到 30.47 亿元和 998.63 万人次；2005 年分别为 60.38 亿元和 1 458.82 万人次；2006 年分别为 84.54 亿元和 1 853.67万人次（表 9.4）。贵阳“避暑之都”逐步为世人所知。截至 2010 年贵阳已连续 5 年排名“中国十佳避暑旅游城市”第一名，随着“避暑之都”、“爽爽贵阳”宣传的不断深入，品牌效应得到全国认可，在贵阳市的旅游总收入和接待总人数上得到充分体现。贵阳市是贵州省的省会，因其独特的地理位置和交通枢纽，成为中外游客来黔旅游的中转和集散地，“避暑之都”的打造不仅极大地推动了全市旅游事业的蓬勃开展，

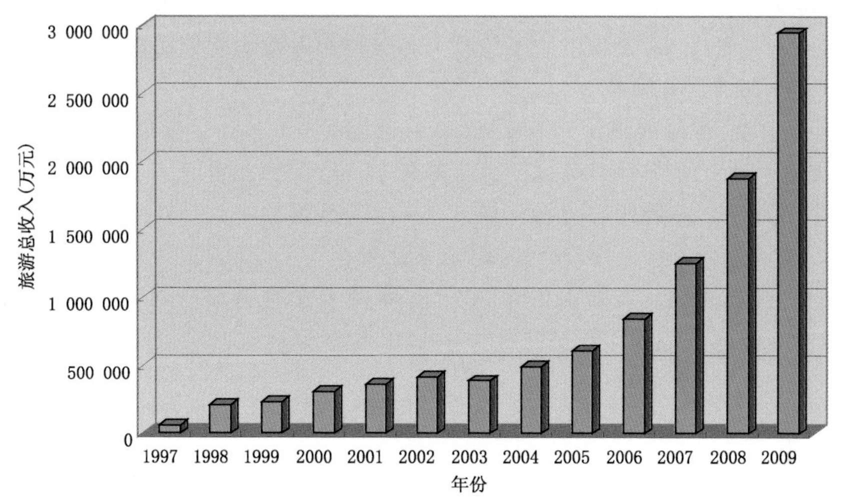

图 9.5　贵阳市旅游总收入变化

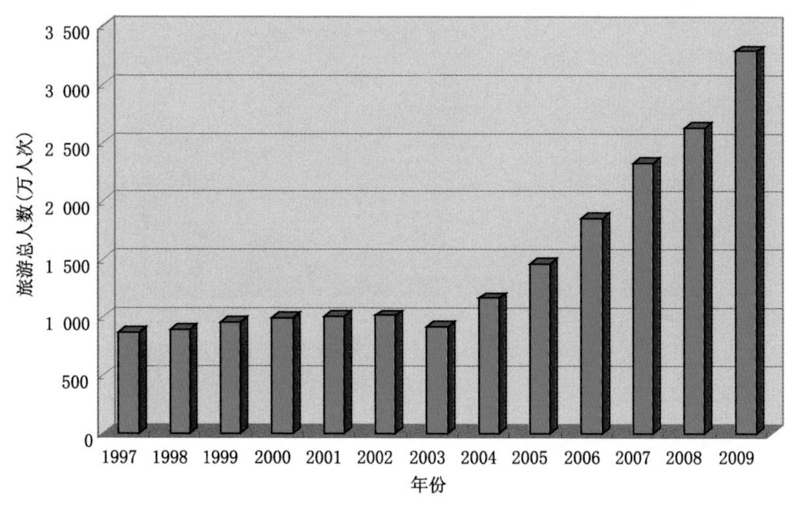

图 9.6　贵阳市旅游总人数变化

而且带动了全省各地(州、市)旅游业的发展,“避暑之都”等品牌带来的旅游经济效益明显。借助于“避暑之都”的推动,贵阳市2007年的旅游总收入为125.28亿元,接待总人数2 326.23万人次;2008年分别为187.29亿元和2 625.85万人次;2009年分别为294.85亿元和3 288.47万人次(表9.4)。2009年全年贵阳市旅游用车供不应求,三星级酒店入住率达100%,四星级酒店入住率也在90%以上;国内旅游人数比2008年同比增长26%,旅游收入比2008年同比增长60%,旅游总收入比2008年同比增长57%,各景区和旅行社赚得盆满钵满。2005—2009年贵阳市旅游总收入增长速度为388%,接待总人数增长速度为125%。各项指标明显高于同期贵州省GDP的增长速度。近几年来,贵阳市旅游总收入和接待总人数也明显呈现加速发展态势。

2)六盘水市旅游业变化

2005年打造“中国凉都·六盘水”品牌后六盘水市的旅游业发展迅猛,2006年比2005年旅游总收入增长246%,接待总人数增长47%,2006年至今保持快速发展态势(图9.7、图9.8),品牌效应明显。到了2008年,旅游总收入达到11.75亿元,接待总人数达195.00万人次。现在,“凉都”城市品牌已为公众认同,并多次入选“中国特色魅力城市”评选活动。六盘水市在2008年中国十大避暑旅游名城评比中排名第五。在旅游业收入上取得了保持每年30%以上的增量效应,成为贵州省旅游业快速发展的新亮点。

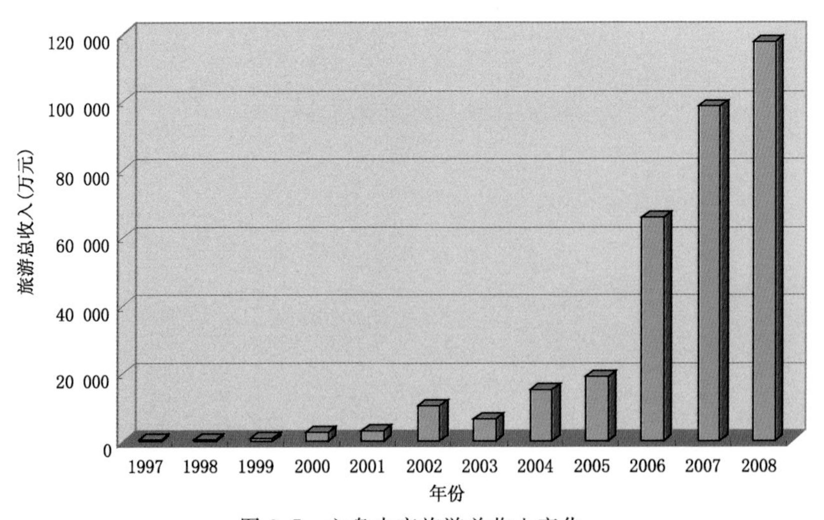

图9.7　六盘水市旅游总收入变化

9.2.2　气候品牌的经济效益测算

贵州省避暑气候品牌激活了房地产业,外省来黔购房避暑人数增加,房地产业增收十分明显。若对贵州房地产业的增收不进行特殊考虑,仅按世界旅游组织测算方

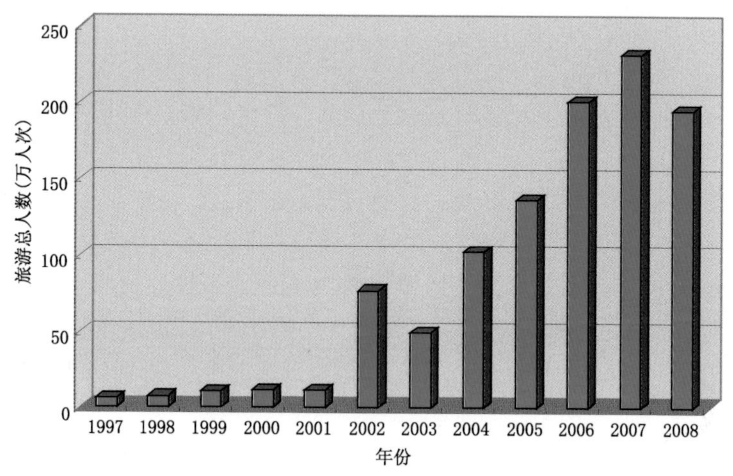

图 9.8　六盘水市旅游总人数变化

法,旅游收入每增加 1 元,可带动相关行业增收 4.3 元,贵阳市 2005—2009 年旅游收入增加 234.47 亿元,可带动相关行业增收约 1 008.22 亿元,贵阳市在此期间旅游业及其带动相关行业总增加收入 1 242.69 亿元。贵州省 2005—2009 年旅游总收入增加 554.09 亿元,带动相关行业增收约 2 382.587 亿元,全省在此期间旅游业及其带动相关行业总增加收入 2 936.677 亿元。若按杭州旅游业界认同的旅游收入每增加 1 元,可带动相关行业增收 7.0 元计算,贵阳市 2005—2009 年旅游业带动相关行业增收约 1 641.29 亿元,贵阳市在此期间旅游业及其带动相关行业总增加收入 1 875.76 亿元。贵州省在 2005—2009 年旅游业可带动相关行业增收约 3 878.63 亿元,全省在此期间旅游业及其带动相关行业总增加收入4 432.82亿元。即贵阳市 2005—2009 年期间旅游业及其带动相关行业总增加收入约有 1 242.69 亿～1 875.76 亿元,贵州 2005—2009 年期间旅游业及其带动相关行业总增加收入约有 2 936.68 亿～4 432.82 亿元。

为了定量估算贵州省避暑旅游品牌对经济增长带来的贡献,根据贵州省旅游局统计所得 2006—2008 年旅游增加值数据资料(表 9.6),我们采用以下估算方法进行计算分析。

表 9.6　贵州省 2006—2008 年旅游增加值

	2006 年	2007 年	2008 年	2009 年
旅游增加值(亿元)	102.55	133.53	168.34	(210.15)
占旅游业总收入比重(%)	26.50	26.10	25.80	(26.10)
占 GDP 比重(%)	4.50	4.90	5.10	(4.80)
占第三产业 GDP 比重(%)	11.49	12.04	12.23	(11.90)

注:2009 年为评估值

(1)资料来源及评价体系

为了定量估算贵州省避暑旅游品牌对贵州省旅游经济增长带来的贡献,首先统计分析贵州省避暑旅游品牌打造后避暑气候品牌因素对旅游业经济增长的贡献。资料来自贵州省统计局、国家统计局贵州调查总队编著的《贵州六十年(1949—2009)》,充分保证了数据来源口径的相互统一性及数据的权威性。

影响旅游经济收入的因素是多方面的,为了定量研究避暑旅游气候品牌打造对旅游经济收入的贡献,必须综合考虑多因子影响,进行多要素相互影响作用和分析。根据前人对旅游经济收入的影响理论研究及可以获得的权威数据,共选取可能相关的影响因子 36 个,根据《贵州六十年(1949—2009)》的数据来源将其分为 11 类,见表 9.7。

表 9.7　贵州省旅游经济纯收入影响因子表

影响类型	影响指标
品牌打造	1. 避暑旅游品牌打造
市政设施	2. 年末实有道路长度(km);3. 城市园林绿地面积(hm^2);4. 公园个数(个);5. 公园面积(hm^2);6. 公共场所(座);7. 生活垃圾清运量(万 t)
生态建设	8. 森林覆盖率(%);9. 森林公园面积(万 hm^2);10. 水利建设资金 (万元)
环境保护	11. 环保资金投入(万元);12. 城市年供水总量(万 t)
人口与就业	13. 就业人员总计(万人);14. 第三产业就业人员总计(万人)
国民经济核算	15. 国内生产总值(亿元);16. 第三产业对国内生产总值(亿元);17. 第三产业比值(%);18. 居民消费水平(元/人);19. 第三产业对国内生产总值的贡献率(%)
社会投资	20. 全社会固定资产投资总额(亿元);21. 第三产业固定资产投资总额(亿元);22. 建筑业固定资产投资额(亿元);23. 道路运输业固定资产投资额(亿元);24. 社会服务业固定资产投资额(亿元);25. 房地产业固定资产投资额(亿元)
财政和税收	26. 财政总收入(亿元);27. 财政支出(亿元)
价格消费指数	28. 居民消费价格指数(%);29. 城镇居民人均消费性支出(元)
运输和邮电	30. 铁路营业里程(km);31. 公路里程(km);32. 旅客周转量(亿人·km)
社会文化宣传	33. 出版图书总印数(万册);34. 出版杂志(万册);35. 出版报纸(万份);36. 教育文化艺术广播电影电视业(亿元)

评价体系中部分统计指标概念如下:

城市园林绿地面积:指城市公共绿地、专用绿地、生产绿地、防护绿地、郊区风景名胜区的全部面积。

森林覆盖率:指一个国家或地区森林面积占土地面积的百分比。在计算森林覆盖率时,森林面积包括郁闭度 0.2 以上的乔木林地面积和竹林地面积,国家特别规定的灌木林地面积,农田林网以及四旁(村旁、路旁、水旁、宅旁)林木的覆盖面积。森林覆盖率是反映森林资源的丰富程度和生态平衡状况的重要指标。计算公式为：

森林覆盖率(%)=森林面积/土地总面积×100%。

国内生产总值：指一个国家(或地区)所有常住单位在一定时期内生产活动的最终成果。国内生产总值有三种表现形态，即价值形态、收入形态、产品形态。从价值形态看，它是所有常住单位在一定时期内生产的全部货物和服务价值超过同期中间投入的全部非固定资产货物和服务价值的差额，即所有常住单位的增加值之和；从收入形态看，它是所有常住单位在一定时期内创造并分配给常住单位和非常住单位的初次收入分配之和；从产品形态看，它是所有常住单位在一定时期内最终使用的货物和服务价值与货物和服务净出口价值之和。在实际核算中，国内生产总值有三种计算方法，即生产法、收入法、支出法。三种方法分别从不同的方面反映国内生产总值及其构成。

三次产业：是根据社会生产活动历史发展的顺序对产业结构的划分，产品直接取自自然界的部门称为第一产业，对初级产品进行再加工的部门称为第二产业，为生产和消费提供各种服务的部门称为第三产业。它是世界上较为通用的产业结构分类，但各国的划分不尽一致。

居民消费：指常住户对货物和服务的全部最终消费支出。居民消费按市场价格计算，即按居民支付的购买者价格计算。购买者价格是购买者取得货物所支付的价格，包括购买者支付的运输和商业费用。居民消费除了直接以货币形式购买货物和服务的消费之外，还包括以其他方式获得的货物和服务的消费支出，即所谓的虚拟消费支出。居民虚拟消费支出包括以下几种类型：单位以实物报酬及实物转移的形式提供给劳动者的货物和服务；住户生产并由本住户消费了的货物和服务，其中的服务仅指住户的自有住房服务；金融机构提供的金融媒介服务；保险公司提供的保险服务。

就业人员（又称在业人口）：指 15 周岁及 15 周岁以上人口中从事一定的社会劳动并取得劳动报酬或经营收入的人口。

全社会固定资产投资：固定资产投资是社会固定资产再生产的主要手段。通过建造和购置固定资产的活动，国民经济不断采用先进技术装备，建立新兴部门，进一步调整经济结构和生产力的地区分布，增强经济实力，为改善人民物质文化生活创造物质条件。固定资产投资额是以货币表现的建造和购置固定资产活动的工作量，它是反映固定资产投资规模、速度、比例关系和使用方向的综合性指标。全社会固定资产投资按经济类型可分为国有、集体、个体、联营、股份制、外商、港澳台商、其他等；按照管理渠道，分为基本建设、更新改造、房地产开发投资和其他固定资产投资四个部分。

基本建设投资：基本建设指企业、事业、行政单位以扩大生产能力或工程效益为主要目的的新建、扩建工程及有关工作。其综合范围为总投资50万元以上(含50万元,下同)的基本建设项目,具体包括:①列入中央和各级地方本年基本建设计划的建设项目,以及虽未列入本年基本建设计划,但使用以前年度基建计划内结转投资(包括利用基建库存设备材料)在本年继续施工的建设项目;②本年基本建设计划内投资与更新改造计划内投资结合安排的新建项目和新增生产能力(或工程效益)达到大中型项目标准的扩建项目,以及为改变生产力布局而进行的全厂性迁建项目;③国有单位既未列入基建计划,也未列入更新改造计划的总投资在50万元以上的新建、扩建、恢复项目和为改变生产力布局而进行的全厂性迁建项目,以及行政、事业单位增建业务用房和行政单位增建生活福利设施的项目。

房地产开发投资:指房地产开发公司、商品房建设公司及其他房地产开发法人单位和附属于其他法人单位实际从事房地产开发或经营活动的单位统一开发的包括统筹待建、拆迁还建的住宅、厂房、仓库、饭店、宾馆、度假村、写字楼、办公楼等房屋建筑物和配套的服务设施,以及土地开发工程(如道路、给水、排水、供电、供热、通信、平整场地等基础设施工程)的投资;不包括单纯的土地交易活动。

财政收入:指国家财政参与社会产品分配所取得的收入,是实现国家职能的财力保证。财政收入所包括的内容几经变化,目前主要包括:①各项税收,包括增值税、营业税、消费税、土地增值税、城市维护建设税、资源税、城市土地使用税、印花税、个人所得税、企业所得税、关税、农牧业税和耕地占用税等;②专项收入,包括征收排污费收入、征收城市水资源费收入、教育费附加收入等;③其他收入,包括基本建设贷款归还收入、基本建设收入、捐赠收入等;④国有企业计划亏损补贴,这项为负收入,冲减财政收入。

财政支出:国家财政将筹集起来的资金进行分配使用,以满足经济建设和各项事业的需要,主要包括:基本建设支出、企业挖潜改造资金、地质勘探费用、科技三项费用、支援农村生产支出、农林水利气象等部门的事业费用、工业交通商业等部门的事业费、文教科学卫生事业费、抚恤和社会福利救济费、国防支出、行政管理费、价格补贴支出。

居民消费价格指数:是反映一定时期内城乡居民所购买的生活消费品价格和服务项目价格变动趋势和程度的相对数,是对城市居民消费价格指数和农村居民消费价格指数进行综合汇总计算的结果。利用居民消费价格指数,可以观察和分析消费品的零售价格和服务价格变动对城乡居民实际生活费支出的影响程度。

城镇居民消费价格指数:是反映城镇居民家庭所购买的生活消费品价格和服务项目价格变动趋势和程度的相对数。城镇居民消费价格指数可以观察和分析消费品的零售价格和服务项目价格变动对职工货币工资的影响,作为研究职工生活和确定工资政策的依据。

铁路营业里程:又称营业长度(包括正式营业和临时营业里程),指办理客货运输业务的铁路正线总长度。凡是全线或部分建成双线及以上的线路,以第一线的实际长度计算;复线、站线、段管线、岔线和特殊用途线以及不计算运费的联络线都不计算营业里程。铁路营业里程是反映铁路运输业基础设施发展水平的重要指标,也是计算客货周转量、运输密度和机车车辆运用效率等指标的基础资料。

公路里程:指在一定时期内实际达到《公路工程[WTBZ]技术标准 JTJ01－88》规定的等级公路,并经公路主管部门正式验收交付使用的公路里程数。包括大中城市的郊区公路以及通过小城镇街道部分的公路里程和桥梁、渡口的长度,不包括大中城市的街道、厂矿、林区生产用道和农业生产用道的里程。两条或多条公路共同经由同一路段,只计算一次,不得重复计算里程长度。公路里程是反映公路建设发展规模的重要指标,也是计算运输网密度等指标的基础资料。

货物(旅客)周转量:指在一定时期内,由各种运输工具运送的货物(旅客)数量与其相应运输距离的乘积之总和。它是反映运输业生产总成果的重要指标,也是编制和检查运输生产计划,计算运输效率、劳动生产率,以及核算运输单位成本的主要基础资料。计算货物周转量通常按出发站与到达站之间的最短距离,也就是计费距离计算。

(2)计算方法

相关性分析:根据旅游经济收入影响因子指标体系,运用皮尔逊相关系数计算方法,利用相关分析剔除相关系数不显著以及具有强烈共线性的指标,选取显著相关的影响因子作为因变量,与旅游经济收入进行定量的多元统计分析。

偏最小二乘回归分析:在定量统计分析中统计样本小且存在多重共线性,解决的最好办法是利用偏最小二乘回归模型。偏最小二乘法是一种新型的多元统计数据分析方法,它将多元线性回归分析、变量的主成分分析和变量间的典型相关分析有机结合起来,充分利用样本信息,在样本容量小、自变量多且存在严重多重相关性的条件下进行回归建模,可以很好地剔除自变量之间的相关性影响。偏最小二乘回归分析在建模过程中集中了主成分分析、典型相关分析和线性回归分析的工作特点。在分析结果中,除了可以提供一个更为合理的回归模型外,还可以同时完成一些类似于主成分分析和典型相关分析的研究内容,提供更加丰富、深入的系统信息。

记因变量为 $y \in R^n$,自变量集合为 $X=[x_1,\cdots,x_p]$,$x_j \in R^n$。如果要建立 y 对 $x_1,\cdots,x_p$ 的回归模型,当在自变量之间存在严重多重相关性时,会使普通最小二乘法失效,破坏参数估计,扩大模型误差,并使模型丧失稳健性。若对这样的数据强行建立最小二乘模型,其 x_j 的回归系数往往很难降解,甚至会出现与现实生活常识相反的符号。当然,可以用偏相关系数与简单相关系数的区别来对这些现象加以解释,但这种解释只能满足于理论讨论,一个无法用实际系统知识解释的模型是很难被实际系统分析人员所接受的,偏最小二乘回归较好地解决了这一问题。

在偏最小二乘分析中，利用变量投影重要性指标(Variable Importance in Projection, VIP)来测度自变量对因变量的解释能力。其定义为：

$$VIP_j = \sqrt{\frac{k\sum_{h=1}^{m} Rd(y,t_h)W_{hj}^2}{\sum_{h=1}^{m} Rd(y,t_h)}},(j=1,2,\cdots,k),$$

式中 $Rd(y,t_h)=r^2(y,t_h)$；W_{hj} 是轴 W_h 的第 j 个分量，用于衡量 x_j 对构造 t_h 成分的贡献大小；$r(y,t_h)$ 是因变量 y 和成分 t_h 的相关系数；k 为自变量个数；m 为成分个数。对于 VIP_j 很大的 x_j，它在解释 y 时有更加重要的作用，从而确定避暑旅游品牌打造对旅游经济收入影响的重要性。

(3)经济效益测算

1)旅游经济收入影响因子相关分析

首先，根据所建立的旅游经济收入影响因子指标体系，用各项社会经济指标分别与旅游收入进行相关分析，通过相关系数统计显著性检验($P=0.001$)，筛选出显著相关的指标共18个作为旅游经济收入影响因子(表9.8)。根据相关性分析，避暑旅游品牌打造与旅游经济收入显著相关，相关性为0.88，在所有相关性因子中位居第13位。

表9.8　旅游经济收入影响因子指标相关性分析

因子序号	影响因子	相关性
1	国民生产总值(亿元)	0.99
2	财政总收入(亿元)	0.99
3	居民消费水平(元/人)	0.98
4	全社会固定资产投资总额(亿元)	0.98
5	房地产业固定资产投资(亿元)	0.98
6	城镇居民人均消费性支出(元)	0.98
7	第三产业固定资产投资总额(亿元)	0.97
8	旅客周转量(亿人·km)	0.97
9	公路里程(km)	0.96
10	森林覆盖率(%)	0.95
11	道路运输业固定资产投资(亿元)	0.93
12	第三产业生产总值(亿元)	0.91
13	避暑旅游品牌打造	0.88
14	公园面积(hm^2)	0.88
15	环保资金投入(万元)	0.88
16	城市园林绿地面积(hm^2)	0.86
17	森林公园面积(万 hm^2)	0.86
18	年末实有道路长度(km)	0.82

2)品牌打造重要性定量分析

根据前面的相关分析,剔除相关系数不显著以及具有强烈共线性的指标,选取具有代表性的驱动因子共18个作为自变量,利用变量投影重要性指标 *VIP* 来定量测度驱动因子对旅游经济收入增长影响的重要性,见表9.9。

表9.9 影响旅游经济收入因子重要性分析

排序	影响因子	重要性指标
1	财政总收入(亿元)	1.05
2	国民生产总值(亿元)	1.05
3	公路里程(km)	1.04
4	房地产业固定资产投资(亿元)	1.03
5	居民消费水平(元/人)	1.03
6	全社会固定资产投资总额(亿元)	1.03
7	城镇居民人均消费性支出(元)	1.03
8	森林覆盖率(%)	1.03
9	旅客周转量(亿人·km)	1.02
10	第三产业固定资产投资总额(亿元)	1.02
11	避暑旅游品牌打造	1.01
12	第三产业生产总值(亿元)	0.98
13	道路运输业固定资产投资(亿元)	0.98
14	公园面积(hm^2)	0.97
15	森林公园面积(万 hm^2)	0.96
16	城市园林绿地面积(hm^2)	0.96
17	环保资金投入(万元)	0.96
18	年末实有道路长度(km)	0.95

由表9.9可知:避暑旅游品牌打造对旅游经济收入的影响排名第11位,占所有影响因子重要性指标的5.59%,即避暑旅游品牌打造对旅游经济收入的贡献为5.59%。

将2007—2009年旅游增加值乘上避暑旅游品牌影响因子百分比,计算出避暑旅游品牌打造为贵州省近三年来旅游增加值的贡献分别为:2007年为7.46亿元,2008年为9.41亿元,2009年为11.75亿元,三年合计为28.62亿元,见表9.10。

表9.10 贵州省避暑旅游品牌近三年带来的经济效益

年份	2007年	2008年	2009年	合计
旅游增加值(亿元)	133.53	168.34	210.15	512.02
品牌带来的旅游收入(亿元)	7.46	9.41	11.75	28.62

3)气象部门的贡献分析

旅游产品品牌的塑造经历品牌定位、品牌论证、品牌设计和品牌传播推广四个阶段,气象部门主要完成了品牌论证工作,紧密联系品牌定位与品牌设计工作。

因此,若按气象部门为避暑旅游气候品牌打造的贡献率为1/4来计算,可以得到品牌论证对贵州省近三年来旅游增加值的贡献分别为:2007年为1.87亿元,2008年为2.35亿元,2009年为2.94亿元,三年合计为7.16亿元(表9.11)。以贵州气候优势命名的大旅游品牌对经济增长贡献较大,经济效益明显。

表9.11 品牌论证近3年带来的经济效益

年份	2007年	2008年	2009年	合计
旅游增加值(亿元)	133.53	168.34	210.15	512.02
经济效益(亿元)	1.87	2.35	2.94	7.16

4)投入概算

2004—2009年贵州省气象部门旅游气象研究和旅游气象监测基础建设总投入1 090万元,其中,建设旅游气象站投入850万元,旅游气候评价体系的构建及气候品牌论证投入80万元,创建气象服务支撑体系投入160万元。

根据项目投入概算和项目投入产出的经济效益计算贵州省项目投入产出比。

项目投入产出=项目投入后总收入增加值/项目总投入

$$\text{贵州省项目投入产出比} = \text{项目投入后总收入增加值} / \text{项目总投入} = 7.16/0.109 \approx 65.7$$

因此,本项目的投入产出比为1∶65.7(按旅游纯收入计算,2007—2009年)。

9.3 社会效益

当前,气候变化造成全球气候变暖,因此,贵州省夏季避暑气候资源成为一种非常重要的旅游资源,避暑型、舒适型气候资源成为旅游资源中的稀缺性资源。气候资源是旅游舒适度的决定性因素之一,气候条件不仅影响旅游交通、客流分布,使旅游具有明显的季节性特征,形成淡季和旺季,还将影响旅游产品类型等。长期来看,贵州最长久的优势资源是气候资源。贵州依托避暑气候品牌,把推进生态文明城市建设作为发展战略;贵州城市在国内的影响大大提高,为贵州省和中国旅游业的发展做出了积极贡献,取得了明显的社会效益。

(1)通过"避暑天堂"的打造和宣传使大家加深了对贵州省气候资源优势的认识,对合理开发利用贵州省的气候资源,将气候资源优势转变为经济优势,实现资源开发和生态环境保护的良性循环有了共识。品牌带来的生态效益具有非常重要的意义。

(2)"避暑之都·贵阳"、"中国凉都·六盘水"、"西部之秀·安顺"、"水墨金州·黔西南"、"阳光城·威宁"成为贵州的金字招牌。研究成果为打造"避暑之都"奠定了科技支撑。2007年8月,中国气象学会授予贵阳市中国唯一的"中国避暑之都"称号。贵阳市以排名第八进入“全球十佳避暑旅游名城”。2008年“中国十大避暑旅游名城”评比中，六盘水(5)、毕节(10)进入排行榜前10名，通过气候品牌论证与打造，提升了城市品位、城市品牌，拓展了城市发展空间，扩大了知名度。“避暑天堂”成为上海世博会贵州馆主题词之一，有效地展示了贵州的自然和人文景观。不同地理环境、动植物、生态环境、人文历史具有教育与科普作用，激发了人们的爱国主义热情，有利于人民身心健康。

(3)改变了“天无三日晴”的印象。以科学发展的眼光重新审视曾经被不屑一顾的气候“劣势”，并加以综合利用，成为“中国避暑之都”评选时强有力的科学依据，这是贵州省气象部门在论证与打造贵州气候优势上成功的一笔。

(4)“中国避暑之都”，提高了贵阳市的国际知名度。贵阳市得益于避暑气候优势，目前已连续多年名列中国著名避暑旅游城市榜首，理直气壮地打出了“上有天堂，下有苏杭，气候宜人数贵阳”的口号。“避暑之都”，让贵阳市在推广城市品牌形象、创造城市“无形资产”上找到了最合适的品牌定位。从此贵阳告别了品牌定位过低、缺乏个性与特色的“第二春城”等缺乏新意的定位。贵阳市依托“避暑之都”创建生态文明城市，从2009年开始每年成功举办了具有一定影响力的“生态文明贵阳会议”。国家旅游局和贵州省人民政府每年主办高规格的“中国·贵阳避暑季”活动，旨在把贵阳打造成为集旅游、休闲、娱乐、度假为一体的旅游目的地。“中国避暑之都”的评选推动了绿色发展，贵阳市成为国家首批低碳试点城市之一。结合建设生态文明城市的目标，贵阳市旅游部门已制定了以推介“中国避暑之都”为品牌核心的旅游发展计划，进一步实施精品战略，有序推进避暑旅游、温泉旅游、森林旅游、健康旅游等休闲度假产品的开发。

(5)“避暑之都”带来的品牌效应催生了“避暑经济”。贵阳的气候和生态环境优势正在转变为经济优势，成为增强贵阳竞争力的重要支撑。气候品牌促进了旅游文化发展，促进了对外开放，扩大了招商引资，聚集了人流、物流、信息流和资金流，加快了市场经济活动。同样，六盘水的市场经济活动也因“中国凉都”的打造而更加活跃。

(6)利用贵州省特有的气候优势论证，依托避暑气候旅游品牌推广，促进第三产业发展，拉动了农家乐等贵州省乡村旅游业的发展，带动了农业观光休闲旅游发展，开阔了眼界。广大农民通过涉足旅游业学会了很多过去在农村学不到的东西，更新了观念，开拓了路子，增强了市场意识和竞争意识，通过旅游文化产业的发展，广大农民提高了自己不单纯依靠农业的生存观点，提高了素质，为社会主义新农村建设赋予了新的内容，农村的基础设施建设、生态环境、乡风文明、村容整洁得到提高，促进了农村劳动力转移和农民的增收，对调整旅游景点周边地区的产业结构，加快城镇建设具有积极作用。

(7)通过旅游气候品牌打造，扩大了就业。旅游业是就业容量大、就业程度高的产业，总体上就业门槛比较低，劳动密集特点比较明显。贵州省人多地少、地瘠人贫，可供农民就业的产业少，把旅游资源和文化资源保护好、开发好、利用好，让农民积极参与旅游文化产业，可以就地转化农村剩余劳动力，可增加就业岗位，对调整旅游景点周边地区的产业结构、增加人民经济收入、加快城镇建设具有积极作用。

(8)通过气候品牌论证与打造，项目研究技术、数据及成果被各市(县)级气象部门广泛应用，推进了气象部门的科技进步，社会对气象工作的关注率显著提高。研究成果在各地(州)气象台站的应用，随着现代旅游业的发展，公众对天气预报关注率不断提高，气象部门通过"12121"电话、手机短信、专项天气预报服务等，向公众发布温度、湿度、风速等气象信息外，还包括气候舒适度指数、紫外线指数等内容。2009 年贵州气象短信用户数达 209 万户，声讯电话拨打数为 847 万次，其中旅游气象占气象信息的 1/3，公众对旅游气象关注率明显提高，有效地促进了避暑之都的旅游生态和经济效益，促进了地方气象事业的发展，提高了决策气象服务能力。

(9)贵州省委省政府对旅游业的支持力度逐年加大，把旅游业培育为全省支柱性产业的定位愈发明确。贵州省财政逐年加大对旅游基础设施的投入，其他财政投入也向旅游业倾斜，极大引导了社会资金、民营资本、金融贷款和外资等进入旅游资源开发和接待设施建设。

(10)实施精品带动战略，旅游产品建设获得质的提升。旅游产业发展大会、申报世界遗产、旅游景区质量等级评定等工作实施后，贵州省已经形成了建设精品旅游项目的共识。我们面临国内旅游业快速发展和全面建设小康社会产生旅游消费需求的机遇。大众旅游消费需求，正在从单一的观光旅游转向多样化、休闲化；人们越来越注重自身的健康，生态型休闲度假旅游产品将逐步成为旅游消费的重点选择。贵州省旅游气候资源品牌打造无疑对促进旅游业发展意义重大。贵州省凭借气候、环境等资源优势，温泉旅游、乡村休闲、避暑度假、自驾车露营、高尔夫康体度假游等新兴旅游业成长起来，加大对开阳"十里画廊"旅游区、乌当温泉度假中心、南明河城市风光旅游带以及青岩古镇历史文化旅游区的基础设施投入力度，强力推进"避暑之都"品牌战略，逐渐成为贵州省旅游经济的重要组成部分。

(11)近几年来，贵州省在发展旅游业的实践中总结了许多成功经验。市场拉动策略是做强做大旅游业的一条基本经验。"走出去请进来"是常规又行之有效的手段，在此基础上，积极创新，探索旅游与文化、对外宣传、体育相结合的"四位一体"发展模式，有效地整合部门、地方、企业、媒体资源，瞄准目标市场。在"多彩贵州"这面旗帜下，各地"亮点"、"卖点"成功推向广大市场。联手三大客源地的龙头旅行社与贵州省共同开发产品，拓展市场，效果十分明显。

目前，贵州省旅游业已经具备了提速发展的基础和条件。以机场、高速公路和快速铁路为重点的现代交通网络建设进入快车道，将从根本上解决制约贵州省旅游业发展的瓶颈问题。

贵州素有我国的“公园省”之称，旅游资源丰富，旅游景点因其特殊的历史文化和自然环境，呈现出多种特征：自然生态的奇特性、文化的原生性、民族历史的厚重性、红色旅游资源的显赫性、气候资源的独特性和宜人性。贵州省发展生态旅游和休闲度假旅游的优势明显。贵州省山川秀美、气候宜人、资源富集，拥有气候、文化、生态等发展生态旅游得天独厚的优势。旅游业的发展可以促进一方经济、造福一方百姓、保护一方山水、传承一方文化，扩大就业，有利于加快推进贵州省全面小康社会、和谐社会建设，有利于社会可持续发展。

9.4　生态效益

生态效益是从生态平衡的角度来衡量效益。生态效益与经济效益之间是相互制约、互为因果的关系。在某项社会实践中所产生的生态效益和经济效益可以是正值或负值。最常见的情况是，为了更多地获取经济效益，给生态环境带来了不利的影响，此时经济效益是正值，而生态效益却是负值。生态效益的好坏，涉及全局和长期的经济效益。在人类的生产、生活中，如果生态效益受到损害，整体的和长远的经济效益也难得到保障。因此，人们在社会生产活动中要维护生态平衡，力求做到既获得较大的经济效益，又获得良好的生态效益。通过“避暑天堂”论证与打造和宣传，加深了公众对贵州省气候资源优势的认识，从而对合理开发利用贵州省的气候资源，将气候资源优势转变为经济优势，对实现资源开发和生态环境保护的良性循环达成共识。随着生活水平的提高，老百姓对环境质量的要求越来越高，对生态产品需求越来越大，旅游方式要从观光型向享受型转变，把过去的走马观花变为住下来，慢慢领略自然风光，感受人文风情。要实现这个转变，必须要生态好。

(1)贵州省独特的避暑气候资源和旅游资源，无疑成为其最具优势的发展要素之一。利用当地特有的气候优势，建设集观光、娱乐、休闲和购物于一体的、主题明确、特色鲜明的农业主题公园，有利于退耕还林、还草及生态建设，可防止水土流失，改善生态环境，具有较好的生态环境效益。

(2)利用“夏季避暑天堂”的气候和环境优势，提出以减少夏季耗能为主导、减少 CO_2 排放和控制其他污染物排放，保护旅游资源，大力发展绿色环保和生态和谐友好的“绿色城市”，开发利用风能和太阳能等可再生能源。为应对和缓解气候变化，努力保护好贵州省的青山绿水和生态环境已成为各级政府的共识，并逐渐深入人心。建设生态文明城市顺应了贵阳市未来发展的方向，贵阳市环境较好、气候凉爽、纬度合适、海拔适中、灾害罕见，宜居、宜业、宜游。

(3)气象部门的研究为贵阳市委、市政府把依托避暑之都推进生态文明城市建设作为发展战略提供了科技支撑。

(4)生态建设和环境保护是西部大开发的根本点和切入点，利用贵州省旅游气候研究与应用项目研究成果进行气候旅游宣传有利于开发利用农村优美的自然山水旅游，有利于生态建设和环境保护，对于实现区域规划定位和农村发展目标具有良好的支撑效益及保障作用，符合贵州“生态文明建设”的方针。

第10章 展 望

旅游是旅行游览活动，是一种复杂的社会现象，涉及政治、经济、文化、历史、地理、法律等各个社会领域；也是一种休闲娱乐活动，具有异地性和暂时性等特征。旅游业投入少、效益好、创汇多，直接带动与其高度相关的金融、信息、餐饮、交通等产业的发展，增加就业，推动产业结构优化，促进国际经济交往，是当今世界发展最快、前景最为广阔的朝阳产业。

贵州省地处云贵高原东斜坡，地势西高东低，自中部向北、东、南三面倾斜。属亚热带温湿气候区，拥有得天独厚的气候和丰沛的降雨优势。立体气候明显，气候温暖湿润，无霜期长，冬无严寒，夏无酷暑，雨量充沛，四季分明。贵州省气候资源的独特性和宜人性，素有“金不换气候”的美誉，冷热适度的“天然空调”天气，是贵州发展旅游业的重要环境条件，也是贵州得天独厚的旅游资源优势。

贵州省20世纪80年代初开始开发旅游业，目前走上了持续、快速、健康、跨越式发展的快车道，形成了政策推动、精品带动、市场拉动、质量保证的发展格局，为旅游业快速健康发展奠定了坚定基础。将建成多民族特色文化、红色文化和喀斯特高原生态旅游的重要目的地，成为大西南知名的原生态休闲度假旅游胜地和我国的旅游大省，使旅游业成为贵州省新的支柱产业。

随着贵州省旅游业的快速发展，贵州省的气候优势已经为越来越多的人所认识。依据不同地区的立体气候优势，合理开发旅游资源，充分利用气候季节变化特点，可做到旅游淡季不淡。气象部门利用贵州省气象站、气候站的气象、气候资料，通过定性、定量和数学模拟等分析研究，对贵州省旅游气候资源进行了科学论证和评估，为成功打造“避暑之都·贵阳”、“中国凉都·六盘水”和“阳光城·威宁”等以气候优势命名的大旅游品牌做出了重要贡献。从长期来看，贵州省最大、最持久的旅游优势资源是避暑旅游气候，发展潜力最大的产业是避暑、休闲、旅游、教育和金融等第三产业。因此，开发贵州省旅游气候资源对促进旅游业发展，展示贵州，提升城市品位、城市品牌，以及促进对外开放，具有重要意义。

10.1 大力开发气候旅游产品

旅游产品一般是指为满足旅游审美、愉悦、生活体验需求，依托一定地区内具有旅游吸引力的自然、文化旅游资源而开发出来的旅游景象、旅游活动和旅游服务的结合。气候资源是得天独厚的旅游资源，风、云、雨、雪、霜、雾、雷、电、虹、霞、光都可以形成以气候为特色的旅游风景，供游人欣赏，产生愉悦或者震撼的心情。根据对资源特色、市场需求、区位和环境条件的综合分析，经过概括、提炼、选择，去粗存精，确定、突出主题和特色，通过强化、充实、剪裁、协调、烘托和创新等手法，不断开发气候旅游产品。

10.1.1 极端气候旅游产品

1994 年 12 月，发生在贵阳都溪林场的“空中怪车”震动了中国及世界。当时媒体对此事件的描述为：1994 年 12 月 1 日凌晨 3 时 20 分，一列神奇的“空中怪车”轰轰隆隆、声势吓人地驶过贵阳北郊的上空，所产生的物理效应真切而惊人。贵阳市郊都溪林场的约有碗口粗的松树被拦腰截断，房顶的铁皮不翼而飞。值班工人看到空中有两个灼目的火球旋转着前进，并伴随着如老式蒸汽火车慢行般震耳欲聋的咣当声。几分钟过后，都溪林场马家塘林区方圆 400 多亩的松树林被成片成片地拦腰截断，在一条断续长约 3 km、宽 150～300 m 的带状区域里只留下 1.5～4 m 高的树桩并且折断的树干与树冠大多都向西倾倒，长 2 km 的四个林区的一人高的粗大树干被整整齐齐地排列在林场上。

追本溯源，“空中怪车”是由大气剧烈运动造成的，“下击暴流”是真正元凶。“下击暴流”现象是由雷暴引起的一种强烈的下沉运动。这种下沉运动可以在近地面附近形成一个非常大的向外扩散的水平风。雷雨、冰雹是诱发“下击暴流”现象的原因。“下击暴流”会造成下垫面巨大的破坏。

鉴于“空中怪车”的巨大影响力，其原址可开辟成旅游景点，通过声、光、电、图片展、原始遗留物件、录像资料、文字资料等，将“空中怪车”事件再现于世人面前，极具观赏价值。

10.1.2 梦幻气候旅游产品

“佛光”是一种十分普遍的自然现象，它是太阳光与云雾中的水滴经过衍射作用而产生的。只要具备产生佛光的气象和地形条件，都可能产生。“佛光”在贵州省的梵净山金顶、蘑菇石、八担山（海拔 2 884 m）最为多见，梵净山的气象条件最容易产生佛光，有人将佛光现象称之为“梵净宝光”。

“佛光”发生在白天，产生的条件是太阳光、云雾和特殊的地形。早晨太阳从东方升起，“佛光”在西边出现，上午“佛光”均在西方；下午，太阳移到西边，“佛光”则出现在东边；中午，太阳垂直照射，则没有佛光。只有当太阳、人体与云雾处在一条倾斜的直线上时，才能产生佛光。如果观看处是一个孤立的制高点，那么在相同的条件下，佛光出现的次数要多些。

“佛光”由外到里，按红、橙、黄、绿、青、蓝、紫的次序排列，直径约 2 m。阳光强烈、云雾浓且弥漫较宽时，小佛光外面则会形成一个同心大半圆佛光，直径达 20～80 m，虽然色彩不明显，光环却分外显现。“佛光”中的人影，是太阳光照射人体在云层上的投影。观看“佛光”的人举手、挥手，人影也会随之而动，此即“云呈五彩奇光，人影在中藏”，神奇而瑰丽。“佛光”出现时间的长短，取决于阳光是否被云雾遮盖和云雾是否稳定，如果出现浮云蔽日或云雾流走，“佛光”即会消失。一般“佛光”出现的时间为 0.5～1 h。云雾的流动，促使佛光改变位置；阳光的强弱，使“佛光”时有时无。“佛光”彩环的大小同水滴雾珠的大小有关：水滴越小，环越大；反之，环越小。

随着科学的发展，人们对佛光现象的了解逐渐加深，登梵净山等观看佛光，已不是象征神灵的福祐，而是同登山观日出一样，是一种大自然的赐予，从中得到自然美的享受。

10.1.3　高山气候旅游产品——云雾

乌蒙山、梵净山、雷公山、大娄山位于贵州省境内，顶峰海拔高度均在 2 000 m 以上。由于气候湿润、植被丰富，山体时常是细雨蒙蒙、云雾蒸腾，雾中的大山虽无日出、日落之壮丽，也无佛光之奇观，却仍然有着一种含蓄、婉约的美丽。

10.1.4　晨昏气候旅游产品——云霞

霞是由于大气对日光的散射作用而产生的一种自然现象。太阳光是由红、橙、黄、绿、青、蓝、紫七种颜色的光组成的，每种光的波长是不同的。其中红光的波长最长，每天早晚，太阳是斜射的，阳光到达地面的距离最长，短波光基本被散射，进入人们视线的多是红光，而红光经空气中的尘埃、水蒸气等散射使天空呈现出迷人的色彩。例如 2010 年 10 月 19 日傍晚 18 时 10 分，随着太阳西沉，安顺西边天际出现美丽的火烧云。它的形态不断变化，一会儿像一只展翅翱翔的仙鹤，一会儿又变成了骆驼。10 min 过后，天色渐暗，奇异的火烧云也慢慢消失。霞是美丽的风景，极具观赏价值。

10.1.5　冬日气候旅游产品——冰雪

贵州省西部和中东部高海拔地区几乎每年都会雪花飘飞，冰凌悬挂，银装素裹，与少数民族村寨相互辉映，构成超凡脱俗的人间仙境。贵州省独特的气候条件为游客在低纬度地区观赏冰雪提供了场所。

10.1.6　能源气候旅游产品

风能是地球表面大量空气流动所产生的动能。由于地面各处受太阳辐照后气温变化不同和空气中水蒸气的含量不同，因而引起各地气压的差异，在水平方向高压地区空气向低压地区流动，即形成风。风能资源决定于风能密度和可利用的风能年累积小时数。贵州省总体风速较小，但由于地形差异较大，还是有不少可供开发的风能资源。贵州省西部的平均风速最大,中部及西南部部分地区次之,贵州 70 m 高度上风功率密度大于 200 W/m² 的技术开发面积为 2 769 km²,技术开发量为 770 万 kW;大于 250 W/m² 的技术开发面积为 2 002 km²,技术开发量为 558 万 kW;大于 300 W/m² 的技术开发面积为 1 630 km²,技术开发量为 456 万 kW;400 W/m² 以上区域的技术开发面积为 568 km²,技术开发量为 157 万 kW。目前在赫章的韭菜坪、台江的红阳草场均建有风力发电场,可作为绿色能源气候旅游产品进行开发。

10.1.7 立体气候旅游产品

贵州省高大山体的气候垂直分布明显。以雷公山为例,该区属中亚热带季风山地湿润气候区。具有冬无严寒、夏无酷暑、雨量充沛的气候特点。最冷月(1 月)平均气温山顶为−0.8 ℃,山麓为 4～6 ℃;最热月(7 月)平均气温山顶为 17.6 ℃,山麓为 23.0～25.5 ℃;年平均气温山顶为 9.2 ℃,山麓为 14.7～16.3 ℃。雷公山地区年平均气温直减率为 0.46 ℃/100m。气候的垂直差异明显和坡向差异显著。冬季,东、北坡气温较西、南坡低;夏季,西、北坡气温较东、南坡高。雷公山地区雨量较多,年降水量介于 1 300～1 600 mm 之间。雷公山光、热、水资源丰富,气候类型多样,为多种多样的生物物种生长发育提供了良好的生态环境。雷公山垂直气候相当于横跨亚热带和温带两个气候带,受气候影响,形成了垂直层次分明的植被带景观,自下而上的 4 个自然带为:常绿阔叶林,常绿、落叶混交林,落叶阔叶林,高山灌丛。山上植被垂直多变,雷公山地带性植被属我国中亚热带东部偏湿性常绿阔叶林,主要组成树种以栲属、木莲属、木荷属为主。随着地势升高,气候、土壤、植被发生了变化,形成植被的垂直分布。海拔 1 350 m 以下是常绿阔叶林,以栲、石栎、木莲、木荷为优势;海拔 1 350～2 100 m 是山地常绿、落叶阔叶混交林,主要种类有水青冈、亮叶水青冈、多脉青冈;海拔 2 100 m 以上是高山灌丛,杜鹃花属和箭竹占优势。雷公山有较高欣赏价值,适宜全年观赏旅游,尤其与贵州省中西部喀斯特风光形成鲜明对照,极具旅游开发潜力。

10.1.8 春秋物候旅游产品

植物生长,随着气候的季节性变化而发生萌芽、抽枝、展叶、开花、结实及落叶、休眠等规律性变化,这种生长荣枯的现象称为物候。在不同的物候期,鸟语花香、草长莺飞、萋萋芳草、婆娑树姿、点点鸟影、啾啾虫鸣、春华秋实,都会给你以美的享受。

贵州省著名的物候旅游景点有金海雪山、黔东南梯田等。“金海雪山”景区内有万亩油菜和千顷李树,3—4 月份,油菜花、李花次第开放,满坝子油菜花胜似“金海”,满山李花宛如“雪山”,布依族山寨隐约其中,清澈河水蜿蜒流淌,形成“金海雪山”壮丽景观,尽显天然美景和生态家居相结合的“人间仙境”。“黔东南梯田”美景,四季如画。4—5 月,注水后的梯田会闪现出银白色的光芒,凸显其婀娜曲折的轮廓。夏天,到处是一片青葱稻浪,如一条条绿色彩带迎风飘扬。金秋10月,由于海拔高低不同,即使同处一座山坡,梯田黄色由浅变深,形态各异,组成了一幅幅精美的图画。冬季,注水的梯田中夹杂着一些收割禾穗后的金色糯禾稻草和一些绿色的绿肥地,又构成了一幅幅美丽的中国山水画。这类物候景观,令人魂牵梦绕,一睹为快。

10.1.9 休闲气候旅游产品——避暑、休闲

“股市看恒生指数,避暑看贵阳指数”。2006—2009年,贵阳市已连续三届被评为“避暑之都”。其实,不仅是贵阳市,贵州省绝大部分区域都适合避暑。

由于贵州省地貌类型复杂,山区面积占92%,喀斯特地貌发育,植被覆盖良好。不同性质的下垫面通过动力和热力作用所产生的山体、水体、林木及洞穴小气候非常明显。多种气候效应在许多地方常交互在一起综合出现,使得贵州省气候资源具备了直接利用的条件和被开发的前景。发展以避暑度假为中心的休闲健身游,利用山体的立体气候效应选择合适地带建立夏季休疗养健身中心;借助水体对气温的调节作用在水域丰富区策划各类游览活动;借助森林的“冷岛效应”发展生态、康乐型旅游及洞穴恒温休闲观光游,把贵州省建设成为四季理想的休憩地。

10.2 推进旅游气候预报服务系统

随着旅游业的快速发展,人们越来越关注旅游气象信息预报与服务。而以往单纯的天气预报已无法满足社会的需求。经过多年的研发,贵州省一系列旅游相关指数预报已经纳入业务运行,深受广大旅游者的欢迎。创建了国内最为系统的贵州旅游气象观测站网,研发了“贵州省旅游自动气象观测网数据管理系统”。包括:(1)旅游自动气象观测网(共有710个观测站点);(2)空气负氧离子观测网(共14个观测站点);(3)旅游生态环境卫星遥感监测系统。首次在国内创建了比较系统的旅游气候开发应用气象支撑系统和服务体系,包括基于计算机和网络技术的旅游气象服务支撑系统、旅游气象预报服务系统和旅游气象产品服务数据库。根据贵州省气候特点,研发旅游气象着装指数、景区紫外线强度预报、旅游气象指数等预报指标,开发预报产品制作系统,构建预报产品数据库(20个以电视、手机短信、“12121”声讯为主体的旅游气象类数据表),通过电视、电话、手机短信、互联网和报纸等大众传媒手段,为贵州省发展旅游经济和旅游者提供全方位、多渠道、及时的旅游气象服务,非常好地将科研成果和应用有机地结合。

做好气象服务对促进旅游业发展、提高旅游业服务质量和确保旅游业安全尤为重要。近年来,针对旅游业贵州省气象部门在做好主要旅游景点气象服务的同时,强化防灾减灾,做好季节性、重要节假日等专题性旅游气象服务,开发利用旅游气候资源,为各类大型旅游文化活动、旅游品牌打造、旅游安全等做出了积极的贡献。在未

来一段时间里，旅游气象服务的拓展还有很大的空间，更深层次地推进新时期的旅游业发展气象部门有很多的工作要做。做好旅游气象服务规划，对于旅游业可持续发展具有重要意义。

(1)重点加强旅游专业气象预报技术和服务研究，丰富、发布各类旅游气象信息服务产品。进行各类景点适宜期预报(如梅花、桃花、桂花、荷花等花卉观赏期，以及观赏性云雾、冰雪等景观时间、地点、最佳观赏点预报)，进行各旅游景区、景点温度、湿度、温湿指数、风效指数、紫外线指数、穿衣指数、感冒指数等预报。

(2)建立旅游安全气象预报预警体系，及时发布旅游安全气象预报预警信息及预警信号，为旅游安全提供全面、到位的气象服务保障，预报内容包括洪涝、干旱、春秋低温、夏季高温、大风、冰雹、大雪和严寒等气象灾害的发生和持续时间、发生地点及强度。

(3)建立健全旅游气象服务体系。利用报纸、手机短信、电视、声讯“12121”、网络等多种信息平台和渠道，为游客和当地群众提供及时准确的旅游气象信息。

(4)进行旅游气候区划。从气候对旅游者影响的理论出发，分门别类进行不同景观、适宜时间、适宜地点、持续时间的分析评估，做出县、市、区适宜旅游区气候区划。

(5)广泛开展与旅游、交通、航运等部门的联合和协作，建立旅游气象灾害联合应急体系，共同做好旅游气象灾害防御服务工作。

参 考 文 献

白建辉，王庚辰，胡非. 2003. 近 20 年北京晴天紫外辐射的变化趋势[J]. 大气科学，(2)：273-280.

保继刚，楚义芳. 1999. 旅游地理学[M]. 北京：高等教育出版社.

毕家顺. 2006. 低纬高原城市紫外线辐射变化特征分析[J]. 气候与环境研究，(4)：637-641.

陈斌，孙林燕. 2005. 空气负离子和人体健康[J]. 物理教师，**26**(11)：48.

陈莎莎. 2009. 新疆旅游气候舒适度分析与评价研究[D]. 乌鲁木齐：新疆师范大学.

笪玲. 2005. 贵州省旅游资源开发构想[J]. 贵州工业大学学报：社会科学版，**7**(5)：31-34.

邸瑞琦，白美兰，樊建平. 2002. 内蒙古地区旅游气候资源评价与分区[J]. 内蒙古气象，(3)：24-26.

杜正静，黄继用，等. 2004. 贵州省城市环境气象指数预报简介[J]. 贵州气象，**28**(1)：17-21.

杜正静，熊方，何玉龙，等. 2009. 贵州严重冰冻天气过程典型模型及环流特征分析[J]. 贵州气象，**33**(1)：7-10.

杜正静，熊方，苏静文. 2007. 2001—2003 年滇黔准静止锋的一些统计特征[J]. 气象研究与应用，**28**(SⅡ)：21-24.

范业正. 1998. 中国海滨旅游地气候适宜性评价[J]. 自然资源学报，**13**(4)：304-311.

冯立梅，蒋晓伟，刘小英，等. 2003. 庐山旅游气候资源评价及深度开发[J]. 江西师范大学学报：自然科学版，(3)：173-176.

冯新灵，陈朝镇，罗隆诚. 2006a. 综述计算我国旅游舒适气候的特吉旺法[J]. 生态经济，(8)：67-69.

冯新灵，罗隆诚，张群芳，等. 2006b. 中国西部著名风景名胜区旅游舒适气候研究与评价[J]. 干旱区地理，(4)：598-608.

傅抱璞. 1958a. 论坡地上的太阳辐射总量[J]. 南京大学学报：自然科学版，(2)：47-82.

傅抱璞. 1958b. 坡地对日照和太阳辐射的影响[J]. 南京大学学报：自然科学版，(2)：23-46.

傅抱璞. 1993. 山地气候[M]. 北京：科学出版社.

甘枝茂，马耀峰. 2007. 旅游资源与开发[M]. 天津：南开大学出版社.

高歌，龚乐冰，等. 2007. 日降水量空间插值方法研究[J]. 应用气象学报，**18**(5)：732-736.

高贵龙，邓自民，等. 2003. 喀斯特的呼唤与希望——贵州喀斯特生态环境建设与可持续发展[M]. 贵阳：贵州科技出版社.

辜胜阻. 2008. 旅游是扩大内需稳定增长的有力支撑[OL]. http://insurance.hexun.com/2008-09-16/108925846.html.

顾卫，史培军，刘杨，等. 2002. 渤海和黄海北部地区负积温资源的时空分布特征[J]. 自然资源学报，**17**(2)：168-173.

关宏强，蔡福，等. 2007. 短时间序列气温要素空间插值方法精度的比较研究[J]. 气象与环境学报，**23**(5)：13-16.

贵州省麻江县地方志编纂委员会. 1992. 麻江县志[M]. 贵阳：贵州人民出版社.

贵州省气象局. 1987. 贵州省短期天气预报指导手册[DB/OL]. 贵阳：贵州省气象局：1-85.

郭成香，石凤云. 1997. 四川省夏季气候舒适度的探讨[J]. 成都气象学院学报，(3)：234-240.
郭洁. 2005. 四川省夏季气候资源开发初探[J]. 四川气象，(4)：31-33.
郭康. 1982. 用网格法编制山区热量等值线图[J]. 气象，(3)：22-23.
郭康. 1985. 秦皇岛市老岭旅游资源的开发战略[J]. 地理学与国土研究，(2)：46-49.
郭文利，吴春艳，柳芳，等. 2005. 北京地区不同保证率下热量资源的推算及结果分析[J]. 农业工程学报，**21**(4)：145-149.
国家发展改革委. 2007. 中国应对气候变化国家方案[DB/OL]. 北京：国家发展改革委.
胡毅，等. 2005. 应用气象学[M]. 北京：气象出版社.
胡毅，朱克云，江毓忠. 2001. 成都及附近地区旅游气候资源研究[J]. 成都信息工程学院学报，(4)：237-242.
黄荣辉. 2005. 大气科学概论[M]. 北京：气象出版社.
黄荣辉，梁幼林，宋连春. 1992. 近 40 年我国夏季旱涝变化及其成因初探[C]//李崇银. 气候变化若干问题研究[M]. 北京：科学出版社：14-29.
吉廷艳，杜正静，等. 2001. 贵阳地区太阳紫外线辐射及其预报方法研究[J]. 贵州气象，**25**(5)：3-7.
孔邦杰，李军，黄敬峰. 2007. 山地旅游区气候舒适度的时空特征分布[J]. 气象科学，(3)：342-348.
雷金蓉. 2004. 气候变暖对人居环境的影响[J]. 中国西部科技，(10)：103-104.
蕾桂莲，等. 1999. 南昌人体舒适度预报系统[J]. 江西气象科技，**22**(3)：40-41.
李爱珍，刘厚风，张桂芹. 2003. 气候系统变化与人类活动[M]. 北京：气象出版社.
李京平，胡毅，朱克云. 2001. 丽江地区旅游气候资源研究[J]. 成都信息工程学院学报，(3)：179-182.
李军，黄敬峰，王秀珍，等. 2005. 山区太阳直接辐射的空间高分辨率分布模型[J]. 农业工程学报，**21**(9)：141-145.
李军，黄敬峰. 2004. 山区气温空间分布推算方法评述[J]. 山地学报，**22**(1)：126-132.
李萍. 2005. 杭州市旅游气候资源及开发利用研究[D]. 湖南：中南林学院.
李啸虎，李晓东，阿不都·克依木·阿不力孜，等. 2006. 新疆热点旅游城市旅游气候资源评价及分类[J]. 干旱区资源与环境，**20**(3)：127-131.
李新，程国栋，陈贤章，等. 1999. 任意条件下太阳辐射模型的改进[J]. 科学通报，(5)：993-998.
李玉柱，许炳南. 2011. 贵州短期气候预测技术[M]. 北京：气象出版社.
李占清，翁笃鸣. 1988. 丘陵山地总辐射的计算模式[J]. 气象学报，**46**(4)：461-468.
李志民，等. 1998. 大自然中的空气离子[J]. 大自然探索，**7**(4)：39-45.
栗珂，王玉玺，韦成才，等. 2001. 陕南山地烤烟区小网格气温场和降水场的分析与应用[J]. 陕西气象，(4)：17-20.
梁敬，朱家龙. 1981. 山区热量资源的估算方法[J]. 气象，(10)：24-25.
梁平，舒明伦. 2000. 黔东南旅游气候适宜性评价[J]. 贵州气象，**24**(4)：14-21.
廖善刚. 1998. 福建省旅游气候资源分析[J]. 福建师范大学学报：自然科学版，**14**(1)：93-97.
林锦屏，郭来喜. 2003. 中国南方十一座旅游名城避寒疗养气候旅游资源评估[J]. 人文地理，(6)：26-30.

林之光. 1995. 地形降水气候学[M]. 北京:科学出版社.

刘贵忠,邸双亮. 1992. 小波分析及其应用[M]. 西安:西安电子科技大学出版社.

刘文杰,李红梅. 1997. 西双版纳旅游气候资源[J]. 自然资源,(2):62-66.

刘燕,张德山,等. 1999. 着装厚度气象指数预报[J]. 气象,**25**(3):13-15.

刘政奇. 2010. 旅游业对相关行业经济发展的乘数效应——以杭州为例[OL]. http://www.ctnews.com.cn/lyll/2010-04/02/content_727816.htm.

卢其尧. 1988. 山区年月平均气温推算方法的研究[J]. 地理学报,**43**(3):213-222.

卢其尧,傅抱璞,虞静明. 1988. 山区农业气候资源空间分布的推算方法及小地形的气候效应[J]. 自然资源学报,**3**(2):101-112.

卢云亭. 1988. 现代旅游地理[M]. 南京:江苏人民出版社.

陆鼎煌,陈健,崔森,等. 1984. 北京居住楼区绿化的夏季辐射效益[J]. 北京林业学报,**34**(1):26-28.

陆鼎煌,吴章文. 1985. 张家界国家森林公园效益的研究[J]. 中南林学院学报,**5**(2):160-170.

罗宁,等. 2006. 中国气象灾害大典:贵州卷[M]. 北京:气象出版社.

马鹤年,沈国权,等. 2001. 气象服务学基础[M]. 北京:气象出版社.

马丽君,孙根年,等. 2010. 极端天气气候事件对旅游业的影响——以 2008 年雪灾为例[J]. 资源科学,**32**(1):107-112.

毛端谦,刘春燕. 2002. 三爪仑国家森林公园旅游气候评价[J]. 热带地理,**22**(3):245-248.

毛永文. 1986. 环境·生活·健康[M]. 北京:科学出版社.

缪启龙. 1999. 气候资源开发利用讲座第 2 讲:气候资源开发利用的基本概念[J]. 江西气象科技,**22**(5):66-67.

钱妙芬,叶梅. 1996. 旅游气候宜人度评价方法研究[J]. 成都气象学院院报,(3):128-134.

秦前清,杨宗凯. 1995. 实用小波分析[M]. 西安:西安电子科技大学出版社.

覃卫坚. 2003. 广西旅游气候舒适度分析[J]. 广西气象,(4):50-58.

任健美,牛俊杰,胡彩虹,等. 2004. 五台山旅游气候及其舒适度评价[J]. 地理研究,(6):856-862.

施能,马丽,袁晓玉,等. 2001. 近 50 年浙江省气候变化特征分析[J]. 南京气象学院学报,**24**(2):207-213.

石宗源. 2007. 贵州要树立环境立省战略[OL]. http://news.xinhuanet.com/local/2007-10/17/content_6895621.htm.

史欣,徐大平,刘燕堂,等. 2005. 广州市帽峰山森林公园旅游区的气候环境研究[J]. 中国城市林业,(4):67-69.

宋静,姜有山,等. 2001. 连云港旅游气象指数研究及其预报[J]. 气象科学,**21**(4):480-485.

王宝钧,宋翠娥. 2006. 张家口市气候资源避暑效应评价[J]. 首都师范大学学报:自然科学版,(5):75-79.

王炳忠. 2004. 紫外线指数及其预报[J]. 太阳能,(3):15-17.

王富玉. 2005. 做足做活贵州旅游与文化相结合的优势[J]. 当代贵州,(15):4-5.

王金亮,王平. 1999. 香格里拉旅游气候的适宜度[J]. 热带地理,**19**(3):235-239.

卫科. 2004. "佛光"是怎么一回事[J]. 科学与无神论,(4):43.

魏凤英. 1999. 现代气候统计诊断与预测技术[M]. 北京:气象出版社.

吴楚才,郑群明,钟林生. 2003. 森林游憩区空气负离子水平的研究[J]. 森林旅游区环境资源评价研究,(11):43-50.

吴章文. 2001. 旅游气候学[M]. 北京:气象出版社.

夏立新. 2000. 郑州市人体舒适度预报[J]. 河南气象,(2):30-31.

谢雯,任黎秀,姜立鹏. 2006. 基于 MODIS 数据的旅游温湿指数时空分布研究[J]. 地理与地理信息科学,(5):31-35.

谢镇国,王子明,谢双喜,等. 2009. 雷公山保护区森林生态系统现状初步分析[J]. 现代农业科学,**16**(6):87-88.

徐向华,穆彪,何佩云,等. 2002. 赤水景区旅游气候资源分析与评价[J]. 贵州大学学报,**21**(5):320-326.

徐亚敏. 1998. ENSO 事件及其对贵州夏季旱涝的影响[J]. 贵州水力发电,**12**(1):1-6.

许炳南,徐亚敏,等. 1997. 贵州春旱、夏旱、倒春寒、秋风、成因及长期预报研究[M]. 北京:气象出版社.

杨成芳. 2004. 山东省旅游气候舒适度研究[D]. 青岛:中国海洋大学.

杨蜜蜜. 2009. 黔西黔北红色旅游资源深度开发研究[J]. 科技信息,(20):387-388.

杨尚英. 2007. 旅游气象气候学[M]. 北京:气象出版社.

杨胜元,张建江,等. 2008. 贵州环境地质[M]. 贵阳:贵州科技出版社.

姚娟,王磊. 2008. 乌鲁木齐地区旅游气候资源评价[J]. 新疆农业大学学报,**31**(3):95-100.

佚名. 2009. 屯堡文化简介[OL]. http://www.tunpu.com/tp_wh/11/2009-09-26/43.html[2009-09-26].

于淑秋,林学椿,徐祥德. 2003. 我国西北地区近 50 年降水和温度的变化[J]. 气候与环境研究,**8**(1):9-18.

余珊,戴文远. 2005. 福建省旅游气候评价[J]. 福建师范大学学报,(2):103-106.

余志豪,杨修群,任黎秀. 2002. 厄尔尼诺[M]. 南京:河海大学出版社.

袁淑杰. 2007. 基于 GIS 的贵州省热量资源研究[D]. 南京:南京信息工程大学.

袁淑杰,谷小平,缪启龙,等. 2007. 基于 GIS 的复杂地形下天文辐射分布式模型[J]. 山地学报,**25**(5):577-583.

袁育枝. 1982. 山地热量资源的宏观估算方法[J]. 气象,(6):31.

张邦琨,韦小丽,曾信波. 1995. 喀斯特地貌森林不同小生境的小气候特征研究[J]. 贵州气象,**19**(4):16-19.

张福春. 1984. 在山区气候调查中物候指标的应用[C]//山地气候文集编委会. 山地气候文集. 北京:气象出版社.

张洪亮,倪绍祥,查勇,等. 2002. GIS 支持下青海湖地区草地蝗虫发生的地形分析[J]. 地理科学,**22**(4):441-444.

张洪亮,倪绍祥,邓自旺,等. 2002. 基于 DEM 的山区气温空间模拟方法[J]. 山地学报,**20**(3):360-364.

张家界国家森林公园研究课题组. 1991. 张家界国家森林公园研究[M]. 北京:中国林业出版社:34-35.

张宽权. 2002. 舒适度指标的模糊分析[J]. 四川建筑科学研究,**28**(3):68-70.

张清杉,刘粉莲. 2003. 西安地区旅游气象预报技术研究[J]. 杨凌职业技术学院学报,**2**(2):18-19.

张群芳,冯自立. 2006. 中国西部著名风景名胜区旅游舒适气候研究与评价[J]. 干旱区地理,**29**(4):598-608.

张书余. 1999. 医疗气象预报基础[M]. 北京:气象出版社.

张书余. 2002. 城市环境气象预报技术[M]. 北京:气象出版社.

张新庆,李青松,周鸿奎,等. 2008. 吐鲁番地区旅游气候指数及评价[J]. 沙漠与绿洲气象,**2**(1):29-31.

张艳玲,左磊,魏丽. 2002. 空气负离子对呼吸病房空气消毒及支气管哮喘治疗作用的观察[J]. 泰山医学院学报,**23**(1):65-66.

张一平,李佑荣. 1998. 低纬高原城市区域冬季晴天不同波长辐射的特征[J]. 热带气象学报,(4):329-336.

赵恕. 1965. 季风与贵州的雨季[J]. 气象学报,**35**(1):96-106.

郑和文,朱双,范淦清. 1997. 南京地区旅游景点天气预报技术研究[J]. 气象,**23**(11):55-56.

郑书龙,廖善刚,任健美. 2006. 山西旅游气候区划[J]. 太原师范学院学报,(4):116-119.

郑小波,陈静. 2003. 贵州秋风的时空分布规律及其对水稻产量的影响[J]. 贵州农业科学,**31**(5):39-42.

中国气象局. 2008. QX/T 87—2008 紫外线指数预报[S]. 北京:气象出版社.

《中华人民共和国气候图集》编委会. 2002. 中华人民共和国气候图集[M]. 北京:气象出版社.

周启鸣,刘学军. 2006. 数字地形分析[M]. 北京:科学出版社.

周锁铨,缪启龙,吴战平,等. 1994. 山区平均气温细网格插值方法的比较[J]. 南京气象学院学报,**17**(4):488-492.

周晓香. 2002. 空气负离子及其浓度观测简介[J]. 江西气象科技,**25**(2):46-47.

周永水,汪超. 2009. 贵州省冰雹的时空分布特征[J]. 贵州气象,**33**(6):9-11.

朱瑞兆. 1991. 应用气候手册[M]. 北京:气象出版社.

庄立伟,王石立. 2003. 东北地区逐日气象要素的空间插值方法应用研究[J]. 应用气象学报,**14**(5):605-615.

邹旭恺. 2001. 长江三峡库区旅游气候资源评估[J]. 气象,(6):55-57.

左大康. 1990. 现代地理学辞典[M]. 北京:商务印书馆.

左大康,等. 1963. 中国地区太阳总辐射的空间分布特征[J]. 气象学报,**33**(1):80-95.

左大康,周允华,项月琴,等. 1991. 地球表层辐射研究[M]. 北京:科学出版社.

左磊,郝美华. 2005. 空气负离子对空气消毒及支气管哮喘治疗的探讨[J]. 中华医学实践杂志,**4**(1):30-31.

左平,刘晓清. 1992. 湖南山地的旅游气候资源及其开发[J]. 湖南林业科技,(1):56-58.

de Freitas C R. 1979. Human climates of Northern China [J]. *Atmospheric Environment*, **13**:

71-77.

de Freitas C R. 1985. Assessment of human bioclimate based on thermal response [J]. *International Journal of Biometeorology*, **29**: 97-119.

Findlay B. 1973. Climatography of Pukaskwa National Park, Ontario. Project Report REC-2-73. Meteorological Applications Branch, Atmospheric Environment Service, Canada. Department of the Environment, Toronto.

Gregorezuk M, Cena K. 1967. Distribution of effective temperature over the surface of the earth [J]. *Int J Biometeorol*, **11**: 145-149.

Gustavsson T, Karlsson M, Bogren J, *et al*. 1998. Development of temperature patterns during clear nights [J]. *J Appl Meteor*, **37**: 559-571.

Haiden T, Whiteman C D. 2005. Katabatic flow mechanisms on a low-angle slope [J]. *J Appl Meteor*, **44**: 113-126.

Häntzschel J, Goldberg V, Bernhofer C. 2005. GIS-based regionalisation of radiation temperature and coupling measures in complex terrain for low mountain ranges [J]. *Meteorological Applications*, **12**(1): 33-42.

Hibbs J R. 1966. Evaluation of weather and climate by socio-economic sensitivity indices [J]. *Human Dimensions of Weather Modification*, **105**: 91-110.

Houghton D D. 1985. Handbook of Applied Meteorology [M]. New York: John Wiley & Son's Inc: 778-811.

IPCC. 2001. Climate Change 2001: The Scientific Basis [DB/OL]. Intergovernmental Panel on Climate Change.

IPCC. 2007. Climate Change 2007: The Physical Science Basis [DB/OL]. Intergovernmental Panel on Climate Change.

Maunder W J. 1972. The formulation of weather indices for use in climatic-economic studies: A New Zealand example [J]. *N Z Geogr*, **28**: 130-150.

Mieczkowski Z. 1985. The tourism climatic index: A method of evaluating world climates for tourism [J]. *Canadian Geogr*, **29**(3): 220-233.

Oliver J E. 1973. Climate and Man's Environment: An Introduction to Applied Climatology [M]. New York: John Wiley & Son's Inc: 195-206.

Smith C G. 1985. Holiday weather: Southeast Asia [J]. *Weather*, **40**: 21-23.

Terjung W H. 1966. Physiologic climate of the conterminous United States: A bioclimatic classification based on man [J]. *Annal A A G*, **5**(1): 141-179.

Terjung W H. 1968. World pattern of the distribution of monthly comfort index [J]. *Int J Biometeorol*, **12**: 119-151.